U0162553

神经系统电场调节的理论与分析

伊国胜　魏熙乐　邓　斌　王　江　著

科 学 出 版 社

北　京

内 容 简 介

无创式脑调制(noninvasive brain modulation，NBM)是一种采用电场或磁场调节神经系统活动的技术，已成为诊断、康复和治疗神经精神疾病的一个有效手段，同时也是研究脑生理、结构和功能的常用工具。本书以作者多年来相关研究工作为基础，结合 NBM 技术与神经计算领域的最新发展撰写而成。内容深入浅出，在介绍电场神经调节效应和神经系统建模的基础上，从非线性动力学角度剖析了神经元的放电起始过程，系统阐述了电场对放电起始动态的影响规律，深入探讨了电场调制神经活动的生物物理机制。

本书可供生物医学工程、神经计算和电磁生物效应等领域的科研人员、教师、研究生以及高年级本科生学习和参考。

图书在版编目(CIP)数据

神经系统电场调节的理论与分析 / 伊国胜等著. —北京：科学出版社，2020.5

ISBN 978-7-03-064574-6

Ⅰ. ①神… Ⅱ. ①伊… Ⅲ. ①神经系统－电生理学－调节(生理)－研究 Ⅳ. ①Q423

中国版本图书馆 CIP 数据核字(2020)第 035921 号

责任编辑：王 哲 / 责任校对：王 瑞
责任印制：师艳茹 / 封面设计：迷底书装

科学出版社 出版
北京东黄城根北街 16 号
邮政编码：100717
http://www.sciencep.com

天津文林印务有限公司 印刷

科学出版社发行 各地新华书店经销

*

2020 年 5 月第 一 版 开本：720×1000 1/16
2020 年 5 月第一次印刷 印张：12 1/4 插页：10
字数：240 000

定价：149.00 元

(如有印装质量问题，我社负责调换)

前　言

21 世纪，人类步入“脑科学时代”。为了探索大脑奥秘、攻克各种神经精神疾病以及开发人工智能技术，世界各国陆续制定了各类脑科学研究计划。2013 年和 2014 年，欧盟、美国和日本先后宣布了具有战略意义的人脑研究计划。2018 年，中国启动了“脑科学与类脑科学研究”计划，简称为“中国脑计划”。作为我国六个长期科学项目工程中的一个重大科技项目，“中国脑计划”已被列入“十三五”规划。加速脑科学研究不仅有助于诊断和治疗脑疾病、提升人类健康水平，同时也可以带动相关产业的研发、刺激经济增长，更有可能引领新一轮科技革命。“中国脑计划”涵盖了对神经机制的基础研究、对脑疾病的诊断干预和对脑启发智能技术的转化研究。

目前，最常见的一类脑疾病是神经精神疾病，如帕金森病、阿尔兹海默症、癫痫、精神分裂症、自闭症和抑郁症等。这类疾病一般是由大脑神经系统出现病变而导致行为、情感、认知、意识等出现紊乱。随着生活节奏的不断加快，这类疾病患者人数日趋增多，已经成为危害当今人类健康和生活的一大杀手。据世界卫生组织统计，我国各类精神疾病患者人数已在 1 亿以上，居世界首位。而重性精神病患人数已超过 1600 万，其中约 70%的患者未得到有效治疗。目前，神经精神疾病所带来的经济、家庭、社会和医疗等方面的负担已在我国疾病总负担中排名首位，约占中国疾病总负担的 20%。如此重负，是中国乃至整个世界都无法承担的。

无创式脑调制(noninvasive brain modulation，NBM)是一类采用电场或磁场刺激中枢神经系统进而改善脑功能的技术。近年来，NBM 以其无痛、无损、无/微创和非侵入的特点成为脑科学领域重要的研究工具，被广泛用于探索认知、情感和记忆的神经机制以及康复、诊断和治疗神经精神疾病。但是，NBM 对中枢神经系统的调节机理尚不清楚，导致无法得到合理的剂量优化指标，同时也延误了高效、安全的刺激装置研发，进而极大地限制了该项技术在脑功能研究和疾病治疗方面的应用。NBM 技术作用的基本规律是通过在脑组织周围产生感应电场来调节相应脑区的神经活动，进而影响脑功能。神经系统信息处理的基本单元是神经元，它对信息的编码、传递和表达决定了整个系统的响应模式及特性。因此，明确不同电场作用下神经元放电模式的演化规律以及相应的发生机理是揭示 NBM 技术神经调节机制的关键。

生理实验是神经科学研究的“金标准”。各项实验技术能够有效地记录神经元和神经集群产生的多模态电活动。但是，基于海量的实验数据却很难得到易于解释的规律性特征，同时也很难理解相应特征的产生机制。此外，一种实验技术往往只能研究单一层次上的问题，很难将分子和网络层次上的实验数据联系起来。模型是对象本质或规律的数学抽象，具有辨识关键隐含变量和联系多个层次特征的独特能力。神经计算模型可以定性描述神经系统现象学外特性与内在固有特性之间的关系，还可以将多层次实验数据整合起来，进而得出易于解释的规律性认识。作为整合神经系统结构、功能和生理等多层次数据的一个有效手段，神经计算模型已经成为目前研究神经元及神经集群编码机制的必备工具。

1952 年，英国生理学家和细胞生物学家 Hodgkin 和 Huxley 基于电压钳位实验数据建立了著名的 HH(Hodgkin-Huxley)模型，定性地描述了乌贼轴突的动作电位产生机制和传播过程，指出神经细胞膜选择性地对钠离子和钾离子通透性的升高是产生动作电位的原因。1963 年，两位科学家因对神经细胞电兴奋的开创性研究而获得诺贝尔生理学或医学奖。此后，研究学者提出了多种 HH 类生物物理模型，成功地复现了不同神经元产生的多模态电活动。大量基于模型的计算研究表明，神经元是一类多参数、强耦合和高维数的非线性动力系统。随着计算机科学的发展，非线性动力学的相关理论和方法被广泛用来刻画多模态神经活动的产生和转迁机制，特别在刻画放电起始过程方面取得了丰硕成果。

作者近年来一直从事电磁刺激建模与神经系统动态分析等方面的研究，建立了多种 HH 类神经元模型用以描述离子电流、神经形态、树突-胞体耦合等固有特性，从非线性动力学角度定性刻画了这些固有特性对电场作用下放电起始动态的影响规律，揭示电场调制神经电活动的生物物理机制。作者希望通过本书为生物医学工程、电磁生物效应、神经计算和非线性科学等领域的研究生和科研人员提供部分有参考价值的资料，全书共 7 章，其内容安排如下：第 1 章为绪论；第 2 章为神经电生理；第 3 章为电磁场作用下单间室神经元响应；第 4 章为电场作用下两间室神经元响应；第 5 章为电场作用下两间室神经元的适应性；第 6 章为 Hodgkin 三类神经元的放电阈值特性；第 7 章为两间室神经元的放电阈值特性。

本书的部分成果来自于国家自然科学基金面上项目“针刺神经系统网络结构、动态与功能的关系研究”(编号：61871287)、“海马癫痫样放电传播的内生电场传导机理研究”（编号：61771330)、“针刺神经多时标复用编码机制研究”（编号：61671320)、“神经元固有特征对针刺网络编码影响的机制研究”（编号：61471265）和“基于放电阈值调制海马时间编码的阈下场效应机理研究”（编号：61372010)；国家自然科学基金青年项目“树突非线性对电场作用下神经编码的影响机制研究”（编号：61601320)；中国博士后科学基金特别资助项目“树突固有特性对神经元网络编码影响的机制研究”（编号：2017T100158）和中国博士后科学基金面上一等资助项目“电场与神经系统的相互作用机制”（编号：2015M580202）；天津市自然科学基金重点项目“皮层可兴奋性探测系统及其机理研究”（编号：12JCZDJC21100）和天津市自然科学基金青年项目“结合神经影像和电生理数据的个性化混合虚拟脑研究”（编号：19JCQNJC01200）。没有国家自然科学基金委员会、中国博士后科学基金会和天津市科学技术委员会的长期支持，就没有本书工作的完善，特此致谢！

由于作者学识和水平有限，书中难免存在不足之处，敬请广大同行和读者提出宝贵意见。

作　者

2020 年 2 月于天津大学

目　　录

前言

第 1 章　绪论 …… 1
　1.1　无创式脑调制 …… 1
　　1.1.1　电磁刺激 …… 2
　　1.1.2　技术优势 …… 4
　　1.1.3　记录与评估 …… 4
　　1.1.4　研究进展 …… 5
　　1.1.5　应用局限 …… 7
　　1.1.6　作用规律 …… 8
　1.2　电场的神经调节效应 …… 9
　　1.2.1　电生理实验 …… 10
　　1.2.2　计算模型仿真 …… 13
　1.3　章节结构 …… 17

第 2 章　神经电生理 …… 19
　2.1　神经元 …… 19
　2.2　动作电位 …… 20
　2.3　Hodgkin 兴奋性 …… 22
　2.4　放电阈值 …… 23
　2.5　神经元模型 …… 25
　　2.5.1　Cable 模型 …… 25
　　2.5.2　多间室模型 …… 26
　　2.5.3　两间室模型 …… 27
　　2.5.4　单间室模型 …… 31
　2.6　神经动力系统 …… 33
　　2.6.1　相平面 …… 34
　　2.6.2　分岔 …… 35
　　2.6.3　研究现状 …… 37

2.7 放电起始生物物理机制 ……38

第 3 章 电磁场作用下单间室神经元响应 ……39

3.1 电场作用下单室神经元模型 ……39

3.2 直流电场作用下三类神经元动力学行为 ……41

3.2.1 放电特性 ……42

3.2.2 放电起始动态机制 ……43

3.3 正弦电场下三类神经元动力学行为 ……47

3.3.1 平均放电速率 ……48

3.3.2 放电锁相比 ……50

3.3.3 动态机制 ……52

3.4 正弦弱磁场对神经电活动的调制 ……54

3.4.1 tonic 放电 ……55

3.4.2 簇放电 ……60

3.4.3 讨论 ……62

3.5 本章小结 ……64

第 4 章 电场作用下两间室神经元响应 ……66

4.1 电场作用下两间室神经元模型 ……66

4.2 阈上电场作用下神经元放电活动 ……69

4.2.1 形态参数对放电活动的影响 ……71

4.2.2 内连电导对放电活动的影响 ……80

4.2.3 生物物理机制 ……85

4.3 阈下电场对神经电活动的调制 ……87

4.4 本章小结 ……90

第 5 章 电场作用下两间室神经元的适应性 ……96

5.1 电场作用下两间室适应性模型 ……96

5.2 电场作用下神经元的放电频率适应性 ……98

5.2.1 放电特性 ……98

5.2.2 相平面分析 ……100

5.2.3 平衡点特性和分岔分析 ……104

5.2.4 生物物理机制 ……109

5.3 形态特性对放电频率适应性的影响 ……111

5.3.1 放电特性 ……111

5.3.2 相平面分析 ……114
5.3.3 分岔分析……116
5.3.4 I_{AHP} 适应性的 MMO……119
5.4 内连电导对放电频率适应性的影响 ……123
5.5 电场调制放电频率适应性的生物物理机制……126
5.6 本章小结 ……128

第 6 章 Hodgkin 三类神经元的放电阈值特性……132
6.1 神经元模型及放电阈值的计算……132
6.1.1 神经元模型 ……132
6.1.2 放电阈值的计算……134
6.2 I 类和 II 类神经元的放电阈值特性 ……135
6.2.1 放电阈值动态 ……135
6.2.2 动力学机制 ……136
6.2.3 生物物理机制 ……140
6.2.4 其他参数对阈值动态的影响 ……142
6.3 III 类神经元的放电阈值特性……148
6.4 本章小结 ……150

第 7 章 两间室神经元的放电阈值特性……153
7.1 两间室神经元模型……153
7.2 离子通道特性对放电阈值的影响……154
7.2.1 放电阈值动态 ……155
7.2.2 生物物理机制 ……156
7.3 形态参数对放电阈值的影响……159
7.3.1 放电阈值动态 ……159
7.3.2 生物物理机制 ……161
7.4 内连电导对放电阈值的影响……165
7.5 本章小结 ……167

参考文献……170

彩图

第1章　绪　论

脑科学是一门研究大脑结构与功能的科学。近年来，美国、日本和欧盟等国家和地区陆续启动了多项脑科学计划，旨在通过研究脑来认识脑、保护脑、创造脑以及防治脑疾病。目前，最常见的一类脑疾病是神经精神疾病，如帕金森病、阿尔兹海默症、精神分裂症、抑郁症等。这类疾病一般是大脑神经系统出现病变，进而导致行为、情感、认知和意识等出现紊乱(张晓雪等, 2011; 韩春美, 2006)。

针对脑疾病引发的巨大负担问题，美国于2013年宣布并启动了一项名为“通过推动创新型神经技术开展大脑研究”(brain research through advancing innovative neurotechnologies)的计划，又名“脑科学研究计划”。这项计划的重点是探索大脑的工作机制、绘制脑活动全图以及研发治疗和诊断大脑疾病的新技术。该计划的提出将加速新型脑探测和脑调节技术的开发与应用。一方面，有助于绘制复杂神经回路图像，用以捕捉大脑细胞间的交互动态；另一方面，也将打开大脑如何记录、处理、存储、使用和找回海量信息的奥妙之门，加深对大脑功能和复杂行为的理解。

1.1　无创式脑调制

目前，脑科学领域一种新兴的研究工具是无创式脑调制(NBM)技术(Bestmann et al., 2015; Wagner et al., 2007; Peterchev et al., 2012; Rossini et al., 2015; 伊国胜, 2015)。它基于电磁感应原理，采用磁场或电场以非侵入的方式刺激人脑神经组织，从而达到影响和调制脑功能的目的。与侵入式的深度脑刺激(deep brain stimulation，DBS)相比，NBM的突出优点在于它采用非侵入的方式刺激中枢神经系统和调制脑功能，如图1.1所示。现在，NBM不仅是研究脑生理、脑功能以及行为与认知关系的常用工具，也是诊断、治疗和研究神经精神疾病的一个有效手段，而且在神经生理学研究中也有着很大的应用价值(Walsh et al., 2000; Bestmann et al., 2015; Zaehle et al., 2011; Bikson et al., 2013; Wagner et al., 2007; 窦祖林等, 2012; Peterchev et al., 2012; Sparing et al., 2008b)。

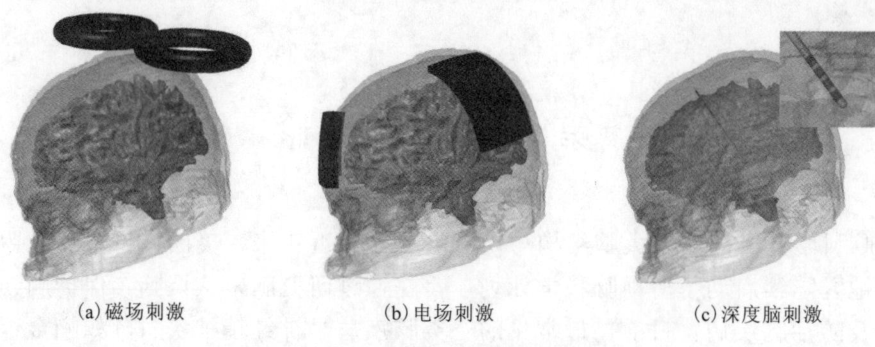

(a) 磁场刺激　(b) 电场刺激　(c) 深度脑刺激

图 1.1　脑调制技术示意图

1.1.1　电磁刺激

随着现代科学技术的发展，近年来电工理论及其新技术在生物医学领域中的应用越来越广泛。备受瞩目的一项热点应用是研究电场或磁场与大脑之间相互作用的电磁刺激技术，即 NBM 技术。该技术的出现为研究认知科学、神经生理学、神经药理学等提供了一个强有力的工具，同时也为诊断和治疗各种神经精神疾病提供了一个有效手段。经颅磁刺激(transcranial magnetic stimulation，TMS)(窦祖林等, 2012; Rossini et al., 2010, 2015; Lefaucheur et al., 2014; di Lazzaro et al., 2013)和经颅直流电刺激(transcranial direct current stimulation，tDCS)(Rossini et al., 2015; Wagner et al., 2007; Zaehle et al., 2001)就是其中两个典型的技术，如图 1.2 所示。

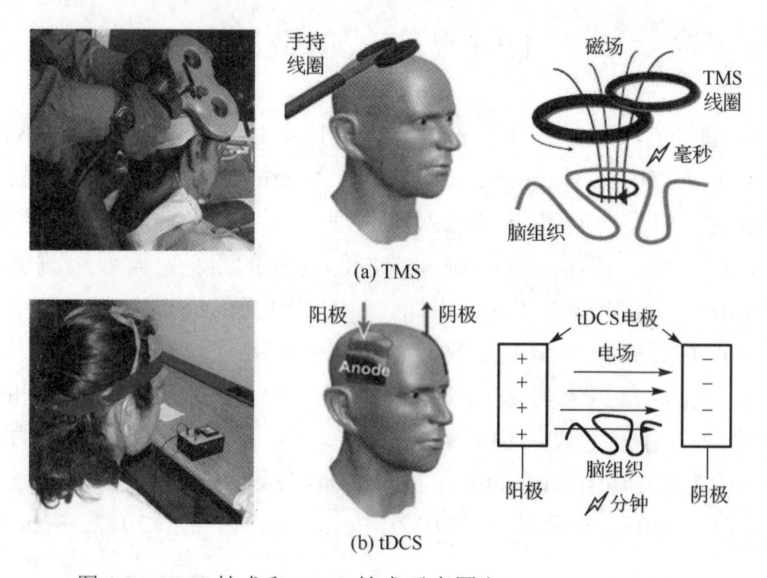

(a) TMS

(b) tDCS

图 1.2　TMS 技术和 tDCS 技术示意图(Wagner et al., 2007; Sparing et al., 2008b; 伊国胜等, 2015)

TMS是最早出现的NBM技术，是由英国Barker等人在1985年提出的。它的刺激装置一般由高压电容器、磁刺激线圈和大电流充放电系统组成(Wagner et al., 2007; 窦祖林等, 2012)。TMS电容器的容量很大，可以储存大量的电荷。通过控制其在极短时间(小于1ms)内放电，可使刺激线圈表面产生高强度的脉冲磁场(高达1～4T)。时变的磁场可以在被刺激脑组织附近产生感应电压和电流，进而调节相应脑区内的神经电活动。TMS通常含有三种刺激模式，分别是单脉冲TMS(single-pulse TMS，sTMS)、双脉冲TMS(paired-pulse TMS，pTMS)和重复性TMS(repetitive TMS，rTMS)(窦祖林等, 2012)。除了TMS，近期又出现了一些其他形式的磁场刺激技术，如深部经颅磁刺激(deep transcranial magnetic stimulation，DTMS)(Zhang et al., 2014; 彭丹涛等, 2012)、脉冲磁场疗法(pulsed magnetic field therapy，PMF)(Thomas et al., 2007)以及低强度磁场刺激(low-field magnetic stimulation，LFMS)(Lazutkin et al., 2010)等。

另一种典型的NBM技术是tDCS。与TMS不同，tDCS利用恒定、低强度的直流电调节大脑皮层的神经电活动，进而诱发脑功能变化(Wagner et al., 2007)。它一般是将两个小的电极片(表面积大概10～35mm^2)置于头皮表面，然后在电极片上通入微弱直流电(通常0.5～2mA)，刺激时间一般持续几秒到几分钟不等。tDCS的阳极会引起皮质兴奋性提高，阴极会造成皮质兴奋性降低，这些刺激效果取决于刺激强度和刺激时间。在tDCS基础上，美国Bikson教授开发了一种高精度经颅直流电刺激(high-definition tDCS，HD-tDCS)(Borckardt et al., 2012)，它是将多个小直径环形电极同时置于头皮的不同位点，用以增强tDCS作用的聚焦性。除了tDCS，目前还有一些其他形式的电场刺激技术(Peterchev et al., 2010, 2012)，如经颅交流电刺激(transcranial alternating current stimulation，tACS)、经颅随机噪声刺激(transcranial random noise stimulation，tRNS)、颅电刺激(cranial electrical stimulation，CES)和电休克疗法(electroconvulsive therapy，ECT)等。

按照能否诱发静息态神经元产生动作电位(action potential)，可将上述NBM技术分为阈上(supra-threshold)和阈下(sub-threshold)两类(Wagner et al., 2007; Peterchev et al., 2012; Schiff, 2012)。阈上NBM技术通过采用高强度电磁场使神经元直接去极化产生动作电位，如TMS、rTMS和ECT等。它们一般都兼备神经刺激和神经调控两种功能。对于这种高强度刺激，神经元以其诱发的动作电位序列进行编码。与阈上不同，阈下NBM技术一般采用不足以诱发静息态神经元放电的弱电场或弱磁场进行刺激，如tDCS、tACS、tRNS、DTMS、PMF和LFMS等。这些阈下刺激主要对神经元膜电位的极化过程产生微小影响，从而改变神经元自发或诱发电活动的平均水平。因此，它们应该被称为神经调控技术，而不是通常所指的常规刺激。

1.1.2　技术优势

神经精神疾病已经成为危害当今人类健康和生活的一大杀手，它所带来的经济、家庭、社会和医疗等方面的负担已经成为所有疾病负担中最大的一项。目前，用来治疗这些疾病的方法有三种：药物、手术和心理辅导。现有的药物一般都不能根治疾病，并且长期服用副作用大，还可能引起一系列并发症。手术方法一般是在万不得已的时候才使用，因为其风险高且会对人体造成永久、不可逆的损坏。同时，其疗效也不确定，短时间内可能有效，但是长期效果不佳，并且肯定有后遗症。心理辅导一般是在药物治疗使患者状况好转后，作为一种辅助治疗的方法。它对一些轻型疾病会起到一定的治疗作用，但是对于一些重症疾病不作为主要的治疗方法。除了上述三种外，还有一种有创性疗法是深度脑刺激(deep brain stimulation，DBS)(Perlmutter et al., 2006)。它主要是将刺激电极植入患者脑内，然后运用脉冲发生器刺激大脑深部的某些神经核团，调节其电活动。这一方法在治疗运动障碍性疾病(如帕金森病、肌张力障碍等)方面有着较好的疗效。但是，它是有创的、侵入式的刺激，需要通过手术在体内植入刺激器。因此，技术难度、医疗费用和副作用都较大。

与上述方法相比，NBM 技术最突出的优点在于它以非侵入的方式刺激中枢神经系统(central nervous system, CNS)和调制脑功能，无需手术，也不需要在体内植入刺激装置。因此，NBM 可以在患者完全觉醒的情况下，以无痛、无损和无创的方式刺激大脑组织，人体不适感很小。这种刺激如同一种虚拟性损伤(virtual lesion)，是暂时的、可逆的。它的安全性高、副作用小、并发症少，同时操作简单、刺激位置可变。此外，由于皮肤、肌肉和骨骼等不良导体对电磁场的损耗作用较小，所以 NBM 技术通常可以刺激到脑颅深部的神经组织。这些技术优势使其特别适合在临床上治疗和诊断神经精神疾病以及研究脑生理和脑功能。

1.1.3　记录与评估

NBM 作为一种非侵入的刺激方式，目前它的应用几乎已经涵盖了脑科学的所有相关领域。在不同层次，用来测量其刺激效果的技术和手段是不同的。在细胞和分子等微观水平，常用的记录方法是膜片钳(patch-clamp)。利用这一技术，可以记录神经细胞在电磁场作用下的膜电压、膜电流、局部场电位(local field potential，LFP)和突触后电势(postsynaptic potential)等的动态变化情况。然后基于这些记录数据，可以量化研究电磁场对神经细胞的动作电位发放、离子通道活性、核团节律以及突触可塑性(synaptic plasticity)的影响，进而揭示其对神经编码的调节作用。在宏观系统层面，用来测量 NBM 对脑生理和认知功能影响的技术是脑功能成像(functional brain imaging)技术。常用的有功能性磁共振成像(functional magnetic resonance imaging，fMRI)、正电子发射成像(positron emission tomography，PET)、脑电图(electroencephalography，EEG)、脑磁图(magnetoencephalography，MEG)以及事件相关电位(event-related potential，ERP)等。其中，EEG、MEG和ERP是一类能直接测量人脑神经电活动的技术。它们的主要特点是时间分辨率极高(可达到毫秒级甚至亚毫秒级)，但空间分辨率低，因此常用来测量NBM作用下不同脑区电活动的动态过程。这些电活动可在一定程度上反映电磁刺激对认知功能的影响。与这三者不同，fMRI和PET的特点是空间分辨率较高但时间分辨率低。尤其是fMRI，它的空间分辨率最高。由于它们能够对脑组织精确定位，所以常被用来测量NBM技术对脑生理和脑功能的影响。

1.1.4 研究进展

在过去的20多年间，NBM作为一种主动干预脑活动的技术，极大地促进了人们对大脑和CNS的认识和了解，同时也推动了认知科学、神经生理学、神经病学和精神病学的全面进步。近年来，一些国际权威的神经科学期刊(如*Nature Neuroscience*、*Cell*、*Neuron*、*Human Brain Mapping*、*Journal of Neuroscience*、*Brain Stimulation*、*NeuroImage*、*Clinical Neurophysiology*、*Journal of Physiology*等)刊登了大量有关这方面研究进展的文章。目前，主要关注的NBM效应及应用有以下几方面。

(1)测量和评价皮层兴奋性。这是目前NBM技术最为成熟的一个效应，已有许多重要的临床应用。例如，采用NBM技术(如TMS或tDCS)刺激皮层区域，并记录相应的运动诱发电位(motor-evoked potential，MEP)。基于记录的MEPs，可以得到一些非常重要的生理参数，如运动阈值(motor threshold，MT)、MEP波幅、中枢运动传导时间(central motor conduction time，CMCT)、中枢静息期(central silent period，CSP)、皮质间的抑制和易化等(杨远滨等, 2011; Bunse et al., 2014; Philpott et al., 2013)。这些参数可以用来评价运动皮质的兴奋性和皮质脊髓束的传导性，有助于深入了解人体生理机能和一些疾病(如帕金森病、亨廷顿病)的发病机制，同时对相应疾病的检测也有重要意义。

(2) 调节皮层兴奋性。这应该是NBM技术的特有效应，也是其得到广泛应用的一个重要原因。TMS、rTMS、tDCS和DTMS这些电磁刺激均可以明显地调节(增加/抑制)皮层兴奋性(窦祖林等, 2012; Rossini et al., 2015; Lefaucheur et al., 2014; Peterchev et al., 2012; Zhang et al., 2014; 杨远滨等, 2011)。由于大部分神经精神疾病的产生都与特定大脑皮质区的兴奋性异常有关，所以这一效应成为NBM技术能够成功治疗这些疾病的关键，也是目前NBM研究热点之一。

(3) 可塑性(plasticity)研究。在大脑水平，可塑性是指大脑在外界环境和经验的作用下塑造自身结构和功能的能力。在细胞水平，可塑性一般指神经元间突触的结构和功能可调节的特性，又称突触可塑性，包括长时程增强(long-term potentiation，LTP)和长时程抑制(long-term depression，LTD)。它们被认为是神经系统发育、修复、记忆和学习的重要神经基础。DTMS、rTMS 和 tDCS 等技术均可明显调节神经可塑性(窦祖林等, 2012; Rossini et al., 2015; Wagner et al., 2007; Lefaucheur et al., 2014; Zhang et al., 2014)，这通常被认为是 NBM 调节脑功能以及各种无创式康复系统(noninvasive rehabilitation systems)成功运作的一种神经机制。

(4) 皮层功能区定位。一些 NBM 技术(如 TMS 或 rTMS)可以在给定皮质区上产生一个瞬间、可逆的虚拟损伤从而短暂地抑制皮质区的功能，进而对相应功能区进行定位。能够通过 TMS/rTMS 进行定位的功能区有运动、语言、视觉和躯体感觉等(窦祖林等, 2012)。

(5) 认知研究。NBM 作为一种非侵入的人为干预脑功能的技术，已被广泛用于探索健康人以及神经精神疾病患者的认知能力。例如，可用于研究记忆能力(如工作、空间、非文字和长时记忆)(窦祖林等, 2012; Zaehle et al., 2011; Javadi et al., 2013)、视觉感知功能和视觉信息处理能力(窦祖林等, 2012)、语言能力(如语言的抑制、发生和加工处理)(窦祖林等, 2012; Sparing et al., 2008a)、情绪调控(Feeser et al., 2014)、空间辨别能力(窦祖林等, 2012)等。同时，大量研究表明适当剂量的 NBM 刺激能够明显地改善和提高疾病患者的认知功能，这为相关疾病的治疗带来了希望。

(6) 疾病的临床治疗。这是 NBM 技术最成功、最广泛和最受瞩目的一项应用。目前，很多国家都已把 NBM 作为一种基本技术用以临床康复和治疗神经精神疾病，如抑郁症、精神分裂症、阿尔兹海默症、癫痫、强迫症、帕金森病、肌张力障碍等(窦祖林等, 2012; Rossini et al., 2015; Wagner et al., 2007; Lefaucheur et al., 2014; Peterchev et al., 2012; 杨远滨等, 2011; Bunse et al., 2014; 彭丹涛等, 2012; 胡洁等, 2009; 刘锐等, 2008)。此外，NBM 在中风、疼痛、脑卒中和脊髓损伤等疾病的康复和治疗中也有很好的应用(窦祖林等, 2012; Rossini et al., 2015; Wagner et al., 2007)。

(7) 诊断神经精神疾病。研究发现，这类疾病多为进行性病程，所以早期诊断和早期干预能极大降低疾病的发生率和危害。但是，它们大多起病隐匿、发病机制不明、临床症状复杂并且病情不同会出现多重表现症状，所以采用现有的技术和方法很难对其进行准确诊断，尤其是早期诊断。现在，通过采用 EEG、fMRI 或 PET 等成像技术量化分析 NBM 效应，已经在临床上为多种神经精神疾病提供了有效的生物标记，如癫痫、阿尔兹海默症、精神分裂症、抑郁症和帕金森病等

(Bortoletto et al., 2015; Ljubisavljevic et al., 2013; Bauer et al., 2014; Hernandez-Pavon et al., 2014; Chen et al., 2008; Yener et al., 2013)。这对于神经精神疾病的准确诊断和早期诊断具有重要意义，同时也有利于了解各类疾病的致病机理。

除上述几方面应用外，还有很多课题组在微观和介观水平研究电磁刺激对神经元及神经网络的影响。研究发现，电磁场能够主动地调节神经细胞的膜电压特性、离子通道特性、突触可塑性、局部场电位特性以及网络节律特性等(窦祖林等, 2012; Zaehle et al., 2011; Ziemann et al., 2010; Rossini et al., 2010; Kozyrev et al., 2014; 康君芳等, 2009; 张五芳等, 2008; Mueller et al., 2014)。这些调制效应与电磁场本身的刺激参数密切相关(Zaehle et al., 2011; Wagner et al., 2009; Ziemann et al., 2010; Pell et al., 2011; Pashut et al., 2014; Allen et al., 2007; Maeda et al., 2000; Muellbacher et al., 2000; Rotem et al., 2006, 2008)，如强度、频率、波形和方向等。例如，不同强度或频率的电磁场对神经元兴奋性的影响不同；当刺激波形和方向改变时，神经元的刺激阈值(引起神经元产生动作电位的最小刺激强度)、极化效应(polarization effect)、诱发响应速率(evoked response rate)、响应波形以及响应延迟时间等均会随之改变。电磁场的刺激结果除了受其刺激参数影响，还与神经组织自身的形态特性密切相关(Wagner et al., 2009; Pashut et al., 2014; Maccabee et al., 1993)。例如，在神经元轴突弯曲、轴突直径突变或轴突和胞体边界等形态特性不连续处，电磁刺激对神经活动的调控效果会出现突然变化；如果神经元形态特性不同，引起其产生放电的电磁刺激阈值也不同。

1.1.5 应用局限

NBM在认知神经科学、神经生理学、精神病学和神经病学等方面的各种应用表明它具有调节脑功能和CNS活动的能力。但是，NBM作用的神经机制目前尚不清楚，以至于至今还没建立一个完善的协议标准来指导和规范该类技术。建立这一协议标准的重点是确定多大的刺激剂量使刺激效果最优。这里的“最优”是指在取得满意的刺激效果前提下，由NBM引起的并发症最小以及所消耗的能量最低(Bikson et al., 2013; Lefaucheur et al., 2014; Peterchev et al., 2012)。这里的“剂量”主要包括两方面：①电极/线圈的形状、尺寸和位置等参数；②由电极/线圈产生的电磁场的波形、强度和频率等参数。所以，NBM协议规范的建立从另一方面来说就是确定安全、有效的刺激剂量范围。只有确定了这一范围才能更加清楚地了解NBM在临床上的风险和益处，进而更加合理和规范地应用这一技术。而确定“最优”剂量范围的核心和关键是揭示NBM与大脑之间的相互作用机制。可见，如果作用机制不明，将极大地限制这类技术的进一步应用、优化以及研发。

1.1.6 作用规律

虽然 NBM 技术的神经调控机制还存在很多问题尚未解决，但是它们有一个共同的作用规律，即最终通过在被刺激脑组织周围产生胞外感应电场影响相应脑区的神经电活动，进而调节脑功能以及改变最终的行为(Rossini et al., 2015; Wagner et al., 2007; Bestmann et al., 2015; Peterchev et al., 2012; Wagner et al., 2009)。所以，在神经工程和计算神经科学中，一般从以下两个方面探索 NBM 的神经调节规律：①刻画 NBM 在被刺激脑组织处产生的感应电场分布情况；②研究产生的感应电场对脑区内神经元以及神经集群活动的调节作用，如图 1.3 所示。最后，通过探索神经元以及神经集群活动与认知和行为之间的关系，揭示 NBM 技术调节脑功能的内在机制。

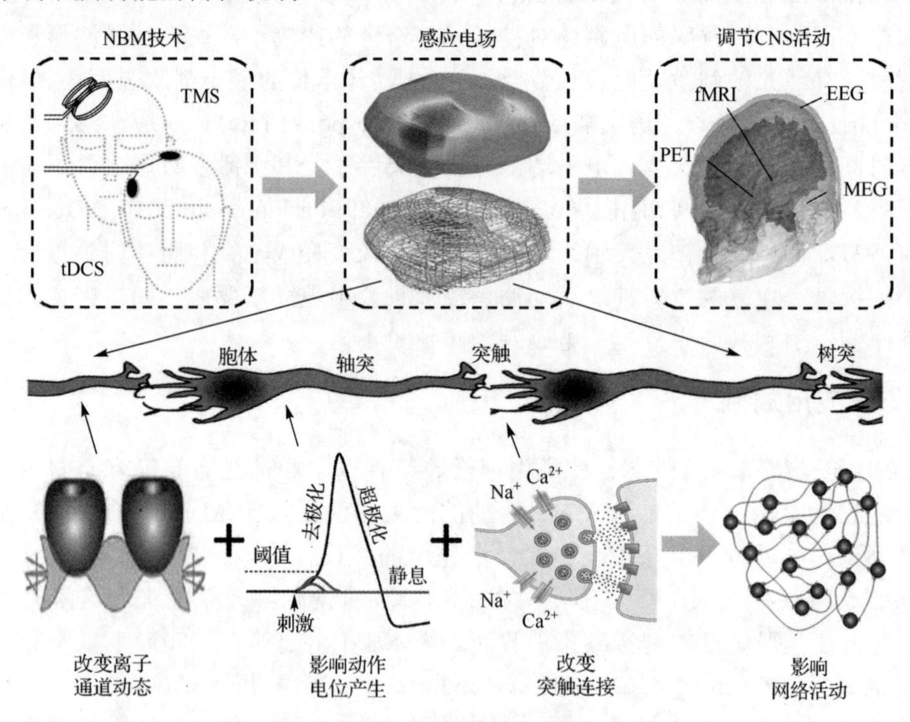

图 1.3　NBM 作用过程图解(Pell et al., 2011)

目前，常用来量化 NBM 技术在脑组织中产生的感应电场分布的方法是电磁场理论和有限元分析(finite element analysis，FEA)(Peterchev et al., 2012; Lazutkin et al., 2010; Lu et al., 2008; de Lucia et al., 2007)。前者主要用来刻画 NBM 的磁场、电场和电流之间的关系以及它们在脑组织中的空间分布和时间变化，常用的是法拉第电磁感应定律(Faraday's law of induction)和麦克斯韦方程组(Maxwell's equations)。FEA 是利用数学近似方法对真实的头颅模型进行模拟，常用的软件是 ANSYS 和 COMSOL。早期的 FEA 一般只采用一些代表大脑简单几何结构的模型，并且将脑组织模拟成各向同质的电导体。随着计算资源的改进，现在的头部模型能够包括更多真实的脑几何结构，并且还可以模拟脑组织的各向异性以及其频率依赖的电导特性和渗透特性等。采用这些复杂的头部模型，通过 FEA 研究脑组织自身特性和电磁刺激特性对感应电场分布的影响，就可以较为详细地刻画 NBM 作用下的脑活动情况。研究发现，脑组织的几何解剖特性(Toschi et al., 2009; Lu et al., 2008)和电磁场的物理参数(Wagner et al., 2004; de Lucia et al., 2007)在决定 NBM 产生的感应电场分布中起着关键性作用。

虽然 FEA 为刻画 NBM 诱发的感应电场分布情况提供了一个有效手段，但是却不能用来分析感应电场作用下 CNS 的电活动特性以及相应的发生机制。众所周知，大脑的神经系统是由大量神经元组成的庞大的复杂网络(Koch, 1999; Dayan et al., 2008; Pell et al., 2011)。于是，NBM 在脑组织中产生的感应电场将会对其中的神经元产生如下影响：①改变细胞膜上离子电流活性；②影响神经元动作电位的产生及传递过程；③改变神经元之间的突触连接特性。最后，通过长时间的刺激，NBM 会改变整个神经元网络的活动，进而影响 CNS 兴奋性以及调节脑功能，具体如图 1.3 所示。因此，要揭示电磁刺激调节 CNS 的神经机制，除了刻画 NBM 在脑组织中产生的感应电场分布外，还需要深入研究感应电场如何调节其中神经元的电活动。例如，对细胞膜上离子通道激活和失活特性的调节、对动作电位产生、发放和传递过程的影响以及对突触可塑性(包括突触长时程增强和长时程抑制)的调节机制。目前，这方面一般采用电生理实验并结合计算神经模型仿真进行分析。此外，还需进一步探索感应电场对相应脑区内的神经元网络活动的调节机制，包括对网络节律、局部场电位、共振和同步等的影响规律(顾凡及, 2007; 陆启韶等, 2008; Fröhlich et al., 2010; 王青云等, 2008)。

1.2　电场的神经调节效应

NBM 技术以其无创和非侵入的特点已成为目前脑科学领域重要的研究工具，被广泛用于认知神经科学、神经生理学、神经病学以及精神病学等各个领域。但是，有关 NBM 影响脑功能的神经机制研究还十分匮乏。这导致现阶段对电磁刺激的应用远超过对其作用机制的认识。这一问题应当引起研究者和医疗工作者的高度注意，因为对于机制认识的匮乏会延误更高效以及更安全的刺激方案的研发，同时也很可能会导致刺激资源的浪费甚至产生一些不合理的推论(Wagner et al., 2007; Bestmann et al., 2015; Lefaucheur et al., 2014; Zaehle et al., 2011)。因此，为了更有效地设计电磁刺激策略、设定刺激剂量以及获得更好的刺激效果，探究其调制脑功能的潜在机制势在必行。一方面它有助于指导未来 NBM 的装置设计以及剂量优化，另一方面也有利于对现有的电磁刺激技术进行相应的扩展应用。

1.1.6 节已经提到，NBM 技术作用的共同规律是通过在被刺激脑组织处产生胞外感应电场调制相应的神经活动，进而影响脑功能(Bestmann et al., 2015; Lefaucheur et al., 2014)。因此，要揭示 NBM 的神经机制，首先需要研究其诱发的胞外电场如何调制神经系统电活动。众所周知，神经系统是一个高效的信息处理系统，它能够精确地表达和传递不同时空特性的感觉输入信息(Koch, 1999; Dayan et al., 2008; Sterratt et al., 2011)。神经系统处理信息的基本工作单元是神经元，它的结构和功能能够定性地决定整个神经系统的编码特性。神经元以动作电位序列的形式对外部输入信息进行编码，同时信息在整个神经系统中也采用这种电脉冲形式传递(Koch, 1999; Dayan et al., 2008; Izhikevich, 2007; Sterratt et al., 2011)。可见，外部刺激被神经元转化成相应的动作电位序列是神经系统信息处理最关键的一步，它保证了整个神经系统信息编码的鲁棒性、准确性、有效性和可靠性。动作电位的产生过程由神经元的放电起始机制决定，并且受自身电生理特性和动力学特性影响(Prescott et al., 2008a; Izhikevich, 2007; Sterratt et al., 2011)，而衔接这些外在现象学特性和内在固有特性的枢纽是神经计算。因此，采用神经计算方法刻画电场与神经系统之间的交互过程，有助于揭示 NBM 对神经活动和脑功能的调节机制。近年来，各国学者对电场刺激下神经元的放电活动以及相应的发生机制进行了大量的研究，主要包括电生理实验和计算模型仿真两大方面。

1.2.1 电生理实验

作为神经科学研究领域的“金标准”(golden standard)，电生理实验或临床实验方法被广泛地用于研究电场对神经元及神经系统电活动的影响。大量的动物和人体实验表明，电场刺激能够对神经系统产生多种影响。例如，促进脊髓再生(沈宁江等, 1999)、治疗脊髓损伤(Shen et al., 2004)、调制人体疼痛阈值(Shupak et al., 2004)、促进海马神经发生以及海马在体基因表达(Zhang et al., 2014)、易化新生神经细胞发育(Zhang et al., 2014)、提高神经再生微环境中活性蛋白的含量(李青峰等, 1995)以及显著调节 EEG 中 α 节律活动(Cook et al., 2004)等。这些研究为进一步揭示 NBM 治疗神经精神疾病的内在机制提供了电生理基础。

除上述成果外，还有很大一部分研究是采用电生理实验方法研究电场对神经系统兴奋性的调制效应，所采用的实验装置一般如图 1.4 所示。刺激电场通过两个平行的 Ag-AgC1 电极板产生，实验对象一般采用锥体神经元(pyramidal neurons)。之所以采用这类神经元是因为它们一般都具有层状结构且在垂直方向呈柱状排列，比较有利于电场进行神经调制。这个实验装置与胞内电流刺激不同的是，它采用两个电极进行记录，其中一个电极用来记录胞内电势(intracellular potential)，另一个电极用来记录胞内电极等势线上的胞外电势(extracellular potential)。将两个电极记录的信号通过差分放大器后，即可得到去除电场伪迹的神经元跨膜电压(transmembrane potential)。

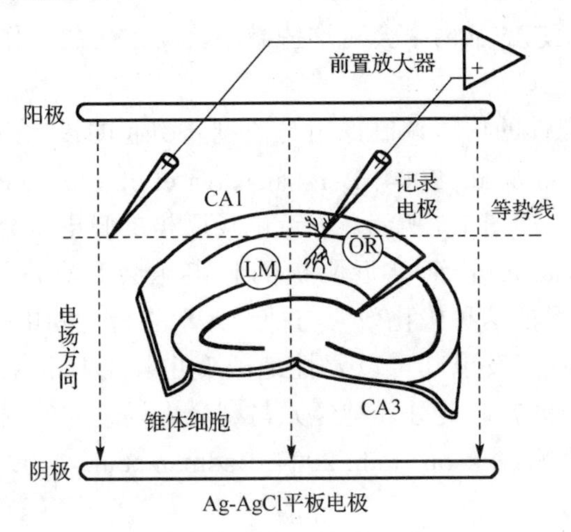

图 1.4 电场刺激电生理实验示意图(Chan et al., 1986, 1988; Bikson et al., 2004)

基于图 1.4 所示的实验装置，通过采用不同形式的电场进行刺激，发现电场能够对多种神经细胞的兴奋性产生影响，如小脑 Purkinje 细胞(Chan et al., 1986, 1988)、锥体细胞(Bikson et al., 2004; Berzhanskaya et al., 2013; Bawin et al., 1984, 1986)、皮层神经细胞(Denney et al., 1962; Purpura et al., 1966)和海马齿状回颗粒细胞(Jefferys, 1981)等。例如，Bawin 等人(1984)发现海马 CA1 区锥体细胞群在正弦电场作用下兴奋性增强，且不同刺激频率和作用时间会导致不同的放电节律；Chan 等人(1986, 1988)发现外加电场能够改变海龟小脑 Purkinje 神经元的跨膜电压极性和振荡幅值，并且刺激位置不同，电场对跨膜电压的影响不同；Bikson 等人(2004)以大鼠海马切片为对象，发现低强度直流电场能够改变动作电位的产生位置及发放阈值，高强度直流电场会直接触发神经元放电，并且其调节效应与电场方向密切相关；Radman 等人(2009)发现电场刺激可以促进神经元簇放电和改变其放电时刻。对于形态不同的神经细胞(如 V/VI 层锥体神经元、II/III 层锥体神经元或中间神经元)，引发其产生动作电位的最小电场强度(即电场刺激阈值)不同，而且即使考虑同一类神经元的不同形态，其电场刺激阈值也不尽相同。同时，Radman 等人(2007)又采用低强度电场刺激处于放电状态的海马神经元，发现这种阈下电场虽然不能直接诱发神经元放电，但是却能够在阈上突触活动背景下精确地调节海马神经元的放电时刻；Reato 等人(2010)发现直流电场会对大鼠海马切片的 γ 节律产生不对称的功率调制。与直流电场不同，他们发现低频正弦电场会在不改变切片平均放电频率的前提下对其 γ 节律产生对称的功率调制，高频正弦电场会在提高切片放电时刻准确性的同时使其出现半谐波振荡。此外，Reato 等人(2010)还发现阈下电场能够对神经元放电时刻和放电频率产生微小的连贯扰动，然后处于激活状态的脑网络会对这些微小扰动产生放大作用，进而影响整个神经系统的活动。

电场对神经兴奋性的这些调制作用是通过其引起的极化效应完成的(Chan et al., 1986, 1988; Bikson et al., 2004; Berzhanskaya et al., 2013; Radman et al., 2009; Svirskis et al., 1997)，如图 1.5 所示。靠近电场阳极的膜电压会降低，造成局部的超极化(hyperpolarization)；而靠近阴极的膜电压会升高，造成局部的去极化(depolarization)。电场的这种极化效应与神经元形态特性和电生理特性密切相关。特别是形态特性，研究发现其可以定性地改变电场的极化效应(Radman et al., 2009; Svirskis et al., 1997)。此外，神经元与刺激电场之间的相对位置也会对其极化效应产生明显的影响(Bikson et al., 2004; Radman et al., 2009)。

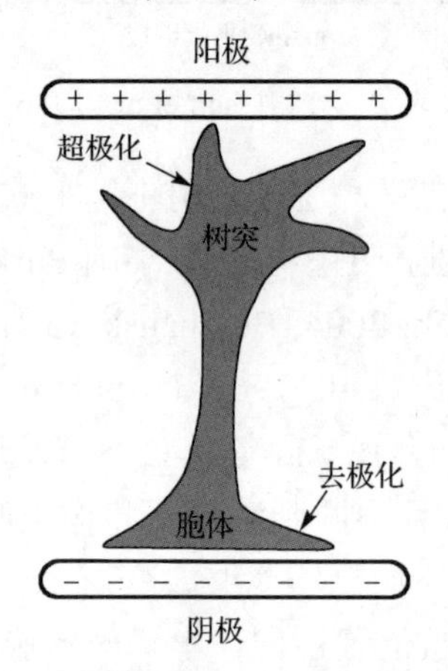

图 1.5　电场极化效应(伊国胜等, 2015)

另外，大量的电生理实验研究还表明，电场刺激能够有效地控制神经细胞的癫痫样放电(epileptiform discharge)。例如，1996 年，Gluckman 等人(1996)发现施加到大脑组织的静态直流电场能够暂时抑制癫痫发作；2001 年，Durand 和 Bikson(2001)发现低强度的直流电场和胞外电流刺激产生的局部电场均能有效地控制脑切片的癫痫样神经电活动；2004 年，Bikson 等人(2004)发现高强度的直流电场能够触发大鼠海马神经元进入癫痫状态，并且可以长时间(大于 1s)地改变神经元的兴奋性。直流电场对癫痫样放电的抑制效果严重依赖于电场与“树突-胞体”

轴线之间的相对位置(Chai et al., 2000)，也即电场方向。此外，Bikson 和其合作者 Lian 等人发现，50Hz 的低频电场(Bikson et al., 2001)以及 140Hz 的高频电场(Lian et al., 2003)也能有效地抑制癫痫样放电，但是抑制效果与电场方向无关。

上述实验研究证明了电场刺激对神经元及神经系统电活动的各种调节能力，为揭示 NBM 的神经机制提供了很好的电生理基础，也为从理论上探索电磁刺激调节神经元及神经元网络活动的相关机制提供了良好的实验基础。

1.2.2 计算模型仿真

虽然电生理实验能够客观地观察电场对神经电活动的影响，但是也存在一些局限性。①电场实验结果十分依赖实验条件，很难对它们进行复现，因此很难形成统一的理论框架；②受道德伦理的约束，很多实验不能在人体或动物上实施；③一种具体的实验手段往往只能研究单一层次上的问题。要把许多层次上得到的大量实验数据联系和组织起来，进而得出规律性认识，必须采用建模仿真的方法。模型是研究对象本质的数学抽象，它描述了对象“输入-输出”之间的信息流动关系，能够定性地刻画神经元的现象学外特性和内在固有特性之间的关系。所以，计算神经模型(computational neuron model)成为目前揭示电场神经调制机制的必备工具。研究方法主要包括非线性动力学(nonlinear dynamics)和生物物理学(biophysics)两方面。前者是将神经元看做一个动力系统(dynamic system)，然后采用非线性动力系统理论以及相应的分析方法(如相平面、分岔、稳定性、混沌、流形等)研究神经元各种放电特性与自身动力学变量(如膜电压和各离子电流的门控变量)之间的关系。目前非线性动力学已经成为计算神经科学研究的核心，在揭示神经编码机制中起着十分重要的作用。后者是刻画神经元的放电活动与自身生物物理特性之间的关系。这里的“生物物理特性”主要指离子电流特性，包括电压依赖激活与失活特性、阈值处强度与方向、阈下 *I-V* 曲线特性以及反向电流的阈下竞争等。

1. 电场对神经元细胞膜电压的影响

神经元细胞膜内外存在不同浓度的各种离子。在电化学梯度(electrochemical gradient)作用下，它们可以通过相应的离子通道穿过细胞膜，从而导致膜内和膜外出现电势差，也即跨膜电压 V。当各种离子的浓度在细胞膜两侧动态变化时，跨膜电压 V 也会随时间不断地演化，此时神经元便产生不同形式的放电模式。可见，动作电位的产生和传递是通过细胞膜上的离子电流完成的。神经细胞的跨膜电压 V 与膜内外离子浓度之间的关系可以通过 Goldman、Hodgkin 和 Katz 提出的 GHK 等式描述(Goldman, 1943; Hodgkin et al., 1957)，即

$$V = \frac{RT}{F}\ln\left(\frac{P_{\mathrm{Na}}[\mathrm{Na}^+]_{\mathrm{out}} + P_{\mathrm{K}}[\mathrm{K}^+]_{\mathrm{out}} + P_{\mathrm{Cl}}[\mathrm{Cl}^-]_{\mathrm{in}}}{P_{\mathrm{Na}}[\mathrm{Na}^+]_{\mathrm{in}} + P_{\mathrm{K}}[\mathrm{K}^+]_{\mathrm{in}} + P_{\mathrm{Cl}}[\mathrm{Cl}^-]_{\mathrm{out}}}\right) \tag{1.1}$$

其中，R 表示理想气体常数，T 是温度，F 是法拉第常数，$[\,]_{\mathrm{out}}$ 和 $[\,]_{\mathrm{in}}$ 表示膜外和膜内离子浓度，P 表示离子的渗透率。

当对神经元施加电场刺激时，外部电场会通过极化效应在细胞膜两侧诱发一个跨膜感应电压 ΔV。该电压对细胞膜附近的离子电荷具有电驱动作用，所以会改变膜两侧离子电荷浓度。由式(1.1)可知，感应电压 ΔV 也会进一步改变跨膜电压 V 的动态特性，进而影响神经元的放电活动。1957 年，Schwan(1957)提出当神经元是规则球形时，幅值为 E 的恒定电场与其产生的感应电压 ΔV 之间的关系可表示为

$$\Delta V = KrE\cos\theta[1 - \mathrm{e}^{-t/\tau}] \tag{1.2}$$

其中，r 是球形神经细胞的半径，θ 是静态电场轴线和神经细胞轴线之间的角度，K 是由细胞形态与电生理特性共同决定的常数，τ 为细胞膜的时间常数。但是，实际神经元并不是规则的球形，而是具有十分复杂的形态特性(Izhikevich, 2007; Koch, 1999; Dayan et al., 2005)。因此，在细胞的不同位置，电场对细胞膜周围离子浓度的影响也不同。于是，真实神经元中电场 E 与其产生的 ΔV 之间不能表示为式(1.2)所示的线性关系。

鉴于上述原因，很多学者采用更为复杂的模型并结合电磁场理论研究电场与其产生的感应电压之间的关系。例如，Roth 等人(1991)采用有限差分近似的方法，研究了不同形式的电磁场在理想三层球形脑模型中引起的感应电压分布情况；Kim 等人(2010)采用球形脑模型和从磁共振(magnetic resonance，MR)图像数据中构建的脑模型研究了感应电压在脑组织中的扭曲分布情况；King 等人(2002)详细分析了低频电场作用下，球形细胞从细胞膜到细胞核各个区域内的感应电压分布情况；Kotnik 和 Miklavcic(2000)从理论上分析了电场在生物细胞膜上诱发的感应电压分布与刺激电场频率之间的关系，同时建立了相应的一阶和二阶系统模型；Miranda 等人(2003)采用 3D 的 FEA 方法研究了脑组织的非均质性和各向异性对感应电压分布的影响。此外，国内一些学者(Chen et al., 2014a, 2014b; Zhao et al., 2013)采用二维的 Barkley 模型从螺旋波(spiral waves)角度研究了旋转电场(rotating electric field)对可兴奋介质细胞膜电压的影响，进而分析其产生的感应电压与细胞膜极化效应之间的关系。但是，这些都是探索感应电压在不同皮层结构或神经组织中的分布情况，并未涉及感应电压作用下神经元的放电特性，同时也缺乏动力学机制和生物物理基础研究。

2. 电缆模型

为了进一步探索电场调制神经电活动的内在机制，大部分学者采用不同的神经元模型，使用数值仿真的方法研究了电场作用下神经元的放电活动。目前，从计算模型角度刻画电场神经调制效应的思路主要有两种：①将电场直接作为外部刺激进行建模；②将电场等效成注入细胞组织内的感应电流进行建模。第一种建模思路的理论依据是 Neuron 软件中的"胞外机制"(extracellular mechanism)计算方式(Carnevale et al., 2006)。在 Neuron 软件中提出这种计算方式主要是研究神经元在分布刺激下的电活动，而电场或磁场刺激正是一种典型的与神经元空间特性密切相关的分布刺激。这种建模方式目前常用在 Neuron 软件中，用来模拟复杂形态神经元在电场刺激下的放电特性以及空间极化效应。第二种建模思路的依据是神经元模型的电路特性和电场的极化效应，目前在 MATLAB 软件中应用比较多，主要用来研究相对简单的神经元模型在电场刺激下的动力学行为。虽然二者的建模思路和方式有很大不同，但它们的关键问题都是模型选择。

在早期研究中，最常用来刻画电场调制效应的模型是电缆(Cable)模型。对应的建模思路是：采用 Neuron 软件，根据"胞外机制"对电场作用下神经元的电活动进行建模研究。例如，Tranchina 和 Nicholson(1986)采用 Cable 模型对均匀电场刺激下的被动神经元进行建模，通过分析 Cable 模型的解析解发现神经元形态特性是决定电场刺激下神经元响应的关键因素；Nagarajan 等人(1993)研究了特定长度的神经纤维在感应电场作用下的动作电位产生情况；Pashut 等人(2011)通过对不同形态的神经元进行建模，研究了形态特性对感应电场作用下神经元放电响应的影响；Berzhanskaya 等人(2013)采用 Cable 模型研究了阈下弱场对海马网络节律的调制效应，发现网络拓扑结构在弱场的神经调制过程中起着关键性作用。虽然 Cable 模型是一个能够有效刻画神经元动作电位传递和其复杂形态特性的模型，但是其偏微分方程的表达方式给仿真分析和理论研究带来了极大的不便，因此很难直观地描述电场调制效应的作用机制。

3. 多间室模型(multi-compartment model)

为了克服 Cable 模型的上述缺点，一些学者提出采用多间室神经元模型代替 Cable 模型。多间室模型是空间离散化的 Cable 模型。例如，Gianni 等人(2006)采用多室模型，通过"胞外机制"的建模方式研究了噪声在神经元检测弱电磁信号中的作用，发现了不同强度的噪声均可在刺激频率处将神经电活动最大化，并指出其检测机制可能是随机共振；Kamitani 等人(2001)采用多室模型，刻画了单个磁脉冲在新皮层神经细胞上诱发的感应电场分布情况，重点关注了树突形态结构对电场作用下神经电活动的影响；Miyawaki 等人(2012)采用多室模型，研究了神经元及神经网络在 TMS 引发的感应电场作用下的响应特性，发现这种高强度电磁场对神经元放电具有抑制能力。但是，与 Cable 模型类似，这些研究也仅仅刻画了电场刺激下神经元及神经元网络的响应特性，缺乏对场效应机制的分析。这主要是因为采用多间室模型进行建模研究时，间室数越多模型方程越复杂，所以只能进行一些动力学现象的刻画。

4. 单室模型(single-compartment model)

除了Cable模型和复杂的多间室模型，也有一些学者采用HH(Hodgkin-Huxley)或ML(Morris-Lecar)等单间室模型对电场作用下神经元的放电机制及控制进行研究。这两种模型均是电导类的生物物理模型，具有相似的形式，只是描述离子通道门变量的参数和方程有所不同。

基于这些单间室模型并结合非线性分析方法，一些学者详细地研究了神经元在正弦和直流电场作用下的放电特性和分岔行为(陈良泉, 2006; Che et al., 2009a, 2012; Han et al., 2009; Yi et al., 2012, 2014a, 2014b, 2014c; 金淇涛, 2013)。结果表明，阈下电场能够通过共振效应调节神经元的放电时刻和放电频率(Yi et al., 2014c)，而不同的阈上电场刺激可使 HH 和 ML 类神经元产生多种形式的分岔，如倍周期分岔(period-doubling bifurcation)(Che et al., 2009a; Han et al., 2009; Yi et al., 2012)、Hopf 分岔(Che et al., 2012; Yi et al., 2014a)、极限环上鞍点-结点(saddle-node on invariant circle，SNIC)分岔(Che et al., 2012; Yi et al., 2014a)、反向周期加分岔(Han et al., 2009; Yi et al., 2012, 2014b)等。此外，还有一些学者通过结合不同的非线性控制方法实现了神经元的分岔和同步控制(金淇涛，2013; Wang et al., 2009; Che et al., 2009b)。例如，采用 wash-out 滤波器和非线性反馈(金淇涛, 2013)实现了电场作用下神经元的分岔控制；将 H_∞ 控制、模糊算法以及自适应控制相结合(Wang et al., 2009)或者将自适应控制和神经网络相结合(Che et al., 2009b)，实现了电场刺激下神经元的同步控制。

与 Cable 模型和多间室模型相比，单间室模型的方程简单，有利于建模仿真和动力学机制分析。但是，采用单室模型研究电场的神经调制效应也存在一些固有的缺陷。例如，将神经细胞简化成单室球形结构的假设过于理想化，不能体现电场作用的空间极化效应；单间室的 HH 或 ML 模型不具备描述神经元形态特性的参数，这些都是影响场效应的关键因素。所以，为了系统地刻画电场刺激与神经电活动之间的相互作用机制，需要构建新的模型并考虑这些关键的因素。

5. 两间室模型(two-compartment model)

能够反映电场空间极化效应的最小神经元结构至少应该包含两个空间独立的

间室。因此，目前还有一些学者采用两间室模型对电场的神经调节效应进行研究。例如，Park 等人(2003, 2005)采用两间室 PR(Pinsky-Rinzel)模型研究了电场对两个耦合神经元之间同步活动的影响，发现电场对耦合神经元有同步和去同步的作用，并指出这些调制效应与神经元的异质性以及电场强度密切相关；Reznik 等人(2015)采用两间室 PR 模型研究了弱电场对神经元放电时刻的调节效应，发现胞外 K^+浓度、树突膜上主动离子通道以及神经元形态在弱场神经调节过程中都起着关键性作用。

我们在两间室 PR 模型基础上，首次建立了一个电场作用下简化的两间室神经元模型(Yi et al., 2014d, 2014e)。在这个简化模型中，树突是不含主动离子电流的被动间室。虽然这个模型的树突和胞体结构都十分简单，但是与单室模型和 PR 模型相比，它在研究电场的神经调制效应方面有着很多优势。首先，它能够体现电场作用的独特生物物理方式——空间极化效应，靠近阳极的间室被超极化，靠近阴极的间室被去极化；其次，它包含了一个刻画神经元形态特性的参数；最后，虽然它省去了 PR 模型中很多细节描述，但是却保留了产生胞体动作电位所必备的离子机制——Na^+和 K^+。因此，这个模型更有利于研究电场调节神经电活动的动力学和生物物理机制。

基于这个简化的两间室模型，我们研究发现形态参数和间室之间的内连电导可以通过改变内部电流的阈下强度影响神经元在电场刺激下的放电特性、刺激阈值、动力学分岔以及放电频率适应性，并且形态参数可以定性地控制神经元在电场作用下的放电起始(spike initiation)过程(Yi et al., 2014d, 2014e, 2015a, 2015c)。此外，还刻画了阈下弱电场对神经电活动的调制作用，发现阈下正电场能够增加神经元的放电速率并提前其放电时刻，阈下电场对放电编码的这些调制同样依赖于神经元形态特性和内连电导。这些结果从放电起始过程的角度证明了神经元形态特性是决定电场神经调制效应的关键因素，与前期的计算模型仿真(Svirskis et al., 1997; Tranchina et al., 1986; Pashut et al., 2011)和电生理实验(Pashut et al., 2014; Chan et al., 1986, 1988; Bikson et al., 2004; Radman et al., 2009; Svirskis et al., 1997)结果一致。

1.3 章节结构

本书共 7 章。其中第 1 章为绪论，第 2 章介绍了神经电生理的相关知识，第 3～7 章论述了电场作用下神经元模型建立、响应刻画以及放电起始机制分析。

第 1 章，介绍了 NBM 技术以及其在神经科学中的应用现状，综述了近年来有关电场神经调节效应的研究进展。

第 2 章，介绍了神经电生理的相关知识和概念，包括神经元、动作电位、放电阈值、Hodgkin 兴奋性、各种神经元模型以及放电起始机制。

第 3 章，构建了电场作用下单间室神经元模型，研究了 Hodgkin 三类神经元在直流电场和正弦电场作用下的放电特性及相应的放电起始动态机制，探讨了正弦磁场对神经元放电时刻和放电频率的调制作用。

第 4 章，建立了电场作用下能够刻画神经元形态特性的简化两间室模型，研究了直流电场作用下神经元的放电模式以及相应的放电起始机制。

第 5 章，建立了描述电场作用下神经元适应性的两间室模型，研究了直流电场作用下神经元的放电频率适应性以及相应的放电起始机制。

第 6 章，详述了 Hodgkin 三类神经元的放电阈值特性以及相应的动力学和生物物理机制。

第 7 章，分析了离子通道特性、形态特性和内连电导对神经元放电阈值动态的影响以及相应的生物物理机制。

第2章　神经电生理

2.1　神　经　元

神经系统是机体内起主导作用的系统，也是一个高效的信息处理系统。它不仅能够接受和整合感觉输入信息，还可以产生和传递各种调控信号，进而实现和维持机体的正常生命活动。这样一个高效并且复杂的信息处理系统，其结构和功能的基本单位是神经元。大脑内神经元多达 10^{11} 个，并且每个神经元还可以通过 10^2～10^4 个突触与其他神经元相连，进而组成一个庞大而复杂的神经网络。神经元是人体内接收、整合、传递和发放生命信息的细胞。它能够感受外部刺激，并且可以利用自身的电化学特性分泌神经递质、产生神经冲动，进而传导兴奋。尽管大脑内神经元形态多样、大小不一，但是它们都由细胞突起和细胞体两部分组成(Koch, 1999; Sterratt et al., 2011; Izhikevich, 2007)，如图 2.1 所示。

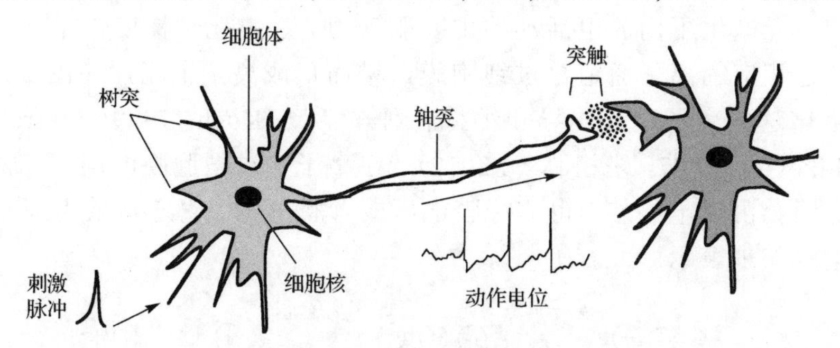

图 2.1　神经元结构示意图

细胞体内有细胞核，它是为整个细胞提供营养和能量的中心，也是细胞进行不同代谢活动的主要场所。不同神经元的胞体大小差异很大，小的直径仅 5～6μm，大的可达 100μm 以上。细胞突起是从细胞体延伸出来的细长部分。与胞体类似，不同神经元的突起形态、数量和长短也很不相同。根据其形态和功能可分为树突和轴突两部分(王青云等, 2008; 窦祖林等, 2012; Koch, 1999)。树突是从细胞体发出的一至多个突起，经反复分支后而由粗变细，形如树枝状。它可以接收周围以及前一个神经元传来的刺激信息，并且将其转换成电信号传入细胞体内。轴突是从细胞体发出的伸向其他神经元的一根呈圆柱形的最长突起。每个神经元只有一根轴突，负责把兴奋信号从细胞体传送给其他神经元。两个神经元之间通过突触联系在一起。

神经元种类繁多，根据功能的不同，可将其分为传入、中间和传出神经元(王青云等, 2008; 窦祖林等, 2012)。一般地，感觉神经元具有传入功能，它们神经末梢分布的感受器可以接收外界刺激，并将其转化为神经冲动传到中枢；中间神经元多位于脑和脊髓内，是传入和传出神经元之间的信息转换枢纽，在中枢神经系统中分布最多；传出神经元一般又称为运动神经元，它们可将中枢的神经兴奋传导到外周的肌肉或腺体上，产生相应的生理效应。此外，根据自身形态的不同，神经元又具有其他多种分类方式(王青云等, 2008; 窦祖林等, 2012)。例如，根据突触数量的不同，可将其分为单极、双极和多极神经元；根据树突形状不同，可将其分为锥体和星形细胞；根据轴突长度不同，可将其分为高尔基 I 型(长突触)和高尔基 II 型(短突触)细胞。

2.2　动 作 电 位

神经元细胞膜内外存在不同浓度的离子，如 Na^+、K^+、Cl^-和 Ca^{2+}等。膜外侧细胞质的 Na^+和 Cl^-浓度很高，并且还具有相对较高浓度的 Ca^{2+}，而膜内侧细胞质具有较高浓度的 K^+。不同离子在膜两侧的浓度差会产生电化学梯度，这是使神经元产生不同放电活动的主要驱动力。在电化学梯度作用下，这些离子可以通过相应的离子通道穿过细胞膜，进而形成离子电流，如图 2.2 所示。神经元依靠这些离子电流传导和维持各种电活动(Koch, 1999; Sterratt et al., 2011; Izhikevich, 2007; 窦祖林等, 2012)。在离子穿过细胞膜的同时，膜两侧的细胞质之间会出现电势差，也即跨膜电压或者膜电压。它通常采用细胞内与细胞外的电势差来表示。

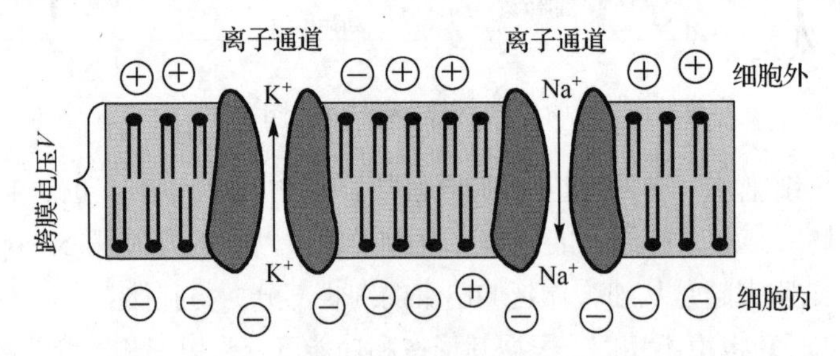

图 2.2　神经元细胞膜离子通道示意图

当不存在外部刺激时，细胞膜上流向胞内和流向胞外的电流处于动态平衡，膜上净电流为零。此时，神经元处于稳定的静息状态，相应的膜电压称为静息电位(resting potential)。由于细胞膜对不同离子的选择通透性不同，神经元静息电位一般处于 −90～−40mV 内。当存在外部刺激时，神经元的膜电压会发生变化。正电流刺激会造成膜内侧电压升高产生去极化，而负电流刺激会造成膜内侧电压降低产生超极化。

在幅值比较低的正电流脉冲作用下，膜上少量兴奋阈值较低的 Na^+通道会打开，也即激活。由于膜外侧 Na^+浓度高于膜内侧，所以此时会有少量的 Na^+流入细胞。这会使得膜内正电荷出现小幅度增加，于是膜电压产生一个小的去极化扰动，如图 2.3 所示。当刺激脉冲撤去时，膜电压会通过复极化衰减到静息状态。随着刺激电流强度的增大，其在膜电压上引起的去极化程度也会随之增加。当膜电压超过阈值电压后，其会引起膜上大量的 Na^+通道同时打开。此时在膜两侧浓度差以及电势差作用下，细胞膜对 Na^+的通透性会迅速增强。于是，膜外侧的 Na^+会快速地、大量地流入细胞，导致膜内正电荷迅速增加，这又会进一步加速去极化。这样，就形成了一个正反馈。此时，Na^+通道达到自我维持(self-sustaining)，细胞膜电压会急速增加，从而形成动作电位的快速上升相。随着膜电压的升高，Na^+通道会逐渐失活，同时 K^+通道被激活。由于膜内侧 K^+浓度高于膜外侧，所以其会顺着浓度梯度流向胞外。当 Na^+流向胞内的速度与 K^+流向胞外的速度平衡时，动作电位会出现峰值。随后，K^+通道被会进一步被激活，通道的电导会急剧增加，导致大量的正电荷流向胞外。于是，膜内侧电位会不断下降，产生动作电位的下降相，这个过程也是膜电压的复极化过程。由于 K^+通道电导不存在失活现象，只是会随着膜电压恢复而逐渐下降，所以这个过程持续的时间会比较长。这会导致膜电压下降到静息电位后还会继续减小，并逐渐向 K^+通道的平衡电势变化，于是产生了图 2.3 所示的后超极化现象。最后，K^+通道电导逐渐下降，在动作电位结束后，神经元依靠其膜上“钠钾泵”的活动完成排 Na^+摄 K^+，恢复膜两侧离子的电化学梯度，进而使膜两侧的电压差和通透性恢复到静息状态。

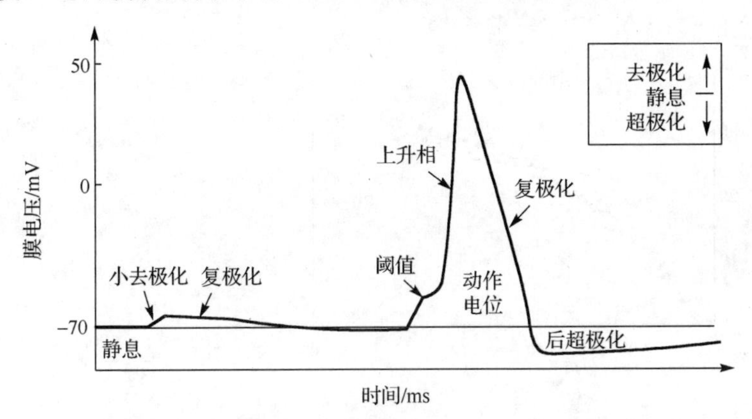

图 2.3　动作电位产生过程(Izhikevich, 2007)

2.3 Hodgkin 兴奋性

神经元强大的编码功能不是通过单个动作电位完成的，而是通过其产生的动作电位序列实现的。在不同的外界刺激下，神经元会出现不同模式的动作电位序列，比如周期放电、簇放电、单峰放电、阈下振荡、混沌放电、多模式混合振荡等。神经元采用这些不同的放电序列转化和传递输入信息，并且不同神经元对相同刺激的编码和转化形式不同。

Hodgkin 是首位研究神经系统兴奋性及其产生机制的科学家。根据神经元放电序列特性与刺激电流之间的不同关系，他将可兴奋神经元分为如下三类(Izhikevich, 2007; Prescott et al., 2008a; Yi et al., 2014a, 2014b)。

(1) I 类神经元。在直流电流刺激下可以产生任意低频周期放电，其放电频率—刺激电流 (f-I) 曲线是连续变化的。

(2) II 类神经元。直流电刺激下不能进行低频放电，其 f-I 曲线是不连续变化的。

(3) III 类神经元。直流电刺激下通常只产生一个动作电位，周期放电只会在极强的电流刺激下才会出现或者根本不会出现。

这三类神经元间的定量区别是它们的 f-I 曲线。I 类神经元在直流电刺激下的输出频率可以从 0Hz 开始连续增加，而 II 类的输出频率却只能从某一临界值开始断续增加，如图 2.4 所示。其中，图 2.4(a) 中数据记录于大鼠视觉皮层的 L5 锥体神经元，而图 2.4(b) 中数据记录于大鼠的脑干细胞。由于计算神经元放电速率至少需要两个动作电位形成一个放电峰峰时间间期(interspike intervals，ISIs)，但是Ⅲ类神经元至多只能产生一个动作电位，所以其 f-I 曲线是没有定义的。

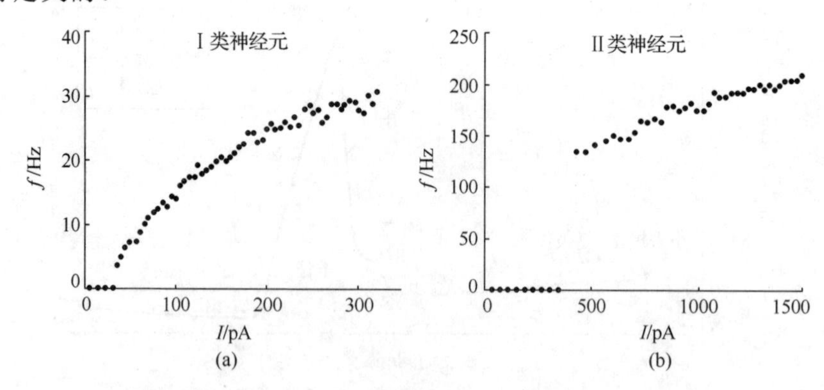

图 2.4 I 类和 II 类神经元的 f-I 曲线 (Izhikevich, 2007)

事实上，神经元产生何种放电模式以及何时放电是由膜上各种离子在低于阈值的膜电压处以及阈值电压处的相互作用决定(Prescott et al., 2008a; Izhikevich, 2007; Prescott et al., 2006; Yi et al., 2014e)。这个过程是神经元的放电起始过程(Prescott et al., 2008a; Izhikevich, 2007; 金淇涛, 2013)，它可以定性地决定神经元的电活动特性，如放电时刻、放电频率以及动作电位波形等。大量的电生理实验和理论仿真分析表明(Prescott et al., 2008a; Izhikevich, 2007; Yi et al., 2014a)，Hodgkin 三类神经元之所以能够产生不同的输入—输出特性，正是由它们不同的放电起始机制导致。

2.4 放电阈值

动作电位序列是信息在神经系统中传递的主要载体。当细胞膜电压去极化程度超过临界电位后，神经元会产生一个动作电位。这个临界电位是神经元的放电阈值(spike threshold)(Izhikevich, 2007; Higgs et al., 2011; Fontaine et al., 2014; Platkiewicz et al., 2011; Muñoz et al., 2012)，它是兴奋性神经元的一个基本生物物理特性。放电阈值其实是一个特殊的膜电压，它可以将神经元的阈下响应和动作电位区分开，如图 2.5 所示。如果膜电压的去极化程度较小，达不到这个阈值，神经元不会产生放电，对应的是阈下响应。相反，如果膜电压的去极化程度较大，可以达到这个阈值，神经元会产生一个动作电位，对应的是阈上响应。

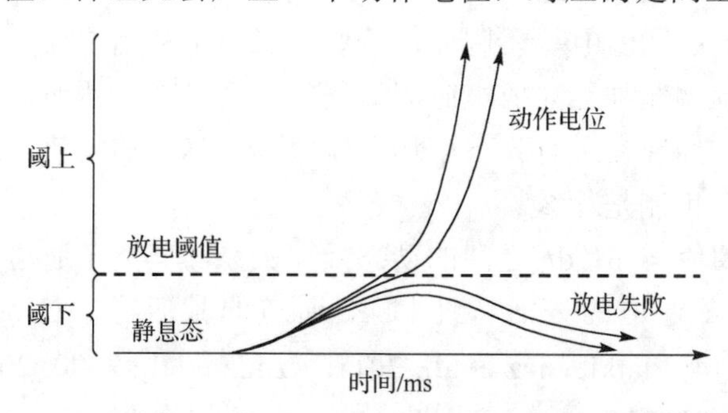

图 2.5　放电阈值示意图(Izhikevich, 2007)

活体内，神经元的放电阈值是在动作电位的上升相计算的。研究发现，放电阈值不是固定的而是动态变化的，这一现象在中枢神经系统的很多区域中都可以发现。例如，视觉皮质、躯体感觉皮质、前额皮质、新纹状体、新皮质、海马、听觉脑干、脊髓背角等(Hodgkin et al., 1952; Higgs et al., 2011; Fontaine et al., 2014; Platkiewicz et al., 2011; Muñoz et al., 2012; Azouz et al., 2000, 2003; Wilent et al., 2005; Henze et al., 2001; Storm, 1988; Cardin et al., 2010; Schlue et al., 1974; Escabí et al., 2005; Ferragamo et al., 2002; Hu et al., 2009; Yi et al., 2015b)。放电阈值的动

态变化不仅与突触输入有关，还受神经元的放电历史特性影响。例如，大量电生理实验表明放电阈值与膜电压平均值(Platkiewicz et al., 2011; Azouz et al., 2003; Hu et al., 2009; Muñoz et al., 2012)、前一个放电的峰峰时间间期(Muñoz et al., 2012)或动作电位产生前的去极化速率(dV/dt)(Higgs et al., 2011; Fontaine et al., 2014; Platkiewicz et al., 2011; Azouz et al., 2000, 2003; Wilent et al., 2005; Henze et al., 2001; Cardin et al., 2010; Schlue et al., 1974; Escabí et al., 2005; Ferragamo et al., 2002; Muñoz et al., 2012; Yi et al., 2015b)等密切相关。特别地，研究发现放电阈值在许多神经元中严重依赖于放电产生前的 dV/dt，二者之间存在一个明显的反比关系。神经元放电阈值依赖于膜电压变化(如 dV/dt)的这种动态特性会对神经编码产生重要的影响。例如，有利于神经元过滤突触输入信号(Higgs et al., 2011)、增强其功能选择性(Azouz et al., 2003; Wilent et al., 2005; Escabí et al., 2005; Priebe et al., 2008)、调制其响应敏感性(Azouz et al., 2000, 2003; Wilent et al., 2005; Cardin et al., 2010; Ferragamo et al., 2002)、有助于其对信号进行同时侦测和增益调制(Platkiewicz et al., 2011; Azouz et al., 2000, 2003; Kuba et al., 2006)等。此外，神经元的放电阈值与其放电时刻密切相关，所以这种动态的阈值还能够灵活地塑造神经元对阈上刺激的时间编码。这一结论在很多神经元中都有发现，如海马锥体细胞(Henze et al., 2001; Cudmore et al., 2010)、皮层锥体细胞(Higgs et al., 2011; Wilent et al., 2005; Cardin et al., 2010)、听觉细胞(Kuba et al., 2006, 2009)，丘脑底核细胞(Farries et al., 2010)等。因此，一些学者提出从动态放电阈值的角度可以阐释阈下电场精确调制神经元放电时间编码的潜在机理。然而，解决这个问题的关键性一步是：神经元在没有阈下电场调制时具有怎样的阈值动态，以及产生这种动态阈值的内在机制是什么。

神经元放电阈值与 dV/dt 之间的动态反比关系与其离子通道的活动特性密切相关，尤其是 Na^+通道的失活特性和 K^+通道的激活特性(Higgs et al., 2011; Fontaine et al., 2014; Platkiewicz et al., 2011; Azouz et al., 2000, 2003; Wilent et al., 2005; Henze et al., 2001; Storm, 1988; Ferragamo et al., 2002; Hu et al., 2009; Muñoz et al., 2012; Kuba et al., 2009; Platkiewicz et al., 2010; Wester et al., 2013)。事实上，离子通道的这些激活和失活特性也会受膜电压变化的影响。由于动作电位的去极化上升相主要由 Na^+调制，所以其失活特性通常被认为是影响神经元阈值动态的主要因素(Platkiewicz et al., 2011; Azouz et al., 2000, 2003; Wilent et al., 2005; Hu et al., 2009; Kuba et al., 2006; Wester et al., 2013)。但是近期越来越多的研究发现，流向胞外的 K^+电流尤其是那些在阈下较低电位处激活的 K^+(如 Kv1 电流)(Platkiewicz et al., 2010)，也可以明显地调制放电阈值特性。阻断这些低阈值的 K^+通道会使神经元的放电阈值出现明显的负向偏移(Storm, 1988; Bekkers et al., 2001; Guan et al.,

2007; Dodson et al., 2002; Goldberg et al., 2008)。此外，Higgs 和 Spain(2011)还发现采用 α-树眼镜蛇毒素(dendrotoxin，DTX)阻断 II/III 层锥体神经元的 Kv1 通道可使阈值与 dV/dt 之间的反比关系减弱。但是，目前关于神经元动态阈值的研究绝大部分都集中在现象描述上，缺乏系统的量化分析以及详细的内在机制探讨。

2.5　神经元模型

为了定量描述神经元各种复杂的放电特性以及揭示其相应的放电起始机制，研究学者提出了多种神经元模型。作为一个能够整合神经系统结构、功能和生理等多层次数据的有效手段，计算神经模型已成为目前揭示外界信息与神经系统之间相互作用机制的必备工具。它的优势在于：①具有辨识关键变量和联系多层面变量的独特能力；②提出实验可以验证的假说，用以指导实验。目前常用的神经元模型大致可分为生物物理模型和现象学模型两大类(Koch, 1999; Sterratt et al., 2011; Izhikevich, 2007; Brette, 2015)。常见的生物物理模型有 Cable 模型、Hodgkin-Huxley 模型、Morris-Lecar 模型、Pinsky-Rinzel 模型和 Ghostburster 模型等，常见的现象学模型有 FHN 模型、HR 模型、IF(integrate-and-fire)模型、Izhikevich 模型等。这些模型描述了神经元输入与输出之间的信息流动关系，目前已被广泛用于神经编码机制研究。

2.5.1　Cable 模型

Cable 模型不仅能够刻画细胞膜内外的各种电活动，而且是描述电脉冲信号(即动作电位)沿着树突、胞体和轴突传递的有效工具，同时还能体现神经元的复杂形态特性(魏熙乐等, 2015; Koch, 1999; Dayan et al., 2005; Carnevale et al., 2006)。事实上，Cable 理论历史悠久，最早是用于分析电报在水下电缆中的传输过程。1946 年，Hodgkin 和 Rushton(1946)首次将该理论应用于轴突动作电位的传导研究，随后 Rall(1962, 1969)又用其刻画了树突的电信号传导机制。Cable 理论在神经科学中的重要贡献是解释了电信号在神经元中的传导问题。

在 Cable 方程中，神经元的膜电压 $V(x,t)$ 不仅与时间 t 相关还与空间位置 x 有关，表达式为(Koch, 1999; Dayan et al., 2005; Izhikevich, 2007)

$$C\frac{\partial V}{\partial t}=-I_{\mathrm{Na}}(x)-I_{\mathrm{K}}(x)-I_{\mathrm{L}}(x)+\frac{d}{4R_{\mathrm{a}}}\frac{\partial^2 V}{\partial x^2}+\frac{I_{\mathrm{e}}(x)}{\pi d} \tag{2.1}$$

其中，C 表示细胞膜电容，d 表示轴突直径，R_{a} 为轴向电阻。I_{Na}、I_{K} 和 I_{L} 分别表示细胞膜上 $\mathrm{Na^+}$电流、$\mathrm{K^+}$电流和漏电流，I_{e} 表示外部刺激电流，它们均与空间位置 x 有关。

2.5.2　多间室模型

神经元细胞膜上的离子通道大都具有依赖于时间、空间与膜电压的非线性特性。当考虑离子通道的这些非线性特性时，将无法得到 Cable 模型的解析解。因此，数值解法成为求解复杂非线性 Cable 模型的主要手段。数值解法的基本思想是将空间上连续的神经元离散成一系列小的间室，如图 2.6 所示。每个小间室代表一个节点，可用一个等效电路表示，具有独立的膜电压。相邻两个间室之间通过胞内的轴向电阻 R_a 连接，如图 2.6(b) 所示。离散化后的 Cable 模型称为多间室模型。式(2.1)对应的多间室模型方程为(Koch, 1999; Dayan et al., 2005; Izhikevich, 2007; Carnevale et al., 2006)

$$C\frac{\mathrm{d}V_j}{\mathrm{d}t}=\frac{d}{4R_\mathrm{a}}\frac{V_{j+1}-V_j}{l^2}+\frac{d}{4R_\mathrm{a}}\frac{V_{j-1}-V_j}{l^2}+\frac{I_{\mathrm{e},j}}{\pi dl}-I_{\mathrm{Na},j}-I_{\mathrm{K},j}-I_{\mathrm{L},j} \tag{2.2}$$

其中，V_j 表示第 j 个间室的膜电压，d 和 l 表示间室的直径和长度，$j-1$ 和 $j+1$ 分别表示与 j 间室直接相连的两个间室。与 Cable 模型类似，多室模型也能表示复杂形状的细胞结构。

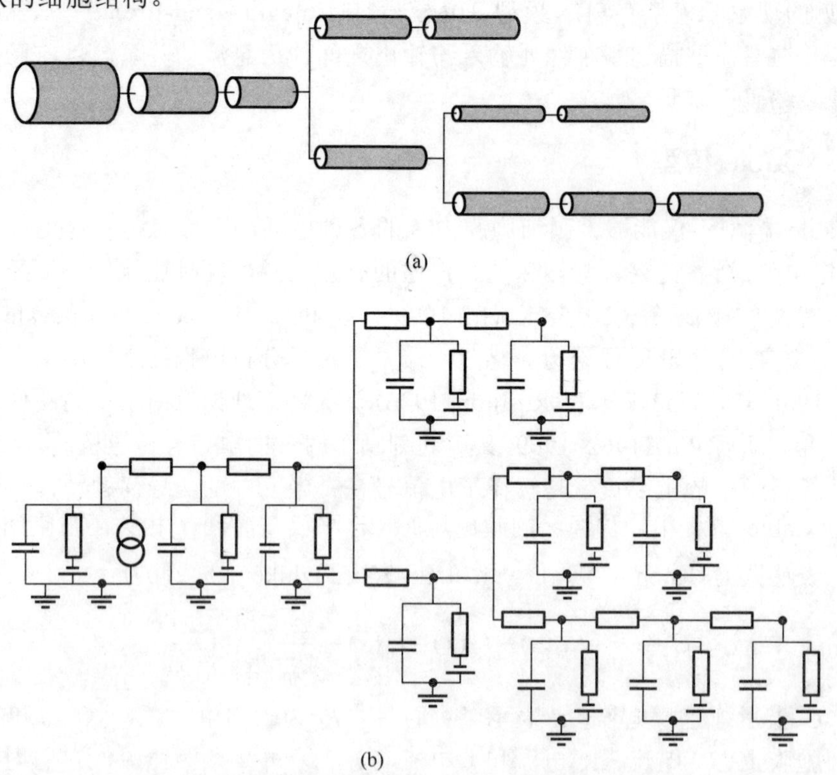

(a)

(b)

图 2.6　神经元多室模型示意图(Dayan et al., 2005)

2.5.3 两间室模型

对于多间室模型，间室数越多，将越能详细地描述神经元的复杂形态结构和电生理特性。但是，这也带来了一些缺点，例如，仿真计算耗时、不利于神经编码机制分析与理解、不适合大规模网络建模与仿真。因此，有必要将单神经元的空间结构简化，常见的简化方法为只考虑一个或几个树突间室加上一个胞体间室。在简化多间室模型中，含有树突和胞体的两间室模型最为常用，例如 Pinsky-Rinzel 模型和 Ghostburster 模型等。它们不仅能够克服多间室模型的上述缺点，同时也有利于理解胞体和树突之间的交互机制。此外，对于大规模的神经网络，两间室模型在真实性和计算效率之间也体现了一个较好的折中。

1. PR 模型

锥体细胞是大脑皮层中一类重要的兴奋性神经元。1991 年，Traub 等人(1991)建立了海马 CA3 区锥体神经元的计算模型，该模型由 19 个间室组成。在 Traub 模型基础上，Pinsky 和 Rinzel(1994)随后提出了仅包含树突和胞体的两间室 PR 模型，结构如图 2.7 所示。两个间室之间通过内连电导 g_c 连接。胞体细胞膜上包含 Na^+通道 I_{Na}、K^+通道 I_K 和漏离子 I_{SL} 三个通道，其中 Na^+和 K^+用以产生动作电位。树突中含有较多的离子通道，分别是 Ca^{2+}通道 I_{Ca}、长时程 Ca^{2+}依赖的 K^+通道 I_{KAHP}、短时程 Ca^{2+}依赖的 K^+通道 I_{KC} 以及漏通道 I_{DL}。树突这些与 Ca^{2+}相关的通道在锥体细胞簇放电和放电频率适应性中起着关键作用。此外，PR 模型树突膜上还包含 NMDA 突触电流 I_{NMDA} 和 AMPA 突触电流 I_{AMPA}。PR 模型方程为(Traub et al., 1991; Pinsky et al., 1994; Park et al., 2005; 魏熙乐等, 2015)

$$\begin{cases} C\dfrac{\mathrm{d}V_S}{\mathrm{d}t} = \dfrac{I_S}{p} + \dfrac{I_{DS}^{in}}{p} - I_{Na} - I_K - I_{SL} \\ C\dfrac{\mathrm{d}V_D}{\mathrm{d}t} = \dfrac{I_D}{1-p} - \dfrac{I_{DS}^{in}}{1-p} - I_{Ca} - I_{KAHP} - I_{KC} - I_{DL} - I_{syn} \end{cases} \tag{2.3}$$

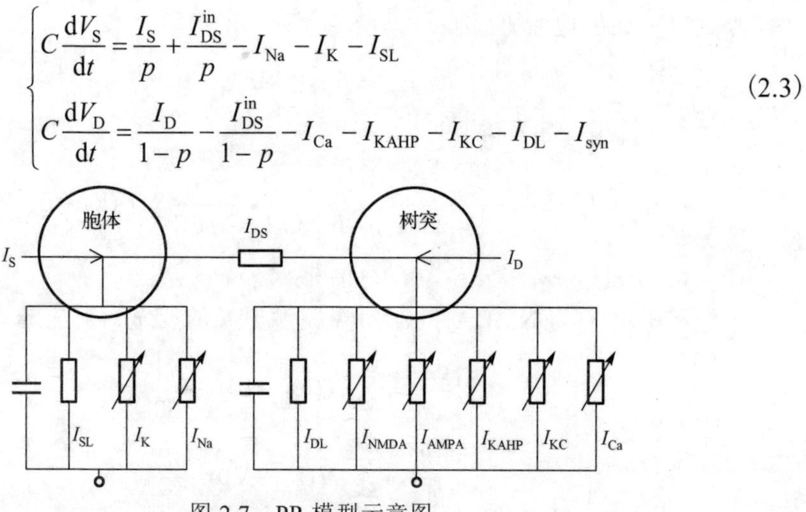

图 2.7 PR 模型示意图

其中，V_S 和 V_D 分别表示胞体和树突间室的跨膜电压，I_S 和 I_D 是相应间室的刺激电流，$I_{DS}^{in} = g_c(V_D - V_S)$ 为两个间室之间的内部电流。式(2.3)中其余各离子电流的定义如下：

$$I_{Na} = \bar{g}_{Na} m_\infty^2 h(V_S - E_{Na}) \tag{2.4}$$

$$I_K = \bar{g}_K n(V_S - E_K) \tag{2.5}$$

$$I_{SL} = g_{SL}(V_S - E_{SL}) \tag{2.6}$$

$$I_{Ca} = \bar{g}_{Ca} s^2 (V_D - E_{Ca}) \tag{2.7}$$

$$I_{KC} = \bar{g}_{KC} c\chi(\text{Ca})(V_D - E_K) \tag{2.8}$$

$$I_{KAHP} = \bar{g}_{KAHP} q(V_D - E_K) \tag{2.9}$$

$$I_{DL} = g_{DL}(V_D - E_{DL}) \tag{2.10}$$

其中，I_{SL} 和 I_{DL} 是被动离子通道，I_{Na}、I_K 和 I_{Ca} 是依赖于膜电势的主动离子通道，I_{KC} 和 I_{KAHP} 是依赖于膜电势和细胞内 Ca^{2+} 浓度的主动通道。

主动离子通道门控变量的动力学方程为

$$\frac{\mathrm{d}x}{\mathrm{d}t} = \alpha_x(1-x) - \beta_x x \tag{2.11}$$

其中，$x = h, n, s, c, q$，相应的前率函数 α_x 和后率函数 β_x 表达式如表 2.1 所示。此外，胞内 Ca^{2+} 浓度的动力学方程为

$$\frac{\mathrm{dCa}}{\mathrm{d}t} = -0.13 I_{Ca} - 0.075\text{Ca} \tag{2.12}$$

I_{KC} 通道中 $\chi(\text{Ca})$ 的表达式为 $\chi(\text{Ca}) = \min(\text{Ca}/250, 1)$。

式(2.3)中突触电流 I_{syn} 为

$$I_{syn} = I_{NMDA} + I_{AMPA} \tag{2.13}$$

其中，两个突触电流表达式为

$$\begin{cases} I_{NMDA} = \dfrac{\bar{g}_{NMDA}}{1 + 0.28 \cdot \exp[-0.062(V_D - 60)]} S_i(t)(V_D - E_{syn}) \\ I_{AMPA} = \bar{g}_{AMPA} W_i(t)(V_D - E_{syn}) \end{cases} \tag{2.14}$$

其中，$S_i(t)$ 和 $W_i(t)$ 为 NMDA 和 AMPA 突触电导的权重，对应的动力学方程为

$$\begin{cases} \dfrac{\mathrm{d}S_i}{\mathrm{d}t} = \sum\limits_j H(V_{S,j} - 10) - \dfrac{S_i}{150} \\ \dfrac{\mathrm{d}W_i}{\mathrm{d}t} = \sum\limits_j H(V_{S,j} - 20) - \dfrac{W_i}{2} \end{cases} \tag{2.15}$$

其中，$\sum_j$ 表示对所有突触前神经元进行求和。$H(x)$ 是 Heaviside 阶跃函数，表达式为

$$H(x)=\begin{cases}1, & x\geqslant 0\\ 0, & x<0\end{cases} \tag{2.16}$$

表 2.1　PR 模型门控变量的相关函数(魏熙乐等, 2015; Park et al., 2005)

变量	前率函数	后率函数
Na^+通道激活变量 m	$\alpha_m=\dfrac{0.32(-13.1-V_S)}{\exp((-13.1-V_S)/4)-1}$	$\beta_m=\dfrac{0.28(V_S-40.1)}{\exp[(V_S-40.1)/5]-1}$
Na^+通道失活变量 h	$\alpha_h=0.128\exp\left(\dfrac{17-V_S}{18}\right)$	$\beta_h=\dfrac{4}{1+\exp[(-40.0-V_S)/5]}$
K^+通道激活变量 n	$\alpha_n=\dfrac{0.016(35.1-V_S)}{\exp[(35.1-V_S)/5]-1}$	$\beta_n=0.25\exp(0.5-0.025V_S)$
Ca^{2+}通道激活变量 s	$\alpha_s=\dfrac{1.6}{1+\exp[-0.072(V_D-65)]}$	$\beta_s=\dfrac{0.02(V_D-51.1)}{\exp[(V_D-51.1)/5]-1}$
短时程 Ca^{2+}依赖的 K^+通道激活变量 c	$\alpha_c=\dfrac{\exp[(V_D-10)/11-(V_D-6.5)/27]}{18.975}$ $\alpha_c=2\exp\left(\dfrac{65-V_D}{27}\right)$	$\beta_c=2\exp\left(\dfrac{6.5-V_D}{27}\right)-\alpha_c$ $(V_D\leqslant 50)$ $\beta_c=0$ $(V_D>50)$
长时程 Ca^{2+}依赖的 K^+通道激活变量 q	$\alpha_q=\min(0.00002\text{Ca},0.01)$	$\beta_q=0.001$

PR 模型中其他参数含义如下。

p：胞体间室面积与细胞膜总面积之比；

$1-p$：树突间室面积与细胞膜总面积之比；

C：细胞膜电容；

g_c：树突和胞体之间的内连电导；

E_{Na}：Na^+通道的 Nernst 平衡电势；

E_K：K^+通道的 Nernst 平衡电势；

E_{Ca}：Ca^{2+}通道的 Nernst 平衡电势；

E_{SL}：胞体间室漏电流的 Nernst 平衡电势；

E_{DL}：树突间室漏电流的 Nernst 平衡电势；

E_{syn}：突触的平衡电势；

$\bar{g}_{Na}$：Na^+通道的最大电导；

$\bar{g}_K$：K^+通道的最大电导；

$\bar{g}_{Ca}$：Ca^{2+}通道的最大电导；

$\bar{g}_{KC}$：短时程 Ca^{2+}依赖的 K^+通道最大电导；

$\bar{g}_{KAHP}$：长时程 Ca^{2+}依赖的 K^{+}通道最大电导；

g_{SL}：胞体间室漏电流的最大电导；

g_{DL}：树突间室漏电流的最大电导；

$\bar{g}_{NMDA}$：NMDA 突触电流的最大电导；

$\bar{g}_{AMPA}$：AMPA 突触电流的最大电导。

2. *被动树突的简化两间室模型*

由式(2.3)～式(2.16)可以看出，尽管 PR 模型是结构单位最小的多间室模型，但是其树突的主动离子通道使模型的维数显著增加。这种复杂的方程结构不利于放电起始机制分析。为此，我们在 PR 模型基础上继续简化，建立了一个三维的两间室神经元模型(Yi et al., 2014d, 2014e)，如图 2.8 所示。与 PR 模型类似，两个间室分别代表神经元的树突和胞体，同时胞体也只含有 Na^{+}电流 I_{Na}、K^{+}电流 I_{K} 和漏电流 I_{SL}。与 PR 模型不同的是，我们简化模型的树突不含主动离子电流，只有一个漏电流 I_{DL}。模型方程为

$$\begin{cases} C\dfrac{dV_S}{dt}=\dfrac{I_S}{p}+\dfrac{I_{DS}}{p}-\bar{g}_{Na}m_\infty(V_S)(V_S-E_{Na})-\bar{g}_K n(V_S-E_K)-g_{SL}(V_S-E_L) \\ C\dfrac{dV_D}{dt}=\dfrac{I_D}{1-p}-\dfrac{I_{DS}}{1-p}-g_{DL}(V_D-E_L) \\ \dfrac{dn}{dt}=\varphi\,\dfrac{n_\infty(V_S)-n}{\tau_n(V_S)} \end{cases} \tag{2.17}$$

其中，$I_{DS}=g_c(V_D-V_S)$是两个间室的内部电流；g_c是连接树突和胞体的内连电导；p 和$1-p$ 是一组刻画神经元形态特性的参数，分别表示胞体间室和树突间室在整个神经细胞中所占的面积比例。$m_\infty(V)$ 为 Na^{+}通道激活变量 m 的稳态值，$n_\infty(V)$和 $\tau_n(V)$为 K^{+}通道激活变量 n 的稳态值和时间常数。三者均为膜电压 V 的函数，表达式为

$$\begin{cases} m_\infty(V)=0.5\left[1+\tanh\left(\dfrac{V-\beta_m}{\gamma_m}\right)\right] \\ n_\infty(V)=0.5\left[1+\tanh\left(\dfrac{V-\beta_n}{\gamma_n}\right)\right] \\ \tau_n(V)=1\Big/\cosh\left(\dfrac{V-\beta_n}{2\gamma_n}\right) \end{cases} \tag{2.18}$$

其中，β_m、γ_m、β_n 和 γ_n 为控制 Na^{+}和 K^{+}通道激活特性的参数。

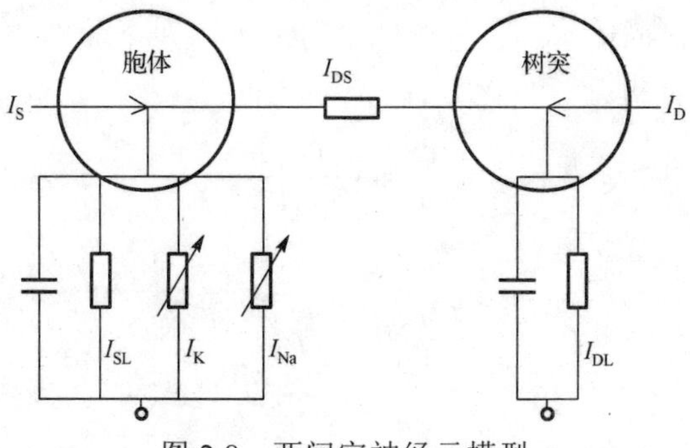

图 2.8 两间室神经元模型

2.5.4 单间室模型

单间室模型忽略了神经元的空间形态，其重点关注细胞膜上离子通道对膜电压阈下活动和放电过程的影响。这类模型在计算神经科学中应用最多，因为它们的方程形式相对简单，可以用来定量和定性地研究神经元在不同刺激下的各种放电行为以及相应的发生机制。

HH 模型是最著名的单间室神经元模型。它是 1952 年 Hodgkin 和 Huxley(1952)基于枪乌贼巨轴突电生理实验提出的，用以描述动作电位产生的离子机制，结构如图 2.9 所示。

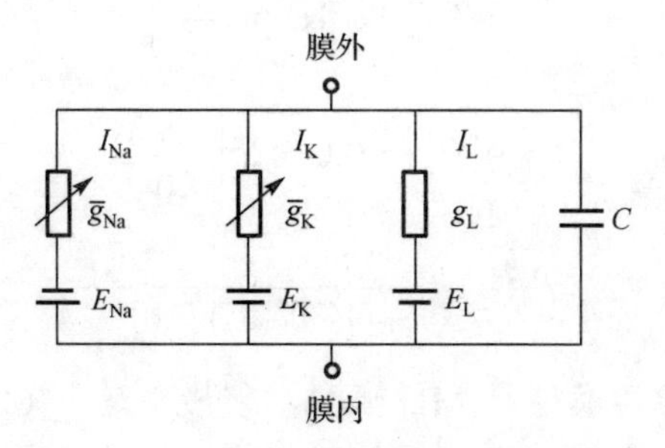

图 2.9 HH 神经元模型

它成功地将依赖于膜电压的离子通道电导函数融入 Cable 方程。HH 模型能够复现神经元在电生理实验中发现的很多性质，如全或无动作电位、放电阈值、不应期等。方程形式为(Koch, 1999; Dayan et al., 2005; Izhikevich, 2007; Hodgkin et al., 1952)

$$C\frac{\mathrm{d}V}{\mathrm{d}t} = I_e - \overline{g}_{Na}m^3h(V - E_{Na}) - \overline{g}_K n^4(V - E_K) - g_L(V - E_L) \tag{2.19}$$

其中，I_e 表示外部刺激电流，$\overline{g}_{Na}$、$\overline{g}_K$ 和 g_L 分别表示 Na^+ 电流、K^+ 电流和漏电流的最大电导，E_{Na}、E_K 和 E_L 表示它们的反电势。HH 模型需要三个激活门变量 m

和一个抑制门变量 h 描述 Na^+通道特性，同时采用四个激活门变量 n 描述 K^+通道特性。各个门变量的动力学演化方程为

$$\frac{\mathrm{d}x}{\mathrm{d}t}=\frac{x_\infty(V)-x}{\tau_x(V)} \tag{2.20}$$

其中

$$\begin{cases} x_\infty=\dfrac{\alpha_x}{\alpha_x+\beta_x} \\ \tau_x=\dfrac{1}{\alpha_x+\beta_x} \end{cases} \tag{2.21}$$

其中，x 可表示变量 m、h 或 n。$x_\infty(V)$ 为相应门变量的稳态值，$\tau_x(V)$ 为其时间常数，二者均是依赖于膜电压的函数。对于不同的门变量，α_x 和 β_x 的函数表达式为

$$\alpha_n(V)=0.01\frac{10-V}{\exp[(10-V)/10]-1} \tag{2.22}$$

$$\beta_n(V)=0.125\exp\left(\frac{-V}{80}\right) \tag{2.23}$$

$$\alpha_m(V)=0.1\frac{25-V}{\exp[(25-V)/10]-1} \tag{2.24}$$

$$\beta_m(V)=4\exp\left(\frac{-V}{18}\right) \tag{2.25}$$

$$\alpha_h(V)=0.07\exp\left(\frac{-V}{20}\right) \tag{2.26}$$

$$\beta_h(V)=\frac{1}{\exp[(30-V)/10]+1} \tag{2.27}$$

另一个常用的电导类模型是 ML 模型。它最早是由 Morris 和 Lecar（1981）基于北极鹅肌肉纤维的电生理实验提出，用来描述与 K^+和 Ca^{2+}有关的神经电活动。与 HH 模型相比，ML 模型做了很大的简化，方程可表示为（Koch, 1999; Dayan et al., 2005; Izhikevich, 2007; Morris et al., 1981）

$$C\frac{\mathrm{d}V}{\mathrm{d}t}=I_\mathrm{e}-\bar{g}_\mathrm{Ca}m_\infty(V)(V-E_\mathrm{Ca})-\bar{g}_\mathrm{K}n(V-E_\mathrm{K})-g_\mathrm{L}(V-E_\mathrm{L}) \tag{2.28}$$

可见，ML 模型只采用一个激活门变量 n 描述 K^+通道特性，而它的 Ca^{2+}通道激活门变量 m 取其稳态值 $m_\infty(V)$ 并且不含抑制性门变量。ML 模型中，激活变量 n 的动力学演化方程也如式（2.20）所示。只是该模型的 $n_\infty(V)$ 和 $\tau_n(V)$ 与 HH 模型不同，

表达式如式(2.29)所示。但是，正是这些区别使得两个模型能够在外界刺激下呈现不同的动力学行为。

$$\begin{cases} m_{\infty}(V)=0.5\left[1+\tanh\left(\dfrac{V-V_1}{V_2}\right)\right] \\ n_{\infty}(V)=0.5\left[1+\tanh\left(\dfrac{V-V_3}{V_4}\right)\right] \\ \tau_n(V)=1\Big/\cosh\left(\dfrac{V-V_3}{2V_4}\right) \end{cases} \tag{2.29}$$

其中，V_1、V_2、V_3 和 V_4 为控制 Ca^{2+}和 K^+通道激活特性的参数。

2.6 神经动力系统

通过对不同神经元模型进行分析，得到一个重要的结论是：神经元是一个动力系统。对于一个动力系统来说，首先它应该包含一系列描述其自身状态的动力学变量。其次，它还应该包含一些固定规则用以描述这些变量随时间变化的演化情况，也即系统模型。这个模型在系统的动力学分析中异常关键，因为它定性地描述了系统状态在下一时刻是如何依赖于输入信号和它前一时刻状态变化的。2.5.4 节介绍的 HH 模型就可以看做一个四维的动力系统，是因为它的状态是由四个动力学变量决定的：膜电压 V、Na^+通道激活门变量 m、Na^+通道抑制门变量 h 以及 K^+通道激活门变量 n。这些变量随时间的演化规律是通过 HH 模型的四个常微分方程描述。

一般地，根据功能和时间尺度的不同，可以将描述神经元动力学状态的变量分为以下四类(Izhikevich, 2007)。

(1) 细胞膜电压 V。

(2) 兴奋性变量，如 Na^+通道激活变量 m 等。它们在动作电位产生过程中主要负责膜电压的去极化(上升相)。

(3) 恢复变量，如 Na^+通道失活变量 h 和 K^+通道激活变量 n 等。这些变量在动作电位产生过程中主要负责膜电压的复极化(下降相)。

(4) 适应变量，例如一些依赖于膜电势和 Ca^{2+}活动的慢电流的激活变量。在 2.5.3 节的 PR 模型中，KAHP 通道的激活变量 q 是一个典型的适应变量。这些变量的作用随着神经元放电活动的延长而逐渐增强，然后影响神经兴奋性。

显然，HH 模型并不同时包含这四类动力学变量。但是，有些模型是全部包含的，尤其是产生簇放电动力学的模型，如 PR 模型。

从神经动力系统的角度，神经元处理和转化刺激信息的过程不仅与自身的电生理特性有关，还与其动力学特性密切相关(Izhikevich, 2007; Prescott et al., 2006, 2008a, Yi et al., 2014a, 2014d, 2015a, 2015c)。研究发现，神经系统中，即使是处于同一区域并且具有相似电生理特性的两个神经元，它们对于相同的突触刺激也可能产生不同的响应。这主要是两个神经细胞的固有动力学特性不同。既然神经元可以看做一个动力系统，那么就可以将非线性动力学中的各种分析方法(如相平面、分岔、稳定性、流形等)引入到神经科学中，研究神经编码特性以及放电起始动态机制。

2.6.1 相平面

目前，研究神经元放电起始动态机制常用的一个非线性方法是相平面分析。相平面是由神经系统两个动力学变量组成的平面。一般地，一个变量是神经元膜电压，另一个变量是离子通道的门控变量。所以，相平面的横纵坐标是神经系统的状态变量，时间是隐含变量。相平面分析最关键的一步是绘制系统的相位图，它是一些能够定性地决定系统在相空间上拓扑行为的特殊轨迹，如平衡点、分界线、极限环、零线等。相位图包含了与神经动力学行为相关的所有定性信息，并且可以从非线性动力学的角度阐述它们的演化机制(Izhikevich, 2007; Presoctt et al., 2008a; Drion et al., 2012)。

当一个神经元处于静息状态时，它流向胞内的去极化电流和流向胞外的超极化电流是处于动态平衡的。在这种状态下，系统的各个动力学变量是不变的。此时，神经元在相平面上有一个稳定的平衡点，如图 2.10(a)所示。由于系统在相平面上的所有轨迹最终都收敛到这个平衡点上，所以也称之为吸引子(attractor)。微小的扰动会使神经元膜电压绕着平衡点出现一个小的偏移，然后再收敛到吸引子上，如图 2.10(b)中 A 刺激所示。这种轨迹也被称为突触后电位(postsynaptic

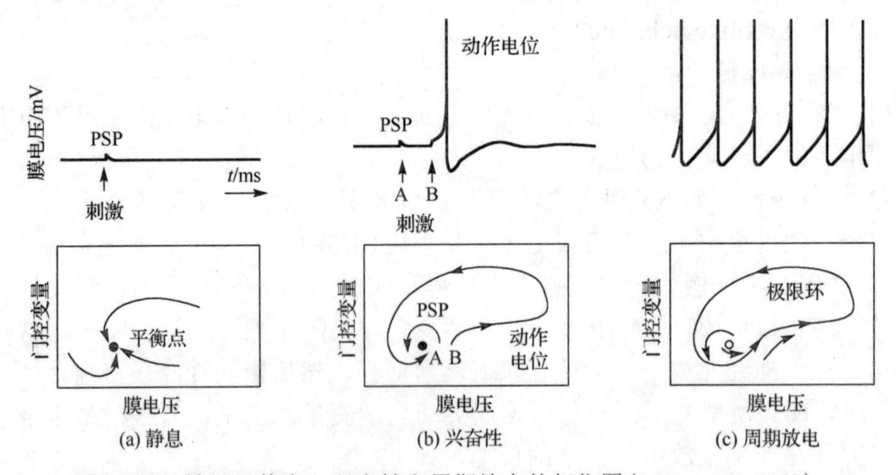

图 2.10　神经元静息、兴奋性和周期放电的相位图(Izhikevich, 2007)

potential，PSP）。然而，比较大的扰动会被神经元固有动态放大而产生一个动作电位，如图 2.10(b)中 B 刺激所示。神经系统的这一现象就是通常所说的兴奋性(excitability)，它是神经元的一个基本特性。当输入电流足够大时，神经元会出现周期放电行为。此时，神经元在相平面有一个稳定的极限环(limit cycle)，如图 2.10(c)所示。极限环里面的轨迹以及外面的轨迹最终都会收敛到极限环上。只要系统存在稳定极限环，其就会产生周期放电活动。当然，稳定极限环和稳定平衡点是可以同时存在的，这种状态被称为双稳态(bistable)。在这种情况下，神经元的动力学行为可以从一个模式变换到另一种模式，例如簇放电。

2.6.2　分岔

另一个用来研究神经元放电起始动态机制的动力学工具是分岔分析，它是与相平面分析相对应的。从动力系统的观点看，神经元产生分岔是其动力学上出现了质的变化。在相平面上，就是其相位图出现了质的改变。从图 2.10(a)到图 2.10(b)，神经元没有产生分岔，是因为这两幅图中神经元都有一个全局稳定的平衡点吸引子。此时，系统行为的不同是定量的而不是定性的。但是，从图 2.10(b)到图 2.10(c)，神经元产生了分岔。因为，此时平衡点已失去了稳定性并且出现了一个性质不同的极限环吸引子。图 2.10(b)中的神经元之所以处于兴奋状态，是因为其初始状态更接近系统的分岔点。

神经元的分岔类型可以决定其产生兴奋性的特征，当然它也依赖于神经元自身的电生理特性(Izhikevich, 2007; Presoctt et al., 2008a)。虽然，神经元产生兴奋性以及放电活动的电生理机制有很多，但是在直流电刺激下常见的分岔却只有四种(Izhikevich, 2007)，分别是：鞍点—结点(saddle-node，SN)分岔、不变环上鞍点—结点(saddle-node on invariant circle，SNIC)分岔、亚临界 Hopf 分岔和超临界 Hopf 分岔。图 2.11 分别给出了四种分岔产生时的相位图演化过程。

(1) SN 分岔：分岔产生前神经元有一个稳定的结点和一个不稳定的鞍点。产生分岔时，两个平衡点结合在一起形成“鞍结点”，然后消失。由于相平面上已经不存在稳定的平衡点，所以系统的轨迹最终都收敛到极限环吸引子上，神经元开始出现周期放电。值得指出，这种分岔产生前神经元必须具有极限环或者其他吸引子，从而保证分岔产生时神经元可以出现静息到放电的转迁。

(2) SNIC 分岔：这一类型分岔与 SN 分岔过程类似。唯一不同的是这种分岔产生时会有一个不变环出现，然后它会在鞍结点消失后转变成一个极限环吸引子。

(3) 亚临界 Hopf 分岔：分岔产生前，神经元在相平面上有一个稳定的平衡点吸引子。分岔产生过程中，会在平衡点外侧出现一个小幅值的不稳定极限环和一个大幅值的稳定极限环。分岔产生时，不稳定极限环会收缩到稳定平衡点上，使其失去稳定性。之后，系统的所有轨迹都收敛到外侧大幅值的稳定极限环上或者收敛到其他吸引子上。

(4) 超临界 Hopf 分岔：与亚临界 Hopf 分岔一样，神经元在分岔产生前有一个稳定的平衡点吸引子。分岔产生时，平衡点失去稳定性，同时产生一个小幅值的极限环吸引子。然后，随着刺激电流的增加，极限环的幅值逐渐变大，最后变为一个对应周期放电的极限环。

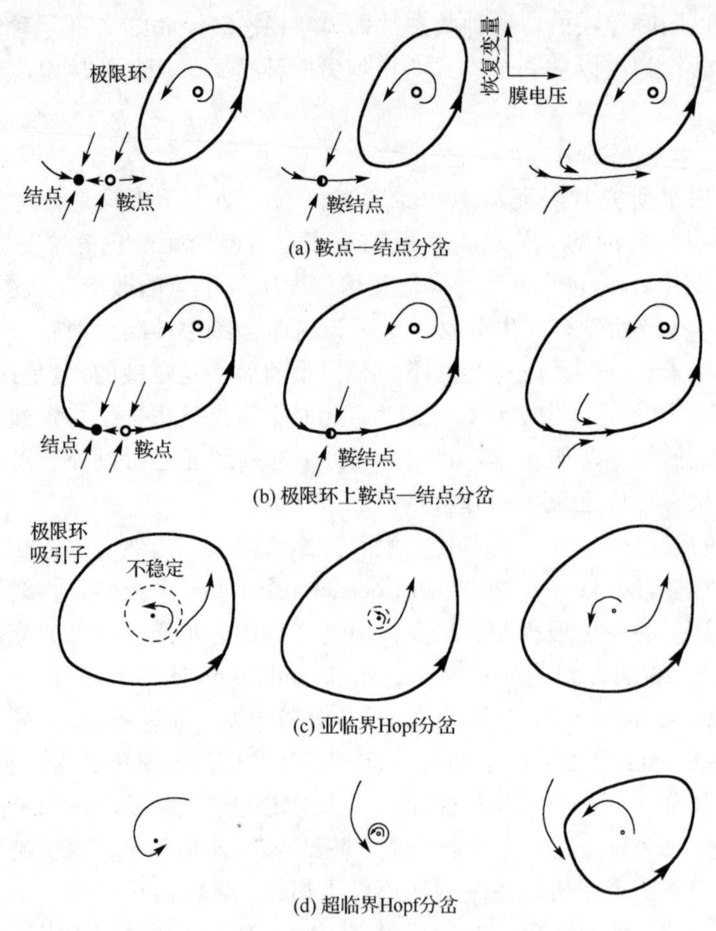

图 2.11　神经系统中四种常见的动力学分岔 (Izhikevich, 2007)

从非线性数学的角度，这四种都是余维 1 分岔，因为它们都是通过改变一个参数 (例如，刺激电流) 产生的。事实上，神经元还会产生余维 2、余维 3 或者更高余维的分岔，但是这些分岔需要特别的限制条件才能观察到。此外，神经元在交流刺激下也会出现其他类型的分岔，如倍周期 (period doubling) 分岔、加周期 (period adding) 分岔等。最后，当神经元产生亚临界或者超临界 Hopf 分岔时，它的膜电压会出现衰减振荡。但是，产生 SN 分岔时却不会出现这种行为。正是由于这些小幅值振荡的存在，Hopf 分岔神经元能够对一些频率的脉冲刺激产生共振现象。在计算神经科学中，通常将具有这种衰减的阈下振荡的神经元称为共振子(resonator)，而不具有这一特性的神经元称为积分子(integrator)。

2.6.3 研究现状

目前，非线性动力系统理论已经成为计算神经科学研究的核心。基于不同的神经元模型，通过采用相平面和分岔等非线性分析方法，国内外学者对神经元的放电起始动态机制作了大量的研究。其中，关注最多的是 Hodgkin 提出的三类基本神经元的放电产生机制。研究发现，三类神经元不同的“输入—输出”特性是由它们不同的固有动态特性导致。I 类神经元通过 SNIC 分岔产生周期放电，对应连续的 f-I 曲线；II 类神经元通过亚临界 Hopf 分岔产生周期放电，对应不连续的 f-I 曲线；III 类神经元通过穿越准分界线(quasi-separatrix-crossing，QSC)产生单峰放电(Izhikevich, 2007; Prescott et al., 2006, 2008a)。除了 Hodgkin 三类兴奋性，关注比较多的还有神经元的簇放电行为。大量的物理学家、数学家和神经科学家通过采用不同的神经元模型对这种放电行为进行了系统的分析，发现神经元的固有慢变动力学可以引起其从放电状态向静息状态转迁，是导致簇放电的关键因素(Rinzel, 1978; Izhikevich et al., 2007)。此外，Izhikevich(2004, 2007, 2010)详细地总结了各种计算模型的放电特性，并系统地讨论了神经元产生的 20 多种放电行为的内在动力学机制。Prescott 等人(2006, 2008b)在 ML 模型基础上采用相平面和分岔分析研究了适应性在神经编码中的作用及其相应的动力学机制；Drion 等人(2012)采用相平面分析详细地研究了神经元产生放电延迟和后去极化电势的动力学机制；Desroches 等人(2012)采用奇异性理论和流形等方法研究了神经元产生多模式混合振荡(mixed-mode oscillation，MMO)的相关机制；Lundstrom 等人(2009)采用相平面分析等方法研究了神经元放电频率对输入波动产生不同敏感性的动力学机制。在国内，古华光课题组采用计算模型和电生理实验相结合的方法分析了不同神经元放电节律转化的分岔序列模式(古华光等, 2012; 李莉等, 2003, 2004)；陆启韶课题组采用稳定性、分岔、相平面和快慢动力学等分析方法研究了神经元产生各种簇放电和峰放电的动力学机制(杨卓琴等, 2007; 王海霞等, 2009; Wang et al., 2011)；谢勇课题组采用计算神经模型研究了神经元产生不同兴奋性的分岔机制(谢勇等, 2004; 王付霞等, 2013)；王恒通等研究了神经元自突触对神经元放电行为的影响以及其相应的动力学机制(Wang et al., 2014; 王恒通, 2014)。

2.7 放电起始生物物理机制

神经元细胞膜内外存在不同浓度的离子，离子在电化学梯度作用下能够穿过细胞膜，进而形成离子电流。这些离子电流有些流向胞内，而有的则流向胞外。不同方向的离子电流对膜电压的作用不同。流向细胞内的膜电流会使膜电压去极化，主要负责产生动作电位的上升相，如 Na^+和 Ca^{2+}。相反，流向胞外的膜电流会使膜电压超极化，主要负责产生动作电位的下降相，如 K^+。神经元的各种电活动的产生、维持和传递是通过离子电流完成的。例如，2.2 节已经提到动作电位的产生是不同离子电流之间相互作用的结果。它们在阈上电压处的活动可以塑造动作电位的波形，而在阈下电压处，它们之间的相互作用可以定性地控制神经元的放电起始过程。因此，要想深入地理解神经元的放电起始过程，就需要建立放电动力学与神经元自身生物物理特性之间的关系。但是，目前关于神经电活动的文献大部分都是现象类的刻画以及相应动力学机制的探索，对于神经元放电起始过程和其生物物理特性之间的定性关系至今还没有得到很好的描述。

一些研究学者(Prescott et al., 2008a; Wester et al., 2013; Zeberg et al., 2010; Yi et al., 2014e, 2015d, 2015e)采用电导类的生物物理模型研究了离子电流在阈下电位的激活特性，并进一步分析不同离子电流的阈下特性与神经元电活动之间的定性对应关系。其实，这就是计算神经科学中所指的神经元放电起始动态的生物物理机制。例如，Prescott 等人(2008a)利用一个改良的 ML 模型研究了 Hodgkin 三类神经兴奋性产生的生物物理机制，发现三类兴奋性的产生是阈下反向离子电流之间非线性竞争的结果，指出 Hopf 分岔对应的稳态膜电流 I-膜电压 V（I-V）曲线是单调的而 SNIC 分岔的 I-V 曲线是非单调的；Zeberg 等人(2010)研究了海马细胞膜上离子通道电导影响神经元放电特性的生物物理机制，发现改变通道电导可以通过控制阈下电位的离子电流强度影响神经元的放电起始机制和放电特性；Wester 和 Contreras(2013)利用一个三间室的生物物理模型系统地研究了 Na^+通道和 K^+通道特性调制神经元动态放电阈值的生物物理机制，发现改变 Na^+通道的失活特性和 K^+通道的激活特性均可以促进动态放电阈值的产生。

虽然，目前这些生物物理机制研究都是很初步的探索，但是至少证明了从非线性动力学的角度定性地刻画神经元放电活动与阈下电流特性之间的关系，是一种揭示神经元放电生物物理机制的有效手段。

第 3 章　电磁场作用下单间室神经元响应

神经细胞内外存在不同浓度的离子，它们在膜两侧的浓度差会导致跨膜电压的产生。当离子浓度在细胞膜两侧动态变化时，跨膜电压也随时间不断地演化，于是神经元出现不同形式的放电模式。可见，动作电位的产生和传递是通过细胞膜上的离子电流完成的。当神经元处于电磁环境中，电磁场会对细胞膜附近的离子产生电驱动作用，从而改变膜两侧各种离子的浓度，影响神经元跨膜电压的动态特性。膜电压的变化势必影响细胞膜上压控离子通道的活性，进而改变相应离子进出细胞的渗透过程。这种对离子移动过程(即离子电流)的影响，又能进一步反映在跨膜电压的动态特性上，于是形成一个循环反馈的交互过程。本章从电场对离子通道特性调制的角度，根据“胞外机制”对场效应进行建模，研究不同神经元在电磁场作用下的编码特性及相应的动力学机制。

3.1　电场作用下单室神经元模型

目前，基于离子电导的神经元模型是描述动作电位产生以及其生物物理机制的一个有效工具，常见的有 HH 模型、ML 模型、PR 模型、Ghostburster 模型等。本章采用一个二维的类 ML 模型对神经元进行建模。它是由 Prescott 等人(2008a)提出，用来研究 Hodgkin 三类神经兴奋性产生的生物物理机制。图 3.1 给出了这个模型的等效电路示意图。

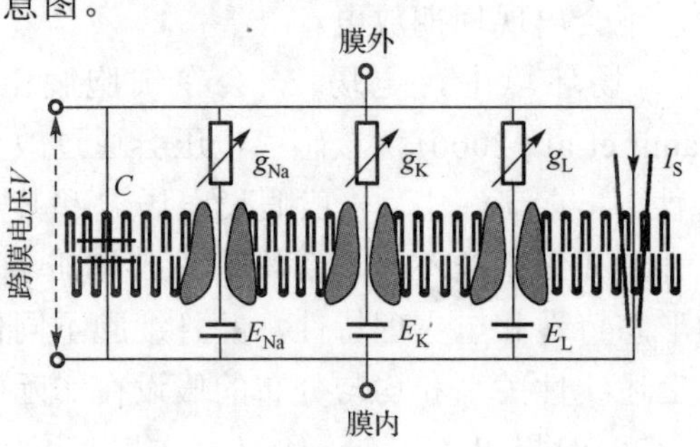

图 3.1　Prescott 模型等效电路示意图

该模型含有两个动力学变量，细胞膜电压 V 和 K^+离子通道激活变量 n。描述二者动力学演化过程的方程如式(3.1)和式(3.2)所示(Prescott et al., 2008a)：

$$\frac{\mathrm{d}V}{\mathrm{d}t}=\frac{1}{C}\left[I_{\mathrm{S}}-\bar{g}_{\mathrm{Na}}m_{\infty}(V)(V-E_{\mathrm{Na}})-\bar{g}_{\mathrm{K}}n(V-E_{\mathrm{K}})-g_{\mathrm{L}}(V-E_{\mathrm{L}})\right] \tag{3.1}$$

$$\frac{\mathrm{d}n}{\mathrm{d}t}=\varphi\frac{n_{\infty}(V)-n}{\tau_{n}(V)} \tag{3.2}$$

式(3.1)右侧四项依次为突触刺激电流I_{S}、流向细胞内的快速 Na^+电流I_{Na}、流向细胞外的延迟整流 K^+电流I_{K}和流向胞外的漏电流I_{L}。Na^+通道激活变量稳态值$m_{\infty}(V)$、K^+通道激活变量稳态值$n_{\infty}(V)$和该通道的时间常数$\tau_n(V)$均是膜电压V的函数，表达式为

$$\begin{cases} m_{\infty}(V)=0.5\left[1+\tanh\left(\dfrac{V-B_m}{A_m}\right)\right] \\ n_{\infty}(V)=0.5\left[1+\tanh\left(\dfrac{V-B_n}{A_n}\right)\right] \\ \tau_n(V)=1\Big/\cosh\left(\dfrac{V-B_n}{2A_n}\right) \end{cases} \tag{3.3}$$

参数取值：膜电容为$C=2\mu\mathrm{F/cm^2}$，离子通道最大电导为$\bar{g}_{\mathrm{Na}}=20\,\mathrm{mS/cm^2}$、$\bar{g}_{\mathrm{K}}=20\,\mathrm{mS/cm^2}$、$g_{\mathrm{L}}=2\,\mathrm{mS/cm^2}$，离子通道的 Nernst 平衡电势为$E_{\mathrm{Na}}=50\mathrm{mV}$、$E_{\mathrm{K}}=-100\mathrm{mV}$、$E_{\mathrm{L}}=-70\mathrm{mV}$，$B_m=-1.2\mathrm{mV}$，$A_m=18\mathrm{mV}$，$A_n=10\mathrm{mV}$，$\varphi=0.15$。参数$B_n$控制$I_{\mathrm{K}}$半激活电压，改变这个参数可使 Prescott 模型产生 Hodgkin 三类神经元兴奋性。$B_n=0\mathrm{mV}$时，模型通过 SNIC 分岔产生 I 类兴奋性，对应的f-I_{S}曲线是连续变化的；$B_n=-13\mathrm{mV}$时，模型通过亚临界 Hopf 分岔产生 II 类兴奋性，对应的f-I_{S}曲线是不连续变化的；$B_n=-21\mathrm{mV}$时，模型在生理电流范围内最多只能产生一个动作电位，不会出现周期放电。

当神经元处在外电场环境中，电场E会在细胞膜上产生跨膜感应电压$\tilde{V}$(Schwan, 1957; Giannì et al., 2006)，该感应电压会通过改变膜两侧离子浓度影响膜电压V的动态特性。早期研究中，一般假设电场E和其产生的跨膜感应电压$\tilde{V}$之间是线性关系，并且在细胞的不同位置均匀分布(Schwan, 1957)。但是，实际神经元具有复杂的形态特性和电生理特性，并且细胞不同位置的电导率和介电常数也不同。这样，上述线性关系和均匀分布的假设在实际中不能成立。考虑到这一点，Modolo 等人(2010)提出了一个一阶微分方程，用以描述稳定电场E和其产生的跨膜感应电压$\tilde{V}$之间的关系，即

$$\frac{\mathrm{d}\tilde{V}}{\mathrm{d}t}=\frac{\lambda E\cos\theta-\tilde{V}}{\tau} \tag{3.4}$$

其中，τ 表示离子电荷在细胞膜上移动速度的时间常数，其值取决于细胞质的特性，如电阻率和介电常数；λ 为极化长度，取值与细胞类型和自身的电生理特性密切相关；θ 为电场方向与细胞轴线方向的夹角。当电场垂直于细胞轴线（$\theta = 90°$）时，跨膜感应电压 $\tilde{V} = 0\text{mV}$，即大量实验研究发现的，神经元对垂直于其轴向的电场刺激不敏感（Pashut et al., 2011）。

根据 Neuron 软件中针对分布刺激提出的“胞外机制”计算方式（Berzhanskaya et al., 2013; Carnevale et al., 2006），在细胞层次可将电场 E 产生的跨膜感应电压 $\tilde{V}$ 看作是膜电压 V 的扰动，然后对其进行建模（Giannì et al., 2006; 金淇涛, 2013; Modolo et al., 2010），如图 3.2 所示。此时，神经元膜电压 V_{em} 可表示为

$$V_{\text{em}} = V + \tilde{V} \tag{3.5}$$

这样，Prescott 模型的两个微分方程在电场作用下为（Yi et al., 2012, 2014a, 2014b, 2014c）

$$\begin{cases} \dfrac{\mathrm{d}(V+\tilde{V})}{\mathrm{d}t} = \dfrac{1}{C}\left[I_{\text{S}} - \bar{g}_{\text{Na}} m_{\infty}(V)(V+\tilde{V}-E_{\text{Na}}) - \bar{g}_{\text{K}} n(V+\tilde{V}-E_{\text{K}}) - g_{\text{L}}(V+\tilde{V}-E_{\text{L}}) \right] \\ \dfrac{\mathrm{d}n}{\mathrm{d}t} = \varphi \dfrac{n_{\infty}(V)-n}{\tau_n(V)} \end{cases} \tag{3.6}$$

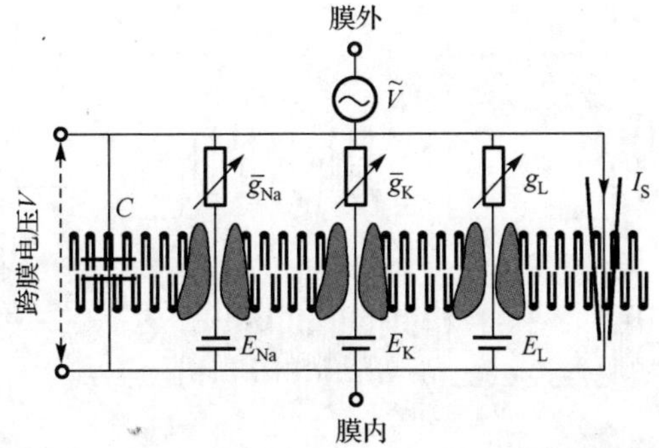

图 3.2　电场作用下 Prescott 模型等效电路示意图

式(3.6)从“胞外机制”的角度描述了电场对神经电活动的影响规律。下面采用 Prescott 模型研究直流和交流电场刺激下 Hodgkin 三类神经元的放电特性和放电起始动态机制，并刻画阈下磁场对神经元放电活动的调制作用。

3.2　直流电场作用下三类神经元动力学行为

当 E 是直流电场时，通过求解式(3.4)所示的微分方程可得其产生的跨膜感应

电压为 $\tilde{V}=\lambda E\cos\theta$。由于本节只关注电场效应，故突触刺激电流 $I_S=0\mu A/cm^2$。此外，极化长度取 $\lambda=1mm$，并且电场 E 的方向平行于细胞轴向，即 $\cos\theta=1$。

3.2.1　放电特性

图 3.3 给出了在上述条件下，三类神经元在直流电场刺激下的放电特性。可以看出，正电场 E 会使膜电压超极化，抑制神经元放电。此时，Hodgkin 三类神经元均处于阈下静息状态，不会产生动作电位。并且，正电场幅值的增加会导致三类神经元的最终稳态电位进一步超极化。当电场是负值时，膜电压被去极化，此时神经元会产生动作电位。随着负电场幅值的增加，I 类和 II 类兴奋性出现相似的动力学演化过程，如图 3.3(a)和图 3.3(b)所示。当 E 增加到电场刺激阈值时，它们开始出现周期放电。然后，这两类神经元的放电频率先增加后减小，最后停止周期放电，膜电压最终稳定在阈上的去极化电位处。与 I 类和 II 类神经元不同的是，III 类神经元在 $-22.29mV \leqslant E \leqslant -20.62mV$ 时产生单峰放电，如图 3.3(c)所示。当 $E \leqslant -22.29mV$ 时 III 类神经元出现周期放电，之后随着负电场幅值的增加，它的放电频率也呈现先增加后减小的趋势。最终 III 类神经元也会停止周期放电，膜电压稳定在阈上的去极化电位处。

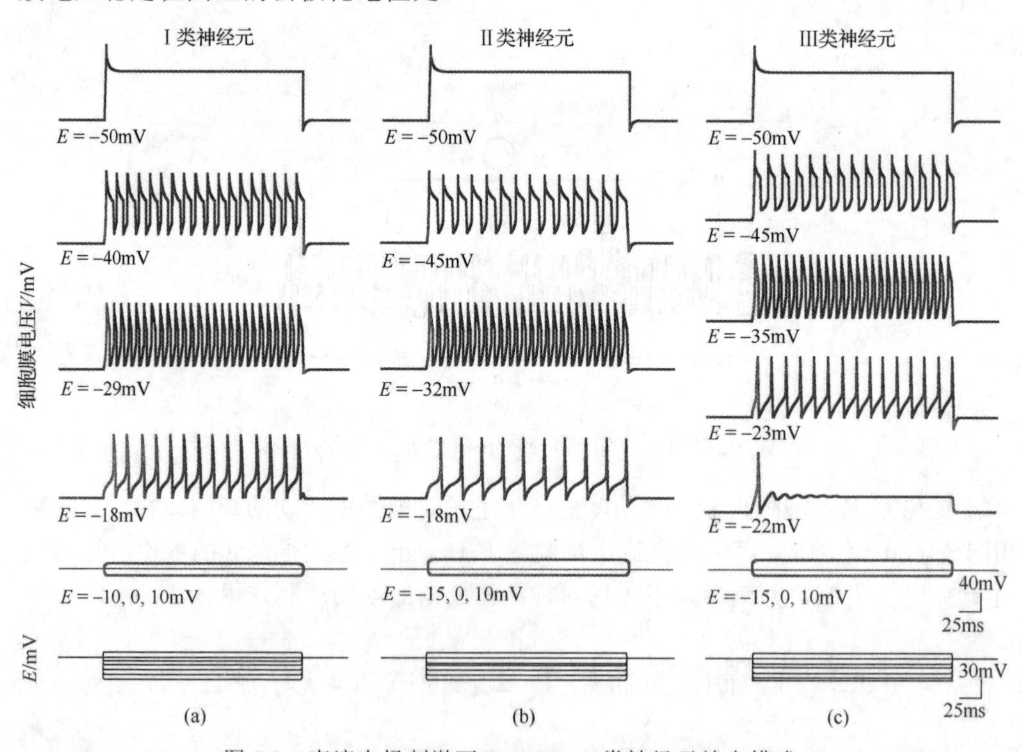

图 3.3　直流电场刺激下 Hodgkin 三类神经元放电模式

此外，值得注意的是三类神经元的 f-E 曲线特性也是有区别的，如图 3.4 所示。具体来说，I 类神经元的 f-E 曲线右侧是连续的，左侧是断续的；II 类神经元的 f-E 曲线两侧均是断续的；III 类神经元的 f-E 曲线右侧是断续的，左侧是连续变化的。f-E 曲线的这些不同演化特性是由神经元的放电起始动态机制决定。

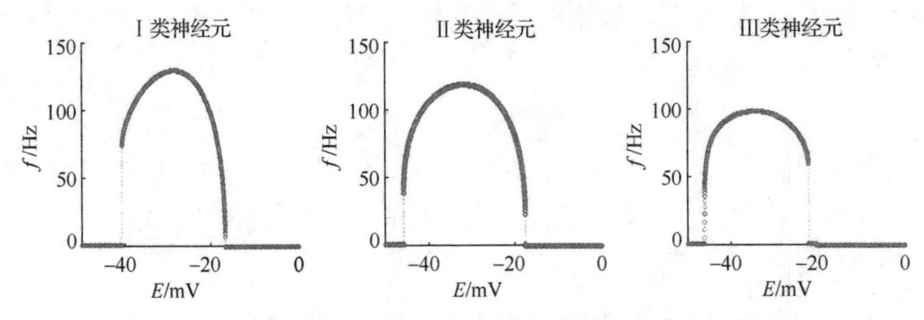

图 3.4　直流电场刺激下 Hodgkin 三类神经元的 f-E 曲线

3.2.2　放电起始动态机制

为了揭示上述放电特性的产生机制，采用相平面和分岔分析分别研究三类神经元在直流电场作用下的放电起始过程。

图 3.5 给出了 I 类神经元在直流电场作用下的相平面分析结果。图中灰色“S 型”虚线表示激活变量 n 的零线，“倒 N 型”实线表示不同电场 E 作用下膜电压 V 的零线。两条零线在相平面上的交点为系统的平衡点，“s”表示平衡点是稳定的，“u”表示平衡点是不稳定的。图中彩色虚线表示膜电压 V 的轨迹，箭头表示轨迹的运动方向。

由图 3.5(a)可见，当不存在电场刺激时，I 类神经元膜电压 V 的零线和激活变量 n 的零线交于三个平衡点。由于最左侧的交点是一个阈下的稳定结点，所以神经元处于静息态，膜电压均收敛至该平衡点。电场 E 能够改变 V 零线的位置，但不会对 n 零线产生影响。具体来说，正值的电场使 V 零线向下方移动，这样平衡点位置会向超极化电位方向移动，所以神经元不会产生放电。负的电场使 V 零线向上方移动，这样平衡点位置会向去极化电位方向移动。此时，当负的 E 超过电场刺激阈值时，两条零线左侧的两个交点结合然后消失，只留下一个不稳定平衡点。同时，在相平面上产生一个稳定极限环，神经元开始出现周期放电。神经元动力学行为的这种定性改变是通过 SNIC 分岔完成，如图 3.6 所示。由于这种分岔产生时，V 零线和 n 零线之间会出现一个狭窄的区域。在此区域内，神经元膜电压 V 的运动速度十分缓慢，故此时神经元可产生任意低频率的周期放电，对应连续的 f-E 曲线。在神经元产生周期放电时，稳定的极限环一直存在，如图 3.5(b)所示。但当负电场的幅值增加到一定程度后，两条零线的交点由一个不稳定的平衡点转为一个稳定的平衡点，同时稳定极限环消失，如图 3.5(c)所示。由于此时有一个阈上的稳定吸引子存在，神经元停止周期放电，膜电压最终收敛到阈上去极化电位。I 类神经元动力学行为的这种定性改变是通过亚临界 Hopf 分岔实现，如图 3.6 所示。此分岔产生过程中，V 零线和 n 零线之间不会出现 SNIC 分岔时的狭窄区域。因此，膜电压轨迹不能缓慢变化，神经元不能产生任意低频放电，对应不连续的 f_r-E 曲线。

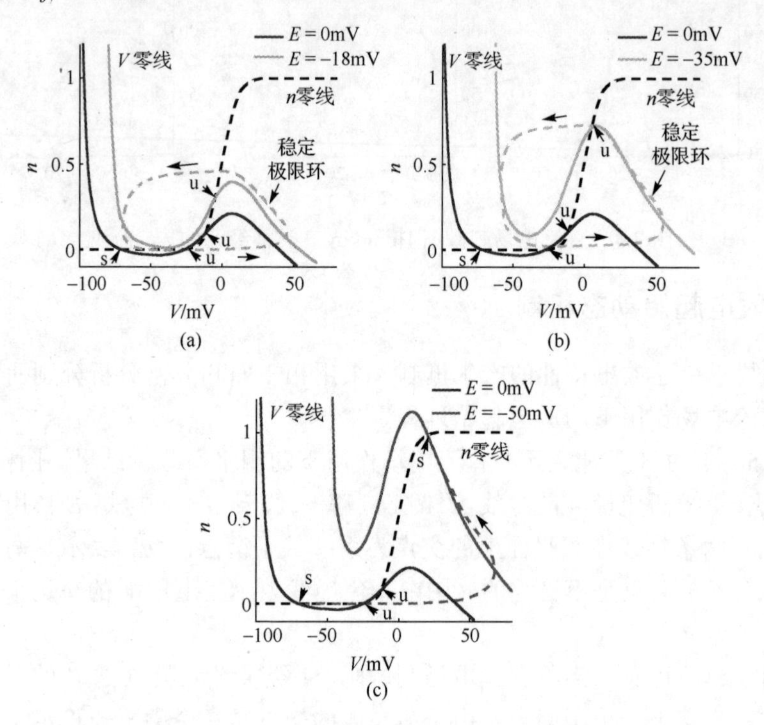

图 3.5　直流电场作用下 I 类神经元相平面分析(见彩图)

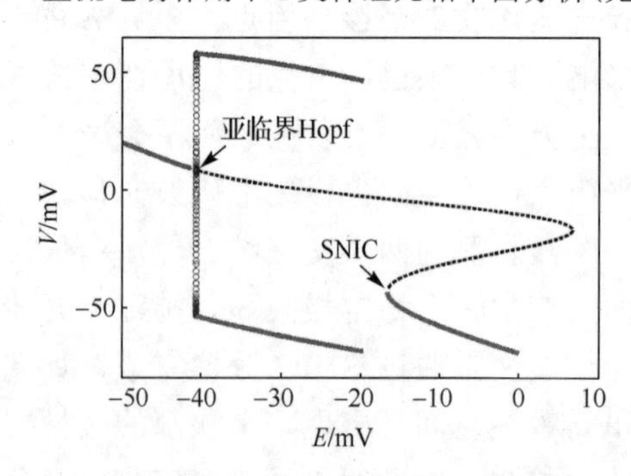

图 3.6　直流电场作用下 I 类神经元单参数分岔图

与 I 类不同，II 类神经元在 E=0mV 时，膜电压 V 零线和激活变量 n 零线只交于一个稳定平衡点，对应神经元的阈下静息状态，如图 3.7(a)所示。负的电场会导致 V 零线向上方移动。当其幅值超过电场刺激阈值时，两条零线的交点由稳定变为不稳定，同时产生一个稳定极限环。于是，神经元开始出现周期放电。II 神经元动力学行为的这种定性改变是通过亚临界 Hopf 分岔完成，如图 3.8 所示，对应不连续的 f-E 曲线。然后，在神经元产生周期放电时，稳定的极限环一直存在，如图 3.7(b)所示。当负电场幅值增加到一定程度后，两条零线的交点由不稳定再次转为稳定，如图 3.7(c)所示。同时，稳定的极限环消失，神经元停止周期放电。由于此时两条零线的交点位于阈上，故膜电压 V 最终均稳定在去极化电位。II 类神经元动力学行为的这种定性改变也是通过亚临界 Hopf 分岔实现，对应不连续的 f-E 曲线。

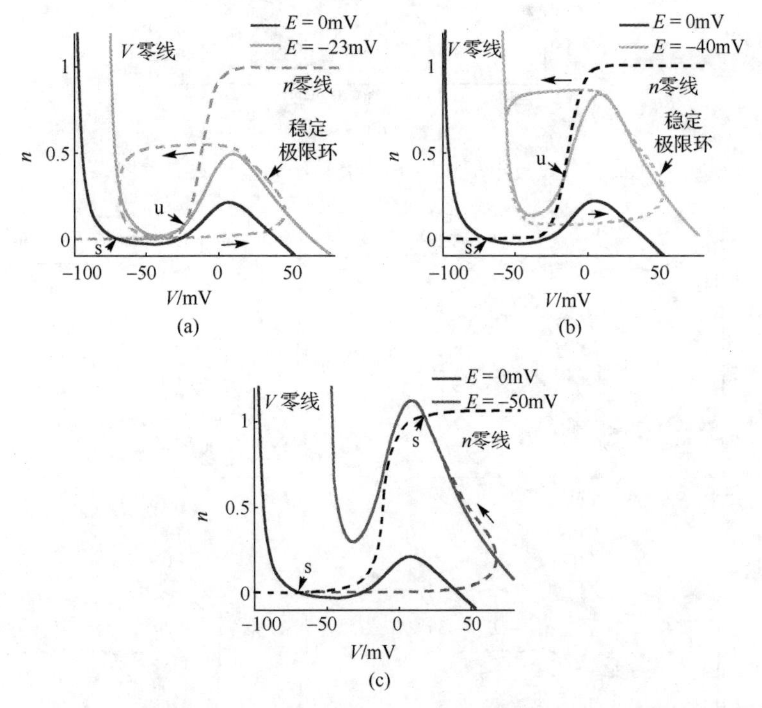

图 3.7　直流电场作用下 II 类神经元相平面分析(见彩图)

III 类神经元的 V 零线和 n 零线在没有电场刺激时相交于一个稳定的平衡点。在 $-22.29\text{mV} \leqslant E \leqslant -20.62\text{mV}$ 时，III 类神经元产生单峰放电。由图 3.9(a)可知，此时 V 零线和 n 零线仍然相交于一个稳定平衡点，这说明 III 类神经元的单峰放电是在没发生分岔的情况下产生的。$E = 0\text{mV}$ 时，神经元的初始状态 (V_0, n_0) 位于准分界线(quasi separatrix，QS)上方，如图 3.9(a)中“▲”所示。此时，其会沿着一个阈下轨迹收敛至稳定平衡点。当 $E = -22\text{mV}$ 时，电场使 V 零线向上移动，系统的准分界线也随之瞬间上移。但是，状态 (V_0, n_0) 不会瞬间改变，所以此时其处于准分界线下方。在此电场刺激下，膜电压 V 将沿着一条阈上轨迹绕过准分界线顶端，然后再收敛至稳定平衡点。于是，神经元产生一个单峰放电。这种机制被 Prescott 等人(2008a)称为“准分界线穿越”，原因是系统初始状态 (V_0, n_0) 从准分界线的一侧穿越到另一侧，最早是由 Fitzhugh(1960, 1961)提出。

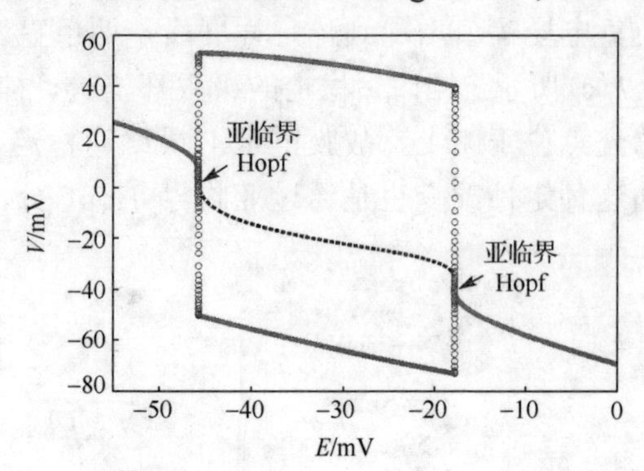

图 3.8　直流电场作用下 II 类神经元单参数分岔图

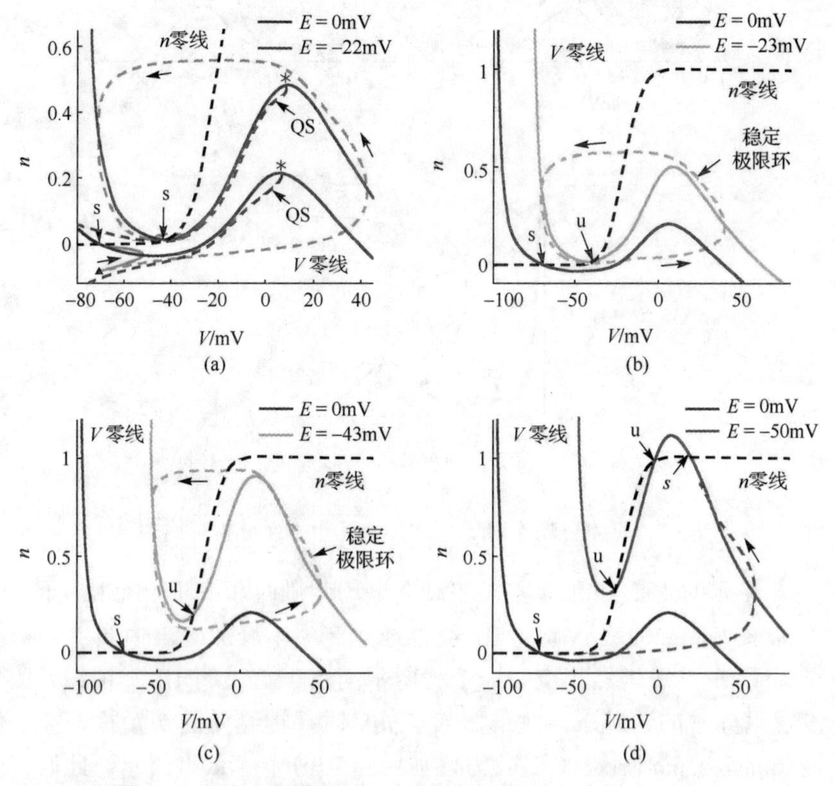

图 3.9　直流电场作用下 III 类神经元相平面分析(见彩图)

然后，III 类神经元的 V 零线随着负电场幅值增加继续上移，但是 n 零线保持不变。当 E 超过电场刺激阈值时，两条零线交点由稳定变为不稳定，如图 3.9(b)所示。同时，一个稳定的极限环随之产生，神经元开始进行周期放电。由于神经元动力学行为出现了质的改变，所以此时有分岔产生。由图 3.10 可知，这个分岔是亚临界 Hopf 分岔，对应不连续的 f-E 曲线。神经元在周期放电期间，稳定极限环一直存在，如图 3.9(c)所示。当电场 E 增加到一定程度后，两条零线的交点由一个稳定平衡点变为三个平衡点，如图 3.9(d)所示。由于最右侧是一个阈上的稳定平衡点，所以在这些电场刺激下周期放电停止，膜电压收敛到阈上去极化电位。III 类神经元动力学行为的这种定性改变是通过 SNIC 分岔实现。由于这种分岔产生时，两条零线之间有一个狭窄区域约束膜电压轨迹，故神经元可产生低频的周期放电，对应连续的 f-E 曲线。

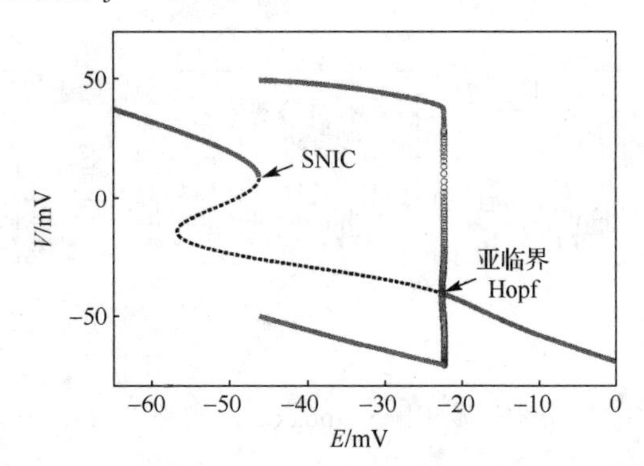

图 3.10 直流电场作用下 III 类神经元单参数分岔图

3.3 正弦电场下三类神经元动力学行为

当 $E = A\sin(2\pi f_{\mathrm{E}}t)$ 时，通过求解式(3.4)可得此时的跨膜感应电压为

$$\tilde{V} = \lambda A\cos\theta\frac{\sin(2\pi f_{\mathrm{E}}t) - 2\pi\tau f_{\mathrm{E}}\cos(2\pi f_{\mathrm{E}}t)}{1 + (2\pi\tau f_{\mathrm{E}})^2} \tag{3.7}$$

根据 Bedard 等人(2006)的研究结果，时间常数可取 $\tau = 10^{-5}\mathrm{s}$。与直流电场情况一样，刺激电流 $I_{\mathrm{S}} = 0\mu\mathrm{A}/\mathrm{cm}^2$、极化长度取 $\lambda = 1\mathrm{mm}$。同时，电场 E 的方向平行于细胞轴向，即 $\cos\theta = 1$。

Hodgkin 三类神经元在正弦电场作用下均会出现三种动力学行为，分别为簇放电、同步周期放电和阈下振荡，如图 3.11 所示。此处的“同步”是指神经元响应与正弦电场之间的相位同步。

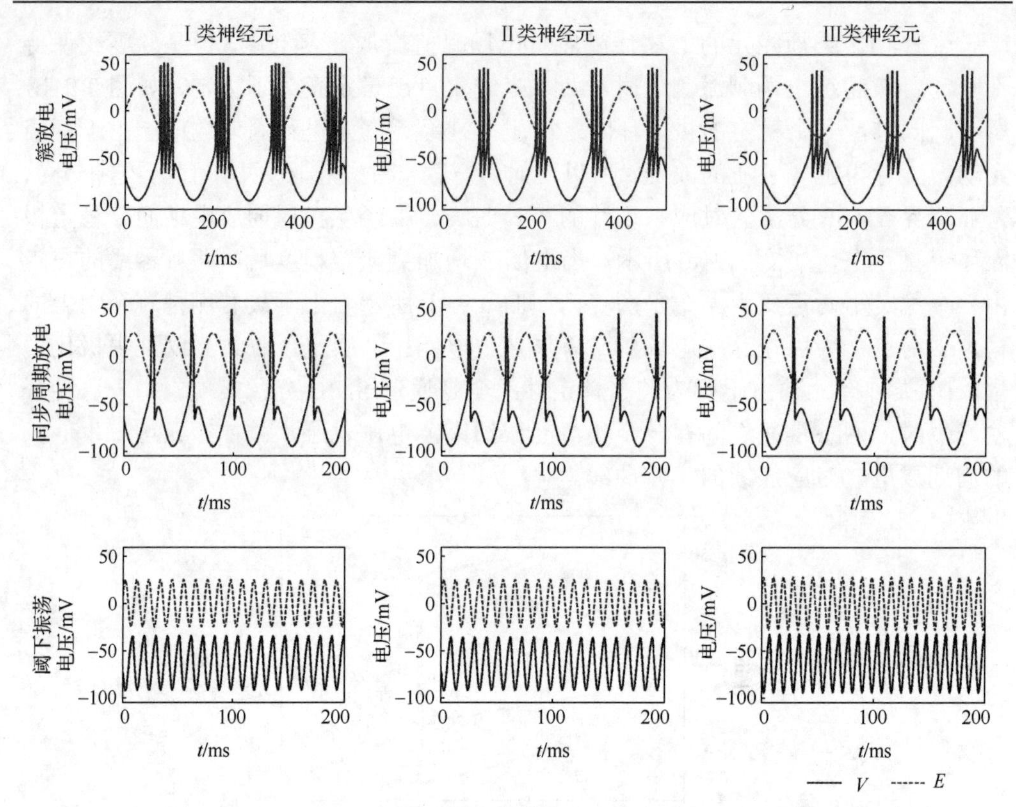

图 3.11　正弦电场作用下 Hodgkin 三类神经元放电模式

3.3.1　平均放电速率

神经元对外部刺激的编码特性经常由其平均放电速率 f_{out} 刻画，它是指神经元在单位时间内的平均放电个数。为了进一步分析正弦电场下神经元的放电模式，下面采用 f_{out} 定量研究其响应特性。图 3.12(a)给出了电场幅值 A 和频率 f_E 对三类神经元平均放电速率 f_{out} 的影响，即 f_{out}-f_E-A 关系图。正弦电场幅值 A 在 0～50mV 之间变化，频率 f_E 在 0～150Hz 之间变化。图 3.12(b)给出了不同电场幅值 A 下，三类神经元 f_{out} 随电场频率 f_E 变化关系图，即 f_{out}-f_E 关系图。

当电场频率 f_E 较小(I 类：f_E<25Hz，II 类：f_E<24Hz，III 类：f_E<21Hz)时，三类神经元 f_{out} 受电场幅值 A 的影响较明显。此时，幅值较小的电场不会引起神经元产生动作电位。只有当幅值 A 超过刺激阈值时，神经元才开始出现放电。之后随着 A 增加，平均放电速率 f_{out} 会缓慢增加，达到一个最大值后会缓慢减小。可见，在低频段内，当电场频率 f_E 固定时，神经元放电速率 f_{out} 随幅值 A 增加呈现先增加后减小的变化趋势，与 3.2 节直流电场刺激下的现象一致。与 I 类和 II

类神经元相比，III 类神经元 f_{out} 在低频段受幅值 A 的影响不是那么明显。当电场频率 f_E 较高时，三种神经元的 f_{out} 均不受电场幅值 A 影响，只与电场频率 f_E 有关。此外，当频率 f_E 较大时电场刺激阈值随 f_E 增加而升高，但是对于一些极小的 f_E，电场刺激阈值随 f_E 的增加而降低。

相比于幅值 A 来说，三类神经元平均放电速率 f_{out} 对电场频率 f_E 变化更加敏感。当电场幅值 A 小于刺激阈值时，无论电场频率 f_E 多大，三类神经元均不会产生动作电位。在低频段内(I 类：f_E<25Hz，II 类：f_E<24Hz，III 类：f_E<21Hz)，三类神经元 f_{out} 随电场频率 f_E 变化是不连续的。此时，三类神经元的放电频率 f_{out} 被划分为一些狭小区域，在同一区域内 f_{out} 与电场频率 f_E 的比值相同。与 I 类和 II 类相比，III 类神经元在低频段内受电场频率 f_E 的影响不是那么明显。在较高频段，随着电场频率 f_E 增加，触发三类神经元产生动作电位的电场刺激阈值也随之增加。同时，神经元在较高频段内的平均放电速率与电场频率之间总保持 $f_{out}:f_E=1$ 的同步关系。在更高电场频率范围内，三类神经元放电速率均会减小到 0Hz，此时神经元停止放电。

由图 3.12(b)可见，在正弦电场作用下，三类神经元若出现放电行为，其平均放电速率 f_{out} 均分布在斜率为 k=1 的直线上方，即 f_{out} 总是大于或等于电场频率 f_E。图 3.12(b)中的虚线分别表示斜率为 k=1、2、3 的直线。此外，随着频率 f_E 增加，三类神经元平均放电速率 f_{out} 会依次沿着不同斜率的直线变化，最终趋于

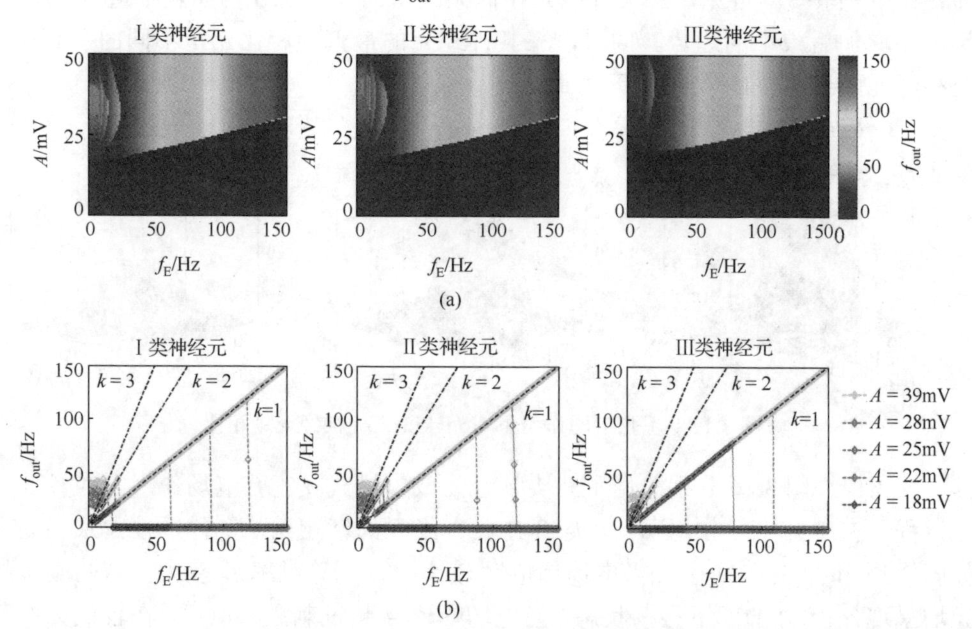

图 3.12　正弦电场作用下 Hodgkin 三类神经元平均放电速率(见彩图)

阈下振荡。与 I 类和 II 类神经元相比，III 类神经元需要较高频率和幅值的电场才能产生动作电位。此外，随着电场频率 f_E 增加，三类神经元的平均放电速率 f_{out} 最终均会沿着 k=1（即 $f_{out}:f_E=1$）这条曲线变化。当频率 f_E 进一步增加时，三类神经元都会出现阈下振荡现象，即停止周期放电。此外，随着电场幅值 A 增加，三类神经元出现 $f_{out}:f_E=1$ 状态的范围也随之扩大。

3.3.2　放电锁相比

为了进一步刻画神经元放电模式与正弦电场参数之间的关系，引入锁相比的概念。对于周期性刺激，锁相比 α 被定义为

$$\alpha=\frac{\text{刺激周期内产生的放电个数}}{\text{刺激的周期数}} \tag{3.8}$$

由锁相比定义可知，当神经元是 p:q 锁相的周期性放电时，其锁相比 $\alpha=p/q$ 是一个常数。在 p:q 锁相模式中，$\alpha=p:1(p\geqslant 2)$ 称为周期 p 簇放电，见图 3.11 中的簇放电；$\alpha=1:1$ 意味着神经元以同步的方式响应刺激，见图 3.11 中的同步周期放电；没有动作电位产生时可表示为 $\alpha=0:1$，见图 3.11 中的阈下振荡。另外，混沌放电的 α 不是一个固定值，是因为其膜电位振荡是不规则或非周期的。

图 3.13 是不同幅值 A 和频率 f_E 的电场对三类神经元放电锁相比 α 的影响，即 α-A-f_E 关系图。可见，三类神经元在低频段内的锁相比 α 均会随幅值 A 的增加呈现先增加后减小的趋势。同时，三类神经元的最大锁相比 α 是不同的，其中 I 类神经元的最大，III 类神经元的最小。

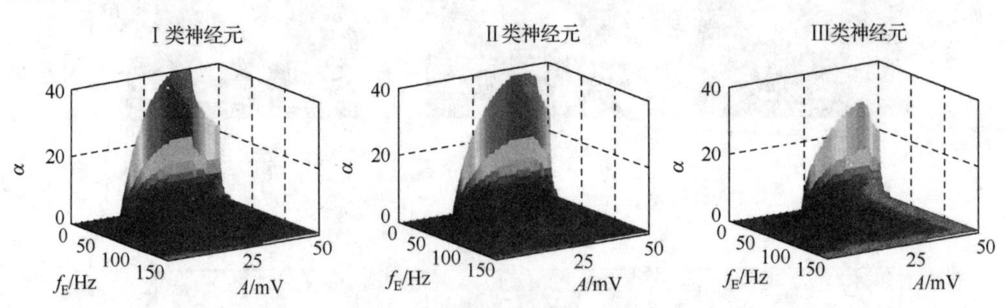

图 3.13　正弦电场作用下 Hodgkin 三类神经元锁相比

图 3.14～图 3.16 分别总结了三类神经元放电模式在正弦电场作用下的具体变化过程。在正弦电场作用下，I 类和 II 类神经元的锁相比 α 变化过程大致相同，如图 3.14 和图 3.15 所示。当电场幅值 A 较小时，无论频率 f_E 多大，这两类神经元均呈现 $\alpha=0:1$ 的阈下振荡状态。当电场幅值 A 超过刺激阈值后，在较低频率范围内 I 类和 II 类神经元会出现 $p:1(p>1)$ 锁相的周期 p 簇放电，对应的锁相比为

$\alpha = p{:}1$。此时，随着电场频率 f_E 在 1～150Hz 之间变化，两类神经元均会依次经历：$p{:}1(p>1)$ 周期 p 簇放电 $\rightarrow$ 1:1 锁相同步周期放电 $\rightarrow$ 0:1 锁相阈下振荡。随着幅值 A 的继续增大，I 类和 II 类神经元在频率为 1～150Hz 范围内将不会出现阈下振荡现象，其放电模式变化过程是：$p{:}1(p>1)$ 周期 p 簇放电 $\rightarrow$ 1:1 锁相同步周期放电。

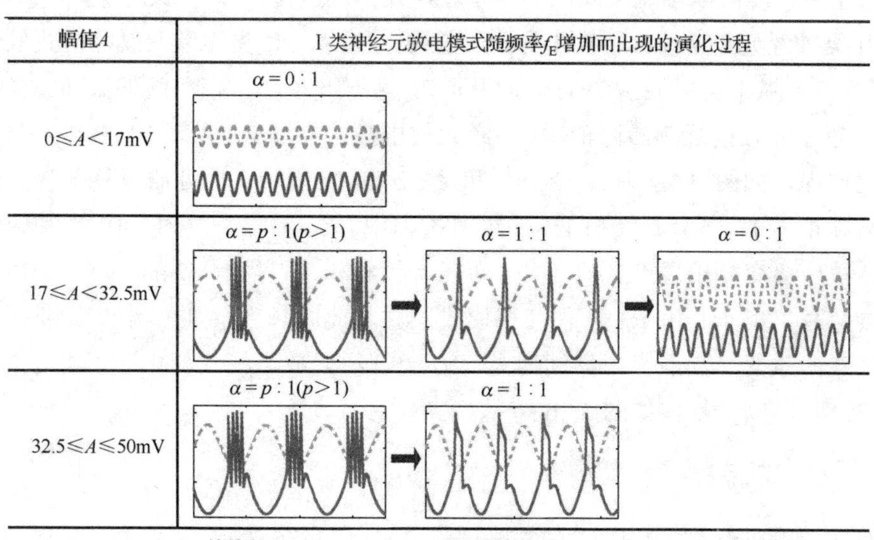

图 3.14　正弦电场作用下 I 类神经元放电模式演化过程

幅值A
II 类神经元放电模式随频率f_E增加而出现的演化过程
$\alpha=0:1$
0≤A<18mV
$\alpha=p:1(p>1)$
$\alpha=1:1$
$\alpha=0:1$
18≤A<32mV
$\alpha=p:1(p>1)$
$\alpha=1:1$
32≤A≤50mV
$\alpha=p:1(p>1)$，簇放电
$\alpha=1:1$，同步周期放电
$\alpha=0:1$，阈下振荡

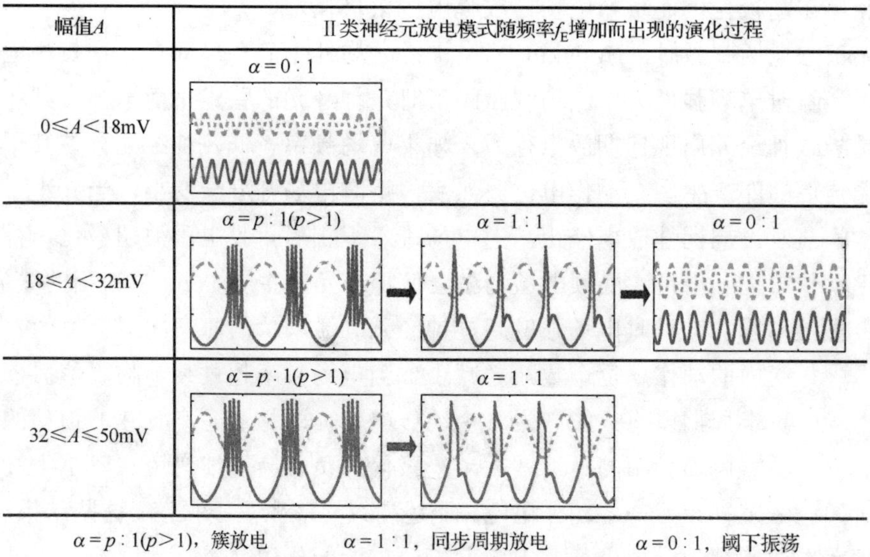

图 3.15　正弦电场作用下 II 类神经元放电模式演化过程

与 I 类和 II 类神经元相比，III 类神经元在较低频段内受电场频率 f_E 和幅值 A 的影响不是那么明显，如图 3.16 所示。当电场幅值 A 和频率 f_E 均较小时，III 类神经元呈现 0:1 锁相的阈下振荡状态。当幅值 A 接近但低于刺激阈值时(如 $21.5\text{mV} \leqslant A < 24\text{mV}$)，III 类神经元在电场频率 f_E 较小时仍不会产生动作电位。但是，在低频段内电场刺激阈值会随 f_E 增加而降低。因此对于某些频率的电场刺激，III 类神经元会产生 1:1 锁相的同步放电。此时，III 类神经元放电模式的演化过程是：0:1 锁相阈下振荡 $\rightarrow$ 1:1 锁相同步周期放电 $\rightarrow$ 0:1 锁相阈下振荡。当电场幅值 A 超过并且接近刺激阈值时，神经元放电模式会随频率 f_E 增加出现十分复杂的演化过程，如图 3.16 中 $A = 24\text{mV}$ 和 $A = 24.5\text{mV}$ 所示。此处的“复杂”主要体现在从锁相 $p:1\,(p>1)$ 到锁相 1:1 的过渡过程中。当 $A = 24\text{mV}$ 时，III 类神经元在这个过程中会交替出现 0:1、1:1 和 2:1 三种锁相模式。当 $A = 24.5\text{mV}$ 时，III 类神经元会交替出现 1:1 和 2:1 两种锁相模式，并且此时频率 f_E 的微小变化便可引起锁相模式的改变。若幅值 A 继续增大，III 类神经元放电模式变化过程将与 I 类和 II 类神经元相似，具体如图 3.16 所示。

3.3.3 动态机制

在一个周期内，正弦电场有正相和负相两个相反的相位。通过 3.2 节和本节的仿真结果可知，这两个相位的电场刺激对神经元膜电压的影响不同。正相电场导致膜电压超极化，而负相电场导致膜电压去极化。

无正弦电场刺激时，Hodgkin 三类神经元均处于静息平衡态。在负相电场作用下，当瞬时电场强度大于电场刺激阈值时，神经元的稳定平衡态会被破坏，其结果是导致神经元出现周期放电行为。如果电场频率较低，神经元会在其平衡态失去稳定后随即产生多个动作电位。然后，瞬时电场强度会变小，当其小于神经元刺激阈值时，周期性放电停止。当电场进入正相后，膜电压被超极化，神经元不产生动作电位。于是，低频电场刺激会使神经元产生 $p:1\,(p>1)$ 锁相的簇放电。随着电场频率增加，瞬时电场强度超过神经元刺激阈值的时间间隔会变短，于是簇放电中每簇内的动作电位个数随之减少。当电场频率超过某一临界值后，神经元在电场的负半周期内将只能产生一个动作电位，即神经元产生 1:1 锁相的同步周期放电。随着电场频率的继续增大，去极化的负相会继续变短，以至于没有足够的时间去触发神经元产生动作电位，于是神经元产生阈下振荡。这些结果表明，电场频率在调制神经元放电行为中起着十分重要的作用。

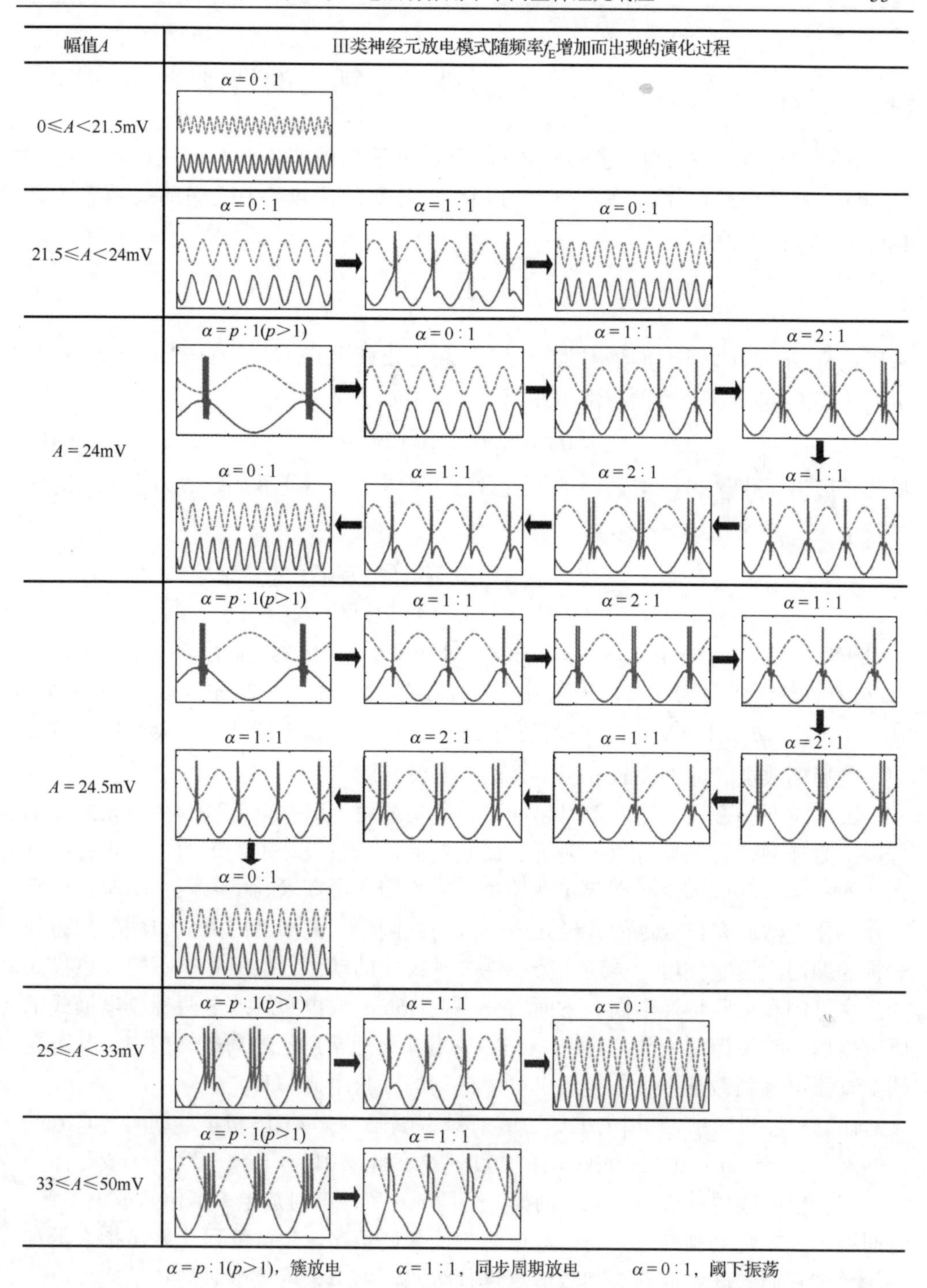

图 3.16　正弦电场作用下 III 类神经元放电模式演化过程

3.4　正弦弱磁场对神经电活动的调制

在神经组织上施加时变磁场 $B(t)$，会在组织周围产生一个感应电场。根据 Faraday 电磁感应定律，感生的电场 $E(t)$ 与时变的磁场 $B(t)$ 之间的关系表示为 (Modolo et al., 2010)

$$E(t)=\frac{R_{\mathrm{M}}}{2}\frac{\mathrm{d}B(t)}{\mathrm{d}t} \tag{3.9}$$

其中，R_{M} 表示磁场 $B(t)$ 的辐射半径。当磁场为正弦形式，即 $B(t)=B\sin(2\pi f_{\mathrm{M}}t)$ 时，根据式(3.9)可知其产生的感应电压为

$$E(t)=R_{\mathrm{M}}\pi Bf_{\mathrm{M}}\cos(2\pi f_{\mathrm{M}}t) \tag{3.10}$$

将此感应电压代入式(3.4)所示的一阶微分方程中，可得正弦磁场 $B(t)$ 产生的跨膜感应电压为

$$\tilde{V}(t)=\lambda R_{\mathrm{M}}\pi Bf_{\mathrm{M}}\cos\theta\frac{\cos(2\pi f_{\mathrm{M}}t)+2\pi f_{\mathrm{M}}\tau\sin(2\pi f_{\mathrm{M}}t)}{1+(2\pi f_{\mathrm{M}}\tau)^2} \tag{3.11}$$

在以下研究中，设定极化长度 $\lambda=0.5\mathrm{mm}$、时间常数 $\tau=10^{-4}\mathrm{s}$、辐射半径 $R_{\mathrm{M}}=10\mathrm{cm}$、$\cos\theta=1$。此外，式(3.3)中各离子通道函数的相关参数为：$A_m=23\mathrm{mV}$、$B_m=-1.2\mathrm{mV}$、$A_n=21\mathrm{mV}$、$B_n=10\mathrm{mV}$。在这些参数控制下，神经元在电流刺激下会产生任意低频率的周期放电，即 Hodgkin 所定义的 I 类兴奋性。

虽然阈下弱磁场不能直接引起神经元产生放电，但是可以调制神经元的编码特性。为了刻画弱磁场对放电编码的调制效应，本节设计了以下的仿真实验：首先在无弱磁场的情况下对神经元施加不同形式的兴奋性突触电流 I_{S}，触发其产生动作电位；然后在已放电的神经元中引入弱磁刺激，刻画不同幅值和频率的磁场对神经编码的调制作用。神经元会产生多种模式的动作电位序列，不同放电模式的产生机制和编码特性不同。下面将分别在 tonic 放电和簇放电两种放电模式下研究磁场的神经调制效应。其中，tonic 放电即为通常所指的周期峰放电，其可在阈上直流电流刺激下产生，簇放电可由低频的正弦电流刺激产生。

计算神经科学中，常用的编码方式有频率编码、时间编码和集群编码等(Koch, 1999; Sterratt et al., 2011; Izhikevich, 2007; Yi et al., 2014c)。频率编码一般是指神经元在单位时间内的放电个数，例如，平均放电率、瞬时放电率、初始放电率等。时间编码主要是刻画神经元精确放电时刻的编码策略。集群编码一般是指大量神经元通过它们的联合活动对刺激信息进行编码。本节采用放电时刻和平均放电速率这两种常用的单神经元层面的编码方式刻画弱磁场对神经元放电活动的调制效

应。对于放电时刻编码，计算弱磁刺激下神经元的放电时刻偏移(shift in spike time，SST)(Modolo et al., 2010)，以刻画弱磁场对每一个放电时刻的扰动。SST 一般定义为磁刺激下与无磁刺激下神经元的放电时刻之差。SST>0ms 意味着放电时刻被延迟，SST<0ms 意味着放电时刻被提前，而 SST=0ms 说明放电时刻没有变化。

3.4.1　tonic 放电

1. 放电节律

图 3.17 给出了 tonic 放电神经元在弱磁场刺激下的放电模式。图中 tonic 放电是在强度为 $I_S = 17\mu A/cm^2$ 的突触电流刺激下产生。在此电流作用下，神经元在无弱磁扰动时的放电频率为 43.5Hz。下面称这一频率为神经元在 $I_S = 17\mu A/cm^2$ 时的固有放电频率。

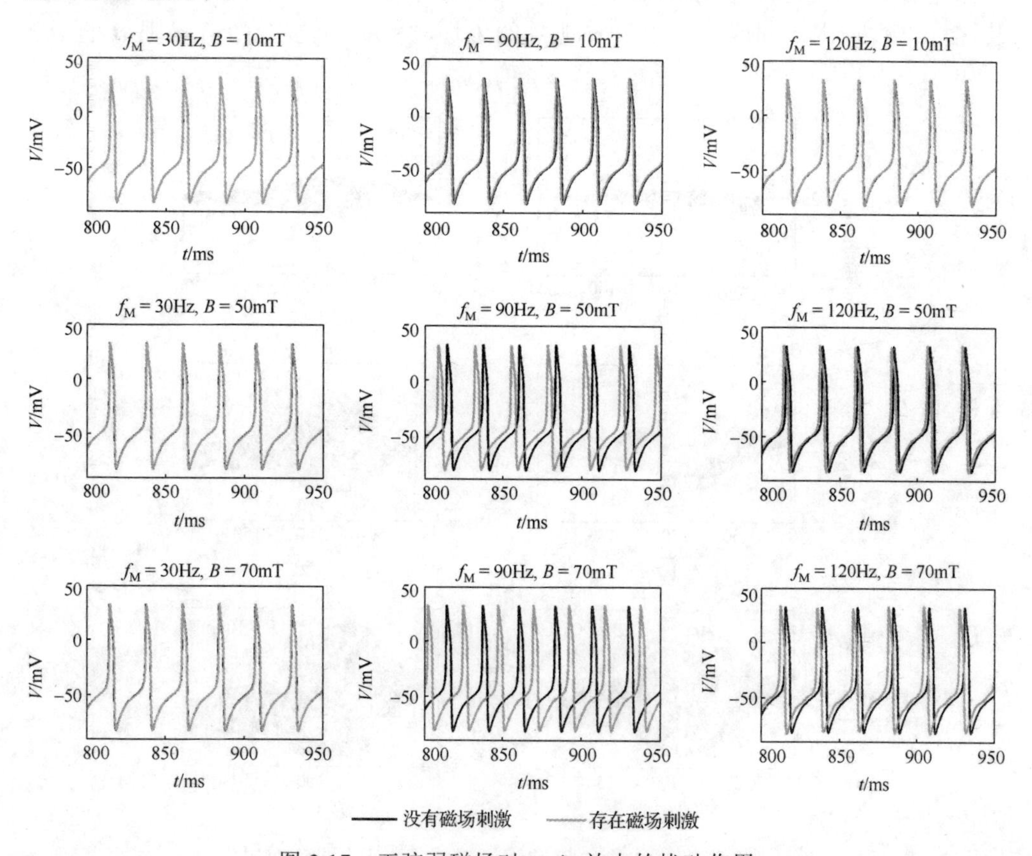

图 3.17　正弦弱磁场对 tonic 放电的扰动作用

通过图 3.17 可以看出，弱磁场对神经元的放电时刻和放电峰峰时间间期 ISI 均会产生扰动，并且不同强度和频率的磁场对放电序列的扰动作用不同。一些频率的磁场可能对放电序列产生十分明显的影响，但是另外一些频率的磁场可能产生十分微小的影响。此外，随着磁场强度 B 的增加，弱磁刺激对神经元放电序列的调制作用也随之增强。

图 3.18 给出了不同强度磁场刺激下，tonic 放电神经元的 ISIs 随磁场频率 f_{M} 变化的关系图。图中刺激电流仍为 $I_{\mathrm{S}}=17\mu\mathrm{A}/\mathrm{cm}^2$，神经元的固有放电频率为 43.5Hz。无磁场扰动的情况下，神经元的放电序列是周期变化的。此时，它的 ISI 是一个固定值，大约为 ISI=22.98ms。当弱磁场 $B(t)$ 作用在神经元上时，动作电位序列的周期性被打破，变得不规则。于是，ISI 由一个固定值转变为一系列不固定值，如图 3.18 所示。随着场强 B 增加，ISI 序列的波动范围会随之扩大，说明磁场的扰动作用增强。此外，在某些磁场频率作用下，神经元的 ISI 序列会再次变为一个固定值。产生这一现象的磁场频率 f_{M} 主要分布在神经元固有放电频率以及其高次谐波周围。同时，产生这一现象的磁场频率 f_{M} 范围会随着场强 B 的增加而变宽。

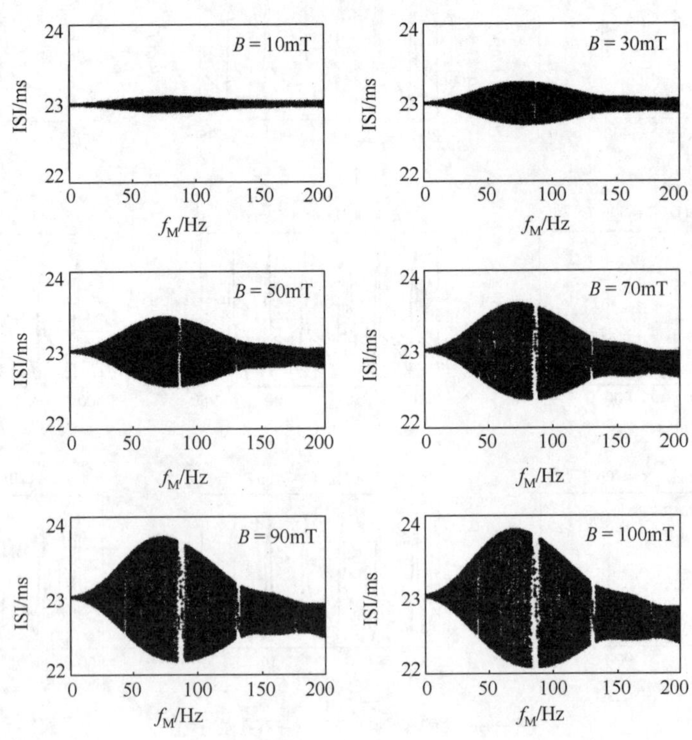

图 3.18　正弦弱磁场对 tonic 放电神经元 ISI 的扰动作用

2. 对放电时刻的调制

下面刻画不同强度和频率的正弦弱磁场对神经元放电时刻的调制作用。图 3.19 给出了磁场强度 B 和频率 f_M 对 tonic 放电神经元平均放电时间偏移 σ_{mean} 的影响，即 σ_{mean}-f_M-B 关系图。其中，神经元固有放电频率分别为 31.25Hz、43.5Hz 和 78.25Hz，对应的突触刺激电流分别为 $I_S = 15.7\mu A/cm^2$ 、$17\mu A/cm^2$ 和 $31\mu A/cm^2$ 。

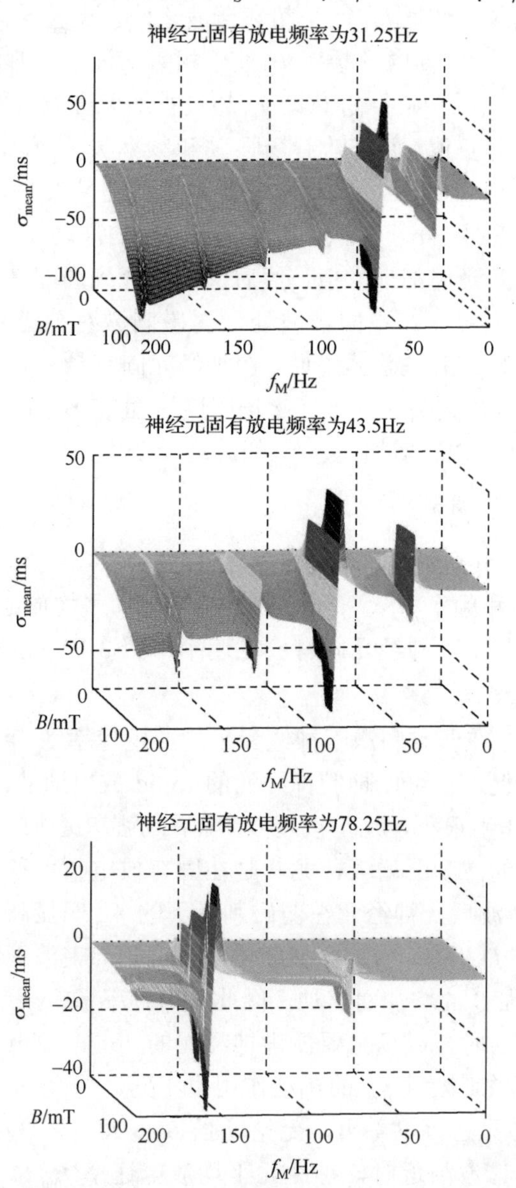

图 3.19　弱磁场作用下 tonic 放电神经元的 σ_{mean}-f_M-B 关系图

通过图 3.19 可以发现，神经元固有放电频率不同，弱磁刺激对放电时刻的扰动作用也不同。在磁场作用下，神经元的 SST 可能是正值也可能是负值，说明在弱磁刺激下神经元的放电时刻可能被延迟也可能被提前。当场强 B 较小时，磁场对 σ_{mean} 的影响很小。此时，神经元的放电序列与无刺激时神经元的放电序列几乎相同，如图 3.17 所示。随着场强 B 增加，σ_{mean} 在神经元固有放电频率及其高次谐波处的波动也会随之增大。在两个相邻谐波之间，σ_{mean} 会随场强 B 的增加而沿着负半轴减小。这表明，当磁场频率 f_M 处于相邻谐波之间时，弱磁刺激主要提前神经元的放电时刻。在高频区域内(即 f_M 超过神经元固有放电频率的二次谐波)，神经元的 σ_{mean} 主要是负值，并且随着场强 B 和频率 f_M 的增加，σ_{mean} 会继续减小。

此外，图 3.19 也表明，无论场强 B 多大，当磁场频率 f_M 处在神经元固有放电频率或其谐波附近时，σ_{mean} 都会出现十分明显的波动。此时，随着频率 f_M 增加，σ_{mean} 会快速上升到局部最大值，然后快速下降到局部最小值，最后稳定在一个相对较低的平衡位置。在不同谐波处，弱磁刺激对神经元平均放电时间偏移 σ_{mean} 的调制效应不同。但是总体来说，在神经元固有频率和其二次谐波处产生的扰动要远大于其他高次谐波。此外，磁场强度 B 虽然不会改变产生这一现象的频率 f_M 范围，但是随着 B 的增加，σ_{mean} 的波动会变大。

3. 对放电速率的调制

下面刻画不同强度和频率的正弦弱磁场对神经元放电频率的调制作用。图 3.20 给出了磁场强度 B 和频率 f_M 对 tonic 放电神经元的平均放电速率 f_{out} 的影响，即 f_{out}-f_M-B 关系图。其中，神经元固有放电速率与图 3.19 相同，分别为 31.25Hz、43.5Hz 和 78.25Hz。

由图 3.20 可见，在弱磁刺激下神经元平均放电速率 f_{out} 可能增加也可能降低，表明弱磁刺激可以促进也可以抑制神经元的 tonic 放电活动。当场强 B 较小时，磁场对 f_{out} 的扰动作用很小，几乎接近 0。随着场强 B 增加，f_{out} 在神经元固有放电频率和其谐波处的波动会增大，尤其是在固有放电频率和二次谐波处。当磁场频率 f_M 超过二次谐波后，神经元在弱磁刺激下的 f_{out} 明显高于其固有放电频率。随着场强 B 和频率 f_M 增加，f_{out} 会继续增大。在相邻谐波之间，神经元平均放电速率 f_{out} 会随着场强 B 的增加而增加。因此，当频率 f_M 处于神经元固有放电频率的两个相邻谐波之间时，磁场主要促进神经元的 tonic 放电。同时，神经元固有放电频率不同，弱磁刺激对 f_{out} 的扰动作用也不同。

从图 3.20 的结果还可以看出，无论场强 B 多大，当磁场频率 f_M 处于神经元固有放电频率及其谐波附近时，神经元平均放电速率 f_{out} 总会出现一个明显的波动。在这些频率附近，f_{out} 的具体演化过程是：随着 f_M 增加，f_{out} 首先快速降低到局部最小值，然后再迅速上升到局部最大值，最后稳定到一个相对较高的平衡位置。同时，弱磁刺激在不同谐波处对 f_{out} 产生的扰动作用也不同。在固有放电频率和其二次谐波处的扰动远大于其他高次谐波，尤其是在二次谐波处。

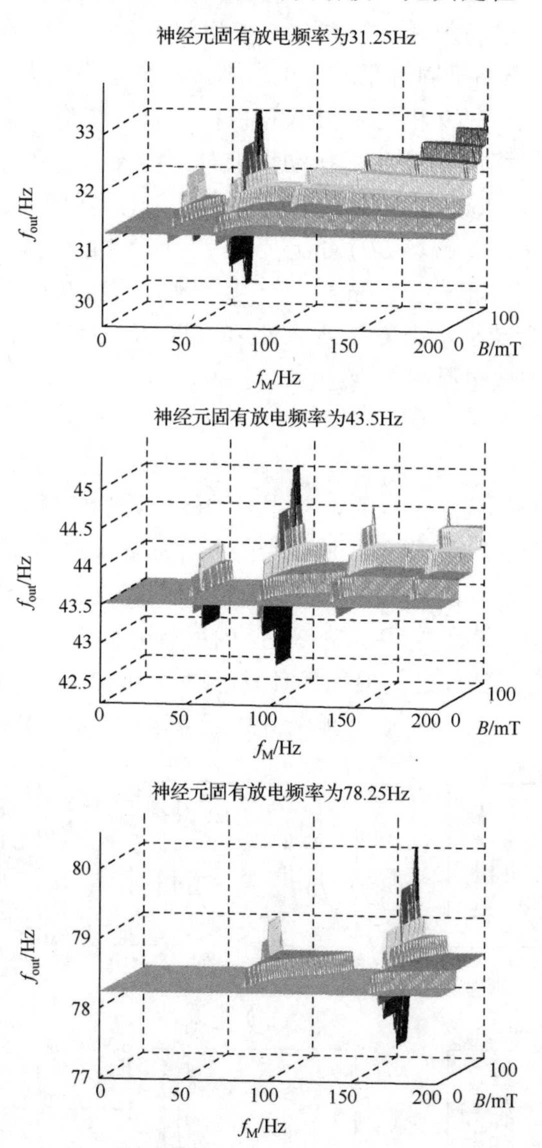

图 3.20　弱磁场作用下 tonic 放电神经元的 f_{out}-f_M-B 关系图

此外，在量化神经编码时，神经元放电速率还可以通过计算 ISI 的倒数来获得。因此，图 3.20 与图 3.18 的仿真结果可以相互解释。通过图 3.18 可以发现，当磁场频率 f_M 处于神经元固有放电速率和其谐波附近时，神经元的 ISI 序列会重新变为一个固定值。在这些磁场频率下，虽然神经元放电序列是周期的，但是其ISI值却与无磁场刺激时的ISI相差很大。因此，神经元的f_{out}会出现十分明显的波动。当f_M处于相邻谐波之间时，虽然ISI序列不再是固定值，但是ISI的平均值却只是稍微低于无磁场刺激时的ISI，二者相差不大。于是，在这些磁场频率下，神经元的f_{out}只是稍微高于固有平均放电速率，不会出现巨大的波动。

最后，通过对比图3.19和图3.20还可以得出以下结论。首先，弱磁刺激对神经元平均放电时间偏移σ_{mean}产生的扰动大于对平均放电速率f_{out}产生的扰动。这表明与放电速率相比，tonic放电神经元的放电时刻对弱磁调制更敏感，与图3.18所得结论一致。其次，弱磁场$B(t)$对σ_{mean}与f_{out}具有相反的调制效应。当$B(t)$提前神经元放电时刻时（即$\sigma_{mean} < 0\text{ms}$），$f_{out}$会增加。当$B(t)$延迟放电时刻时（即$\sigma_{mean} > 0\text{ms}$），$f_{out}$会减小。当磁场频率$f_M$和强度$B$均较大时，弱磁刺激主要是提前放电时刻和增加放电频率。

3.4.2 簇放电

为了使神经元产生簇放电行为，首先对神经元施加低频正弦电流刺激，然后再引入弱磁扰动。图3.21给出了簇放电神经元在弱磁场刺激下的放电模式。图中正弦刺激电流为$I_S = 60\sin(2\pi f_S t)$，频率$f_S = 12\text{Hz}$。在这个电流刺激下，神经元产生平均放电频率(即固有放电频率)为36Hz的簇放电行为。通过分析图3.21的簇放电模式可以发现，相邻簇之间的频率(即簇频率)为12Hz，与刺激电流频率f_S相同。但是在每个簇内，神经元放电频率很高，可能会达到100Hz。

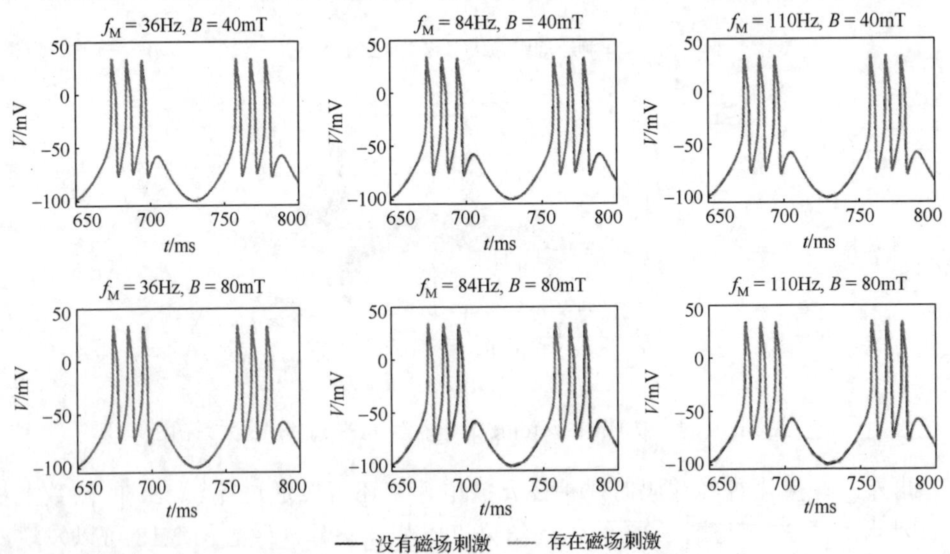

图3.21　正弦弱磁场对簇放电的扰动作用

与 tonic 放电相比，弱磁场 $B(t)$ 对簇放电时刻产生的扰动很小。施加磁场后与施加磁场前的放电序列之间观察不到明显的差别。即使这样，仍旧可以发现较高强度的磁场会对放电时刻产生相对较大的扰动。为了详细地刻画弱磁场对神经元簇放电行为的调制作用，我们计算神经元在不同场强 B 和频率 f_M 下的平均放电时间偏移 σ_{mean} 和平均放电速率 f_{out}，分别如图 3.22 和图 3.23 所示。图 3.22(a)的刺激电流频率为 $f_S = 12Hz$，此时神经元两个簇之间的簇频率也为 12Hz，固有放电频率为 36Hz。图 3.22(b)的刺激电流频率为 $f_S = 24Hz$，此时神经元两个簇之间的簇频率为 24Hz，固有放电频率为 48Hz。此外，图 3.22(c)和(d)还给出了不同磁场强度 B 下，σ_{mean} 随磁场频率 f_M 的演化关系。

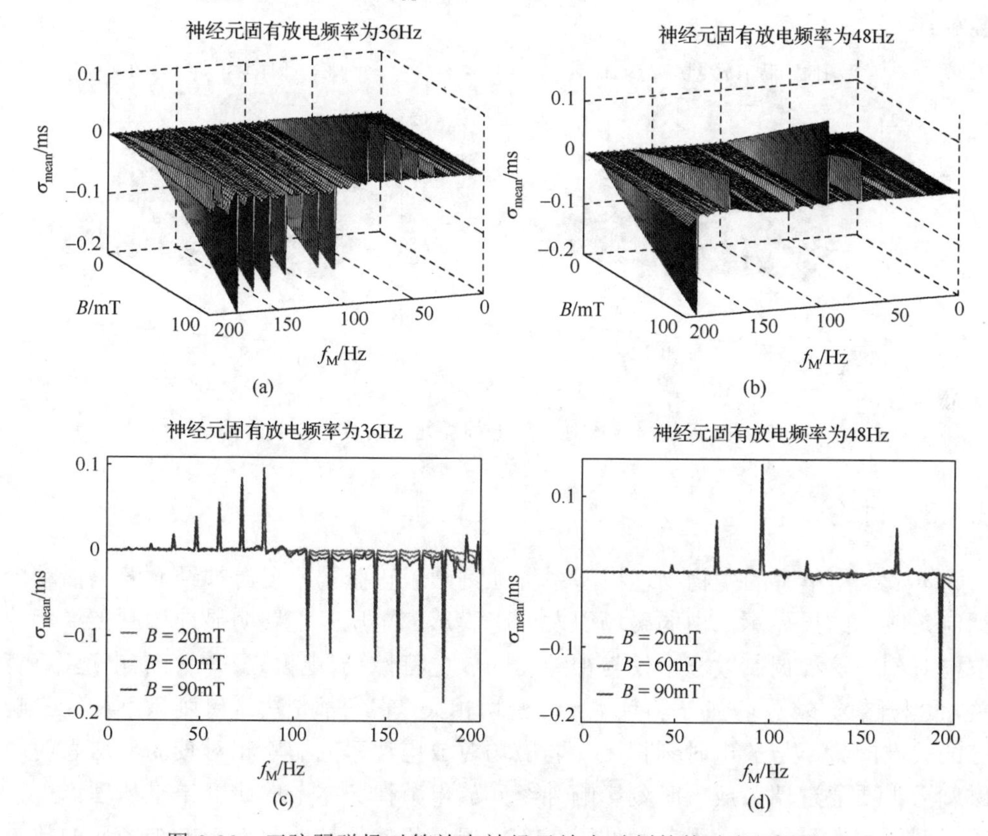

图 3.22　正弦弱磁场对簇放电神经元放电时刻的扰动(见彩图)

由图 3.22 可见，弱磁刺激下簇放电神经元的 SST 可以是正值也可以是负值。表明磁场 $B(t)$ 可以延迟动作电位的产生时刻，也可以提前动作电位的产生时刻。当磁场频率 f_M 处在簇频率的谐波附近时，σ_{mean} 会出现十分明显的波动，它可能升高到一个局部最大值也可能下降到一个局部最小值。这表明在这些磁场频率下，弱磁刺激对簇放电神经元放电时刻的调制效应达到局部最大，与 tonic 放电的结论不同。随着场强 B 增加，弱磁刺激在簇频率谐波处对放电时刻产生的扰动也会增大。此外，相同强度和相同频率的磁场 $B(t)$ 对簇放电 σ_{mean} 产生的扰动明显小于对 tonic 放电产生的扰动。例如，在簇放电情况下，弱磁刺激在给定的 B 和 f_M 范围内对 σ_{mean} 产生的最大扰动大约为 –0.19ms（图 3.22(a)）。但是，在 tonic 放电情况下，弱磁刺激对 σ_{mean} 产生的扰动最大可达到 –98.77ms（图 3.19）。因此，与 tonic 放电相比，簇放电的放电时刻对弱磁扰动敏感性更低、鲁棒性更强。通过图 3.23 可以发现，在给定的强度 B 和频率 f_M 范围内，簇放电神经元的 f_{out} 保持不变。这说明弱磁场 $B(t)$ 更容易对簇放电的放电时刻产生扰动，对其放电速率几乎不产生影响。

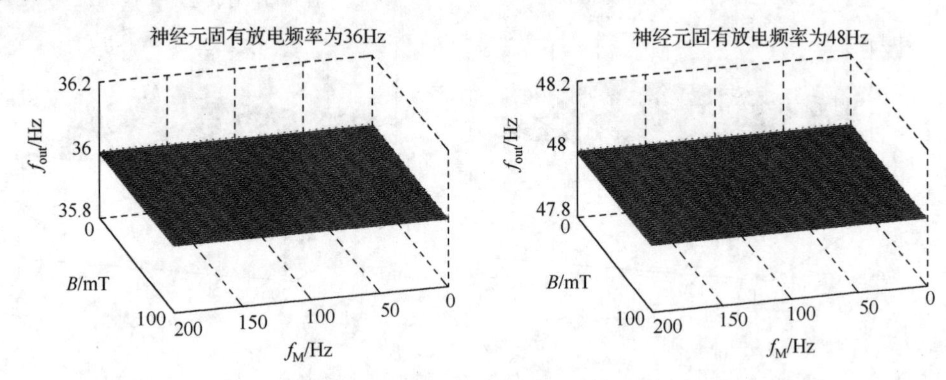

图 3.23　正弦弱磁场对簇放电神经元平均放电频率的扰动

3.4.3 讨论

本节采用单室的生物物理模型系统地刻画了正弦弱磁场对神经元编码活动的调制效应。结果显示，由弱磁场引发的跨膜感应电压 $\tilde{V}$ 能够明显地调制神经元的放电时刻。这种调制效应不仅与神经元的放电特性（放电模式和固有放电速率）有关，更与磁场参数（场强 B 和频率 f_M）密切相关。它们都是决定磁刺激下神经元响应的关键因素。与放电时刻相比，弱磁场对放电速率的影响相对较弱，这表明弱磁刺激主要通过调节放电时刻影响神经元放电节律。本节的研究结果从理论上证明了弱磁刺激虽然刺激强度远低于 TMS，但是仍然能够明显地影响神经元的放电活动。这与 Modolo 等人（2010）采用 Izhikevich 模型所得结论一致。此外，实验和模型研究（Radman et al., 2007; Reato et al., 2010）已经发现由弱场引发的去极化扰动会对激活状态神经元的放电活动产生微小的调制作用。虽然这种微小的扰动不能直接触发神经元放电，但是处于动态的脑网络能够将其放大进而影响脑功能。本节的结论从单神经元水平证明了弱磁场对激活状态神经元放电时刻的调制效应，有助于进一步理解和揭示弱场对脑活动的调制机制。

当神经元是 tonic 放电时，弱磁刺激对放电时刻和放电频率均会产生调制作用，并且调制效果与神经元自身放电特性和磁刺激参数密切相关。随着场强 B 增加，弱磁场的神经调制效应增强。当磁场频率 f_{M} 处于神经元固有放电频率以及其谐波附近时，磁场的神经调制效应会被最大化。这说明神经组织暴露在弱磁环境中，只会在一些狭窄的磁场频率范围内产生明显的响应，与 Modolo 等人(2010)所得结论类似。同时，已有实验研究(Repacholi et al., 1999; Lyskov et al., 1993)发现施加弱磁刺激到大脑组织，如果刺激频率处在脑电 α 频段或 α 频段的谐波附近，能明显地记录到脑电 α 节律的响应活动。这与本节的仿真结论也是一致的。

产生上述现象的内在机制是共振效应，它在物理学上是指系统在某些频率的振荡幅值高于其他频率。振荡幅值达到最大的频率称为系统的共振频率。因为本章中的神经元模型是一个高度非线性的动力系统，所以它可能存在多个不同的共振频率。由于弱磁刺激下 tonic 放电神经元的 σ_{mean} 和 f_{out} 均会在神经元固有放电频率和其谐波处出现明显的波动，所以这些频率是弱磁刺激下 tonic 放电神经元的共振频率。由于神经元在其固有振荡的高次谐波处产生了共振，所以此时有“超谐波共振”产生(Leung et al., 2012)。由式(3.12)可知，正弦磁场 $B(t)$ 产生的跨膜感应电压 $\tilde{V}$ 与磁场强度 B 和频率 f_{M} 直接相关，增加这两个参数均会导致共振效应变强。因此，平均放电时间偏移 σ_{mean} 和平均放电速率 f_{out} 的全局最大值不是出现在神经元的固有放电频率处，而是出现在二次谐波处。所有这些结果都表明了，弱磁场或者低强度的磁刺激调制神经电活动的一个内在机制是共振效应。

对于簇放电神经元，弱磁刺激只会对其放电时刻产生扰动，对其放电频率不会产生影响。同时，相同强度和频率的弱磁场对簇放电神经元放电时刻产生的扰动远小于 tonic 放电。这说明与 tonic 放电相比，簇放电活动对弱磁扰动不敏感。此外，当磁场频率 f_{M} 处在簇频率或其高次谐波处，弱磁刺激对放电时刻产生的扰动会被最大化，这与 tonic 放电不同。产生这一现象的原因可能是，簇放电这种动力学行为包含两个不同的频率：一个是相邻簇间比较低的簇频率，另一个是簇内十分高的放电频率。这两个快慢动力学之间的相互作用会导致簇放电神经元在弱磁刺激下产生比较独特的响应行为。这些结果表明神经元自身的放电模式是决定弱磁刺激下神经元响应的一个关键因素。

此外，本节中的簇放电是由低频正弦电流刺激产生。无弱磁扰动下，神经元呈现 $p:1(p>1)$ 锁相的簇动力学行为。此时，神经元的固有放电速率(即平均放电速率)总是出现在簇频率的谐波处。若要进一步区分起关键性作用的是簇频率还是固有放电频率，必须打破二者之间的比例关系。因此需要修改模型，采用其他机制产生簇放电。例如，引入电压依赖或 Ca^{2+} 依赖的慢变量调制神经元的快速放电

(Rinzel, 1978; Izhikevich et al., 2004; 杨卓琴等, 2007)。这样，神经元可在直流电流刺激下产生簇放电。

3.5 本章小结

本章以 Prescott 模型为研究对象，基于 Neuron 软件中的“胞外机制”计算方式，将电磁场引起的跨膜感应电压看成膜电压的扰动，建立了电场作用下神经元模型,分析了不同形式电磁场对神经元放电活动的调制作用及相应的动力学机制。

首先，研究了直流电场作用下 Hodgkin 三类神经元的放电模式及放电起始动态机制。发现正电场会导致膜电压超极化，抑制神经元放电；负电场会导致膜电压去极化，此时神经元能够产生动作电位。随着负电场幅值增加，I 类神经元首先通过 SNIC 分岔开始周期放电，对应 f-E 曲线是连续的，然后通过亚临界 Hopf 分岔停止放电，对应 f-E 曲线是断续的; II 类神经元首先通过亚临界 Hopf 分岔开始周期放电，然后再通过同一类型分岔停止周期放电，对应的 f-E 曲线都是断续的; III 神经元首先通过 QSC 产生单峰放电，然后通过亚临界 Hopf 分岔开始周期放电，对应的 f-E 曲线是断续的，最后通过 SNIC 分岔停止放电，对应的 f-E 曲线是连续变化的。此外，三类神经元放电速率随负电场幅值增加均呈现先上升后减小的趋势。这些结果表明固有动态特性不同的神经元在电场刺激下产生的响应行为也不同，与金淇涛(2013)之前所得结论一致。

然后，分析了正弦电场作用下 Hodgkin 三类神经元的放电模式。通过刻画平均放电速率和放电锁相比，发现三类神经元在正弦电场作用下会出现簇放电、同步周期放电和阈下振荡等动力学行为。当改变电场幅值和频率时，I 类和 II 类神经元产生相似的响应特性，III 类神经元会在电场刺激阈值附近出现复杂的响应特性。在低频段，I 类和 II 类神经元会产生簇放电行为，但是 III 类神经元需要更高幅值和频率的电场才能触发放电。模型(Wang et al., 2011)和电生理实验(Beraneck et al., 2007)研究发现，III 类神经元在低频正弦刺激下不能产生动作电位，这与本章结论一致。当增加电场频率时，三类神经元均会产生 1:1 锁相比的同步周期放电。此时，对神经元施加一个特定频率的正弦电场，神经元会产生一个准确响应。这种同步响应方式在神经编码和信息处理过程起着关键性作用。当电场频率继续增加，三类神经元的平均放电速率均会变为 0Hz，产生阈下振荡。由此可见，单个神经元可以等效为一阶惯性环节，具有低通滤波特性。当刺激频率低于固有频带时，神经元会产生动作电位。当超过固有频带时，会抑制神经元放电。通过以上结果，得到了正弦电场参数与神经元放电模式之间的转化关系。

最后，分析了正弦弱磁场对神经编码的调制作用。通过刻画神经元平均放电时间偏移和平均放电速率，发现弱磁刺激对神经元放电活动的扰动作用不仅与磁刺激参数有关，还与神经元放电特性密切相关。对 tonic 放电来说，当磁场频率处于神经元固有放电速率和其谐波附近时，弱磁场对放电时刻的扰动出现最大化。然而对于簇放电神经元，当磁场频率处于簇频率和其谐波附近时，弱磁场对放电时刻的扰动出现最大化。随着磁场强度增加，其对神经电活动的调制效应也会增强。与 tonic 放电相比，簇放电活动对弱磁扰动不敏感。同时，弱磁刺激更容易对神经元放电时刻产生扰动，对其放电频率产生的影响较小。通过这些仿真结果可以得出，弱磁场产生这些神经调制作用的相关机制是共振效应。

本章从单间室生物物理模型的角度，刻画了电磁刺激下神经元的响应特性，有助于揭示 NBM 技术改善脑功能的神经机制，也可为改良 NBM 装置和设计相应的刺激协议提供一定的理论指导。

第 4 章　电场作用下两间室神经元响应

电场作用会在神经元细胞膜上产生空间极化效应。阳极附近的细胞膜电压出现超极化，阴极附近的膜电压出现去极化。越靠近电极，电场引起的极化效应越强。电场的这种空间极化效应与其刺激方向和神经元形态特性密切相关。“胞外机制”的建模方式虽然能够较为直观地刻画电场对细胞膜上离子通道的调制作用，但是采用单室神经元作为研究对象不能体现电场的极化效应。这是因为阳极引发的去极化和阴极引发的超极化是相互排斥的，当它们同时作用在单室模型的细胞膜上时会相互抵消，导致电场对膜电压产生的净极化效应为零。此外，单室的 HH 或 ML 模型也不含有神经元形态参数。然而，神经元形态结构在电场调制神经电活动过程中起着的关键性作用(Pashut et al., 2011, 2014; Bikson et al., 2004; Radman et al., 2009)。

为了研究这些关键因素对电场神经调制效应的影响，本章提出能够体现神经元形态特性和电场空间极化效应的简化两间室模型，刻画直流电场作用下神经元的响应特性，并从放电起始过程的角度分析形态参数和间室之间内连电导影响电场调制效应的动力学和生物物理机制。

4.1　电场作用下两间室神经元模型

电场会在神经元细胞膜上产生空间极化效应，能够体现电场极化效应的最小神经元结构至少应该包含两个独立的间室。靠近阳极间室的膜电压被超极化，靠近阴极间室的膜电压被去极化。因此，本章提出采用简化的两间室神经元对胞外电场进行建模，如图 4.1(a)所示。图 4.1(b)给出了这个两间室模型的电路示意图。这个模型是在 PR 模型基础上首次提出的，是一组描述锥体细胞动力学特性的方程。之所以选用锥体神经元，是因为电生理实验中常用这类细胞研究电场的神经调制效应。

简化模型中的两个间室分别代表神经元的胞体和树突，相应的细胞膜电压分别用 V_S 和 V_D 表示。胞体和树突之间通过内连电导 g_c 连接。为了便于动力学特性分析和生物物理机制研究，两个间室均选择简单的结构。其中，胞体间室含有三个离子电流：流向胞外的主动 K^+电流 I_K，流向胞内的主动 Na^+电流 I_{Na}，以及流向细胞外的被动漏电流 I_{SL}。与胞体间室不同，树突间室不含主动的离子电流，仅含有一个流向细胞外的被动漏电流 I_{DL}。这是最简单的树突结构，其主要是为了体现树突的形态特性以及模拟树突间室的跨膜电压 V_D。此外，I_S 和 I_D 分别表示注入胞体和树突的突触刺激电流。

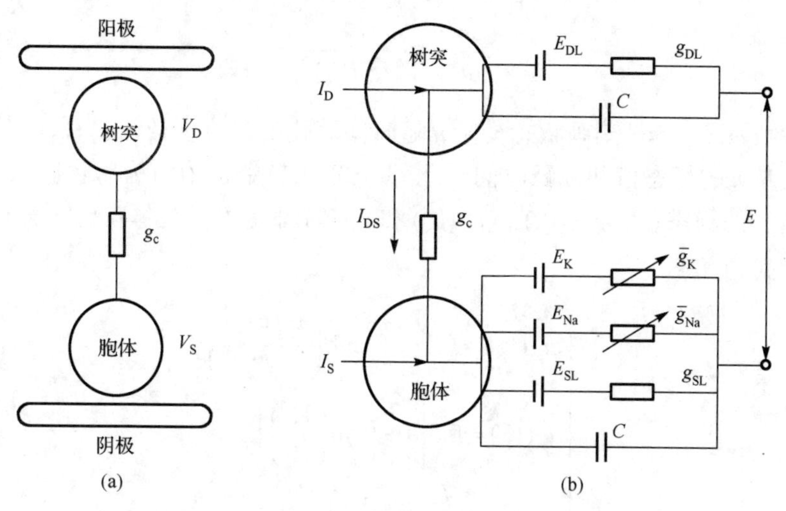

图 4.1　电场作用下简化两间室模型示意图

描述胞体膜电压 V_S 和树突膜电压 V_D 随时间演化的动力学方程为(Yi et al., 2014d, 2014e)

$$C\frac{\mathrm{d}V_S}{\mathrm{d}t}=\frac{I_S}{p}+\frac{I_{DS}}{p}-\bar{g}_{Na}m_\infty(V_S)(V_S-E_{Na})-\bar{g}_K n(V_S-E_K)-g_{SL}(V_S-E_{SL}) \tag{4.1}$$

$$C\frac{\mathrm{d}V_D}{\mathrm{d}t}=\frac{I_D}{1-p}-\frac{I_{DS}}{1-p}-g_{DL}(V_D-E_{DL}) \tag{4.2}$$

式(4.1)右边五项分别代表胞体的突触输入电流 I_S、树突流向胞体的内部电流 I_{DS}、Na^+电流 I_{Na}、K^+电流 I_K 和漏电流 I_{SL}。式(4.2)右边三项分别代表树突间室的突触输入电流 I_D、树突流向胞体的内部电流 I_{DS} 和漏电流 I_{DL}。$E_{Na}=50\text{mV}$ 和 $E_K=-100\text{mV}$ 分别表示胞体细胞膜上 Na^+和 K^+通道的平衡电势，$E_{SL}=-70\text{mV}$ 和 $E_{DL}=-70\text{mV}$ 分别表示胞体和树突膜上漏电流的平衡电势；$\bar{g}_{Na}=20\text{mS/cm}^2$、$\bar{g}_K=20\text{mS/cm}^2$、$g_{SL}=2\text{mS/cm}^2$ 和 $g_{DL}=2\text{mS/cm}^2$ 分别为相应通道的最大电导；$C=2\mu\text{F/cm}^2$ 表示神经细胞的膜电容。p 和 $1-p$ 是一组刻画神经元形态特性的参数，分别表示胞体间室和树突间室在整个神经细胞中所占的面积比例。I_{DS} 表示由树突间室流向胞体间室的内部电流。无电场刺激时，表达式如下：

$$I_{DS}=g_c(V_D-V_S) \tag{4.3}$$

其中，g_c为胞体和树突之间的内连电导。I_{DS}是两个间室信息交流的唯一通道，对模型动力学特性有极其重要的影响。

式(4.1)中状态变量n为压控K^+通道激活变量，表示该通道门处于打开状态的概率。式(4.4)给出了该动力学变量随时间的演化规律：

$$\frac{dn}{dt}=\varphi\frac{n_\infty(V_S)-n}{\tau_n(V_S)} \tag{4.4}$$

其中，参数$\varphi=0.15$是刻画状态变量n随时间演化的尺度参数，$n_\infty(V_S)$和$\tau_n(V_S)$分别表示变量n的稳态值和弛豫时间。此外，式(4.1)中$m_\infty(V_S)$为胞体膜上Na^+通道门开通概率的稳态值。$m_\infty(V_S)$、$n_\infty(V_S)$和$\tau_n(V_S)$都是关于胞体膜电压V_S的函数，具体表达式为

$$\begin{cases} m_\infty(V_S)=0.5\left[1+\tanh\left(\dfrac{V_S+1.2}{18}\right)\right] \\ n_\infty(V_S)=0.5\left[1+\tanh\left(\dfrac{V_S}{10}\right)\right] \\ \tau_n(V_S)=1\Big/\cosh\left(\dfrac{V_S}{20}\right) \end{cases} \tag{4.5}$$

电场E的方向与神经元“树突—胞体”轴线方向平行，它引起的极化效应会调制间室之间内部电流I_{DS}的强度。由于I_{DS}对胞体的放电活动有至关重要的作用，所以电场E会进一步影响神经元的放电模式。在电场E刺激下，内部电流I_{DS}的表达式为(Park et al., 2003, 2005; Yi et al., 2014d, 2014e)

$$I_{DS}=g_c(V_D+E-V_S) \tag{4.6}$$

虽然简化两间室模型的树突和胞体结构都十分简单，但是与单室模型相比，它在研究电场的神经调制效应方面有着很多优势。首先，它能够体现电场作用的生物物理方式——空间极化效应；其次，它包含了刻画神经元形态特性的参数p；最后，虽然它省去了PR模型中很多细节描述，但是却保留了产生胞体动作电位所必备的离子机制——Na^+和K^+。因此，它更有利于研究电场调节神经电活动的动力学和生物物理机制。

下面将在改变形态参数p和内连电导g_c的情况下，系统地研究两间室神经元在阈上和阈下电场作用下的响应特性以及放电起始机制。形态参数的标准值为$p=0.5$，变化范围是0.01～0.99。内连电导的标准值为$g_c=1\text{mS/cm}^2$，变化范围是$(0.05\sim10)\text{mS/cm}^2$。

4.2　阈上电场作用下神经元放电活动

本节研究阈上电场作用下两间室神经元的放电特性以及相应的动力学和生物物理机制。阈上电场是能够直接引发静息态神经元产生动作电位的电场。为了详细分析这种电场的调制作用，故而设置胞体和树突的突触输入电流为 $I_S = 0\mu A/cm^2$ 和 $I_D = 0\mu A/cm^2$ 。

首先，研究形态参数 p 和内连电导 g_c 取标准值时，神经元的放电特性及相应的放电起始动态机制。如图 4.2(a)所示，神经元在负电场 E 作用下处于静息状态，不会产生动作电位。此时，胞体间室膜电压 V_S 被超极化，并且超极化电位会随着负电场 E 强度的增加而进一步降低。当电场 E 为正值时，胞体膜电压 V_S 被去极化。此时两间室模型可以呈现两种动力学状态。当电场 $E < 67.8$mV 时，神经元继续处于静息态，V_S 虽被去极化但是仍收敛到一个稳定的平衡电位。当电场 E 驱使胞体膜电压 V_S 超过阈值电位后，神经元产生周期性放电。随着电场强度增加，胞体间室的平均放电速率 f_S 从 0Hz 开始连续增加，如图 4.2(b)所示。此外，树突间室在电场 E 从 −50mV 变化到 150mV 这个过程中一直不会产生动作电位。当 $-50\text{mV} \leqslant E<0\text{mV}$ 时，V_D 电位高于 V_S，且稳态是静息态；当 $0\text{mV} \leqslant E<67.8\text{mV}$ 时，V_D 电位低于 V_S，稳态仍然处于静息状态；当 $67.8\text{mV} \leqslant E \leqslant 150\text{mV}$ 时，V_D 跟随 V_S 作低幅值阈下振荡。产生这一现象的原因主要是，在简化的两间室模型中树突间室是被动的，不含有主动的离子通道，所以其不会产生动作电位。

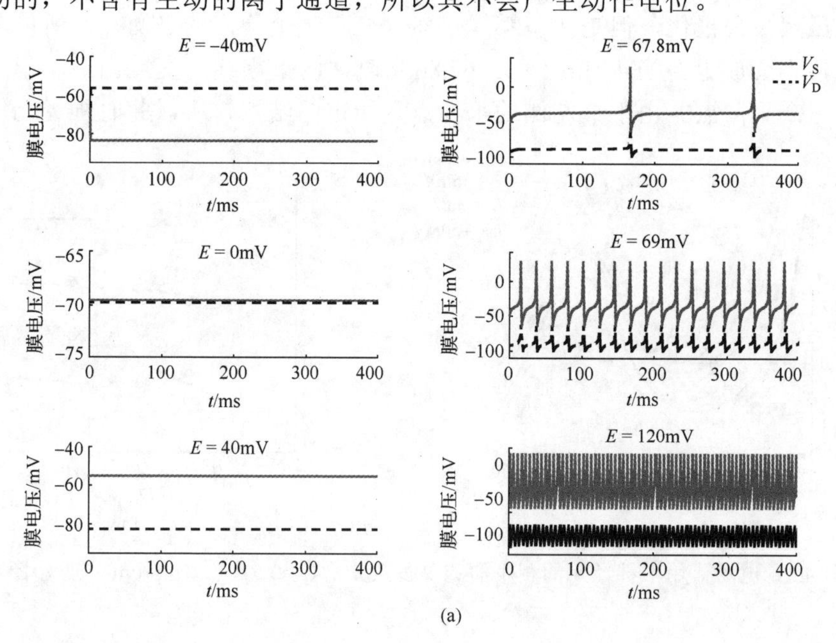

(a)

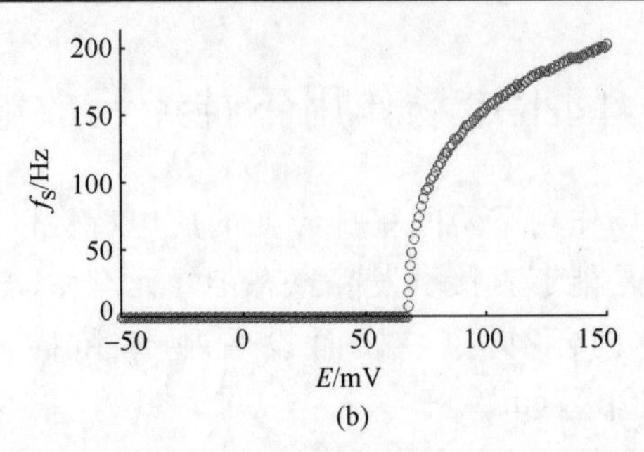

(b)

图 4.2　电场作用下两间室神经元放电特性(p=0.5，g_c=1mS/cm^2)

图 4.3 解释了神经元胞体间室产生上述放电行为的动力学机制。由于树突不含有主动离子通道，所以胞体间室的动力学行为可以通过膜电压 V_S 和 K^+激活变量 n 构成的相平面来解释。图 4.3(a)中，黑色虚线表示 K^+激活变量 n 的零线，不同颜色的实线表示胞体膜电压 V_S 的零线；“s”表示两条零线的交点是稳定的，“u”表示零线的交点是不稳定的；红色虚线是膜电压 V_S 在相平面上的一个稳定极限环，灰色箭头表示其运动方向。由图 4.3(a)可见，当电场 E 是负值时，膜电压 V_S 和激活变量 n 的零线只交于一个阈下的平衡点。由于它是稳定的，所以胞体膜电压 V_S 的所有轨迹均收敛至这个平衡点，神经元处于静息态。增大负电场 E 的强度会使 V_S 零线和 n 零线的交点向左侧超极化电位移动，因此神经元便一直处于阈下不放电状态。正电场的引入会导致膜电压 V_S 的零线向上方移动，两条零线的交点也随之向右侧去极化电位移动。当 0mV ≤ E<49.1mV 时，神经元在相平面上的平衡电位虽然被去极化，但是两条零线仍然只交于一个稳定的平衡点，所以两间室模型仍然不会放电。当 49.1mV ≤ E<67.8mV 时，两条零线的交点由一个稳定平衡点变为三个平衡点。由于最左侧的平衡点是稳定的结点，所以此时神经元仍然不

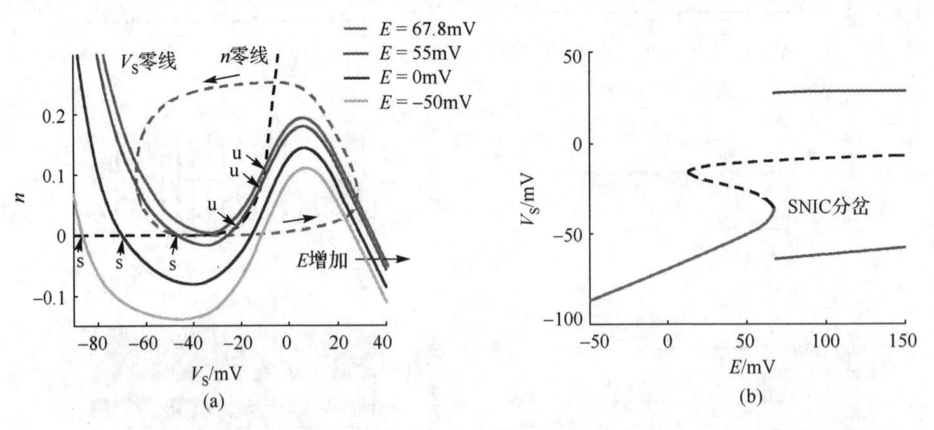

图 4.3　电场作用下神经元的相平面和单参数分岔(p=0.5，g_c=1mS/cm^2)(见彩图)

会产生放电。此后，随着电场强度增加，左侧的两个平衡点会相互吸引。当 $E \geqslant 67.8\text{mV}$ 时，左侧两个平衡点结合形成“鞍结点”，然后消失。此时，相平面上只留下一个不稳定的平衡点，同时会产生一个稳定的极限环。这样，胞体膜电压 V_S 的所有轨迹都收敛到极限环吸引子上，两间室模型开始出现周期放电。神经元动力学行为的这些定性改变是通过 SNIC 分岔完成，如图 4.3(b)所示。当这个分岔产生时，神经元能够产生任意低频率的周期放电，故 f_S-E 曲线是连续变化的。

4.2.1　形态参数对放电活动的影响

大量的实验和模型研究已经表明(Pashut et al., 2011, 2014; Bikson et al., 2004; Radman et al., 2009; Svirskis et al., 1997; Tranchina et al., 1986)，神经元形态特性在电场的空间极化效应中起着关键性作用。由于简化的两间室模型中只含有一个形态参数 p，所以下面研究改变参数 p 对电场作用下神经元响应特性的影响。由于负向电场作用下神经元不能产生放电，所以在以下的研究中只关注正电场的调制效应。

1. 放电特性

首先研究内连电导 g_c 取标准值，即 $g_c = 1\text{mS/cm}^2$ 时，不同形态参数下两间室神经元对电场刺激的响应特性。用平均放电速率 f_S 刻画神经元的动力学行为，并考虑其在 (p, E) 二维平面内的变化，如图 4.4(a)所示。图 4.4(b)给出了神经元在不同形态参数下的 f_S-E 曲线。

由图 4.4(a)可见，在形态参数 p 由 0.01 变化到 0.99 的过程中，两间室神经元在直流电场刺激下只能出现静息和周期放电两种动力学行为。当 $p < 0.05$ 或 $p > 0.83$ 时，神经元在给定电场范围内($0\text{mV} \leqslant E \leqslant 150\text{mV}$)不会产生放电。不同的是，当 $p < 0.05$ 时胞体膜电压 V_S 最终稳定在阈上去极化电位，如图 4.5(a)所示，而当 $p > 0.83$ 时 V_S 最终稳定在阈下电位处，如图 4.5(b)所示。当 $0.05 \leqslant p \leqslant 0.83$ 时，两间室神经元在 E 超过电场刺激阈值时出现周期性放电，并且在高强度电场刺激下停止放电。当 $0.05 \leqslant p < 0.12$ 时，这个“高强度电场”出现在 $0\text{mV} \leqslant E \leqslant 150\text{mV}$ 范围内，而当 $0.12 \leqslant p \leqslant 0.83$ 时，这个“高强度电场”出现在 $E > 150\text{mV}$ 范围内。此外，形态参数 p 不同时，触发神经元产生周期放电的电场刺激阈值也不同。当参数 p 较小($0.05 \leqslant p \leqslant 0.13$)时，电场刺激阈值会随着 p 的增加而减小；而当参数 p 较大($0.13 < p \leqslant 0.83$)时，电场刺激阈值会随着 p 的增加而增加。并且，电场刺激阈值与参数 p 的关系均是非线性的。

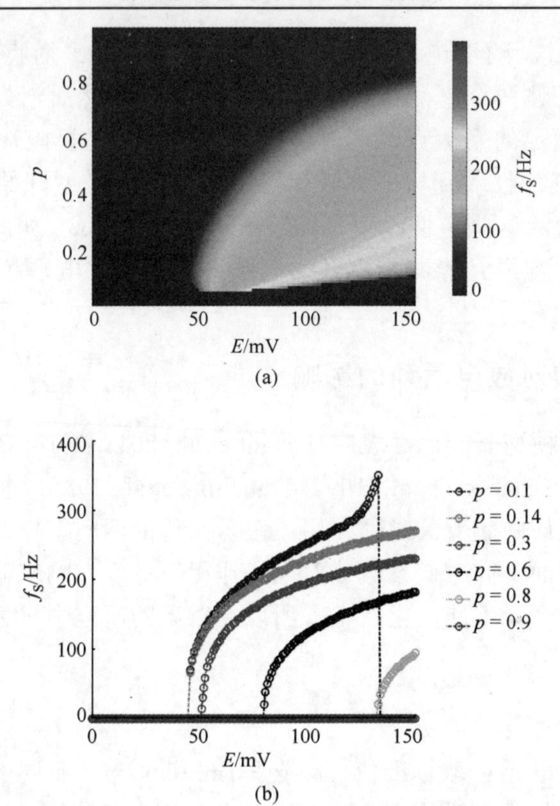

图 4.4　形态参数对电场作用下神经元放电特性的影响(见彩图)

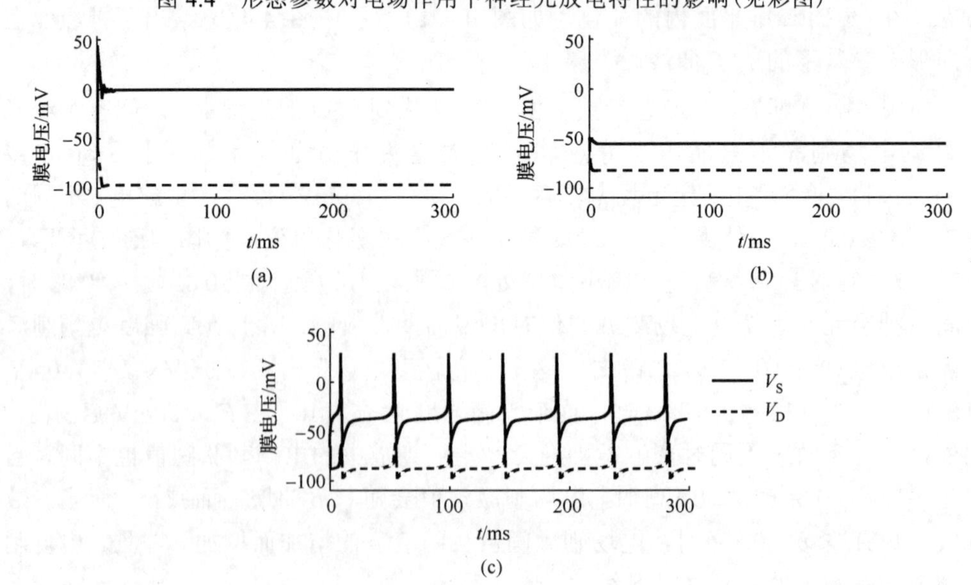

图 4.5　形态参数变化时神经元在电场刺激下产生的三种典型放电行为

2. 分岔分析

图 4.6(a)给出了内连电导为 $g_c = 1\text{mS/cm}^2$ 时，两间室神经元在电场刺激下的两参数分岔，其中两个分岔参数分别是形态参数 p (纵坐标)和电场 E (横坐标)。该图从非线性动力学的角度解释了图 4.4(a)中的周期放电是如何产生和终止的。图 4.6(b)～(d)分别是形态参数 p 取值不同时，神经元在电场刺激下的单参数分岔，此图中的分岔参数是电场 E。图中“HB1”表示亚临界 Hopf 分岔，“HB2”表示超临界 Hopf 分岔。

通过图 4.6(a)可知，形态参数 p 改变时，神经元会出现三种分岔形式，分别为超临界 Hopf 分岔、亚临界 Hopf 分岔以及 SNIC 分岔。它们将 (p,E) 参数平面分割为静息态区域和周期放电区域。当 $0.05 \leqslant p < 0.12$ 时，神经元单参数分岔形式如图 4.6(b)所示。此时，神经元首先通过亚临界 Hopf 分岔产生周期放电，然后通过超临界 Hopf 分岔停止放电。在这种情况下，胞体膜电压 V_S 在超临界 Hopf 分岔产生后会最终稳定在阈上去极化电位处。当 $0.12 \leqslant p < 0.15$ 时，神经元的单参数分岔形式如图 4.6(c)所示。此时，神经元通过亚临界 Hopf 分岔产生周期放电，然后在 $E \leqslant 150\text{mV}$ 范围内一直处于周期放电状态。当 $0.15 \leqslant p < 0.84$ 时，神经元的单参数分岔形式如图 4.6(d)所示。此时，神经元通过 SNIC 分岔产生周期放电，然后在 $E \leqslant 150\text{mV}$ 范围内一直处于周期放电状态。

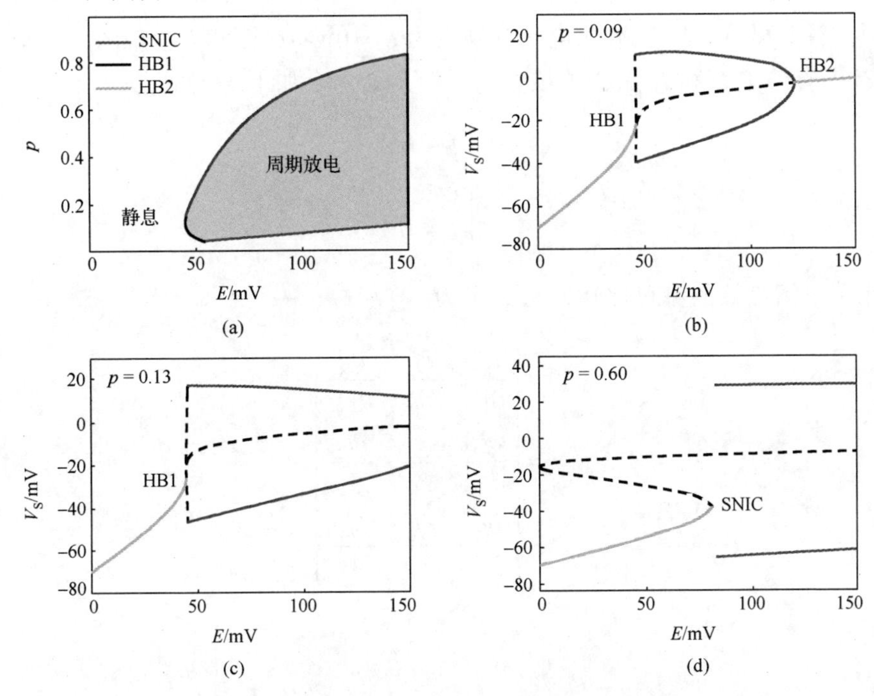

图 4.6　形态参数影响神经元放电起始的分岔分析

3. 平衡点特性和相平面分析

下面采用稳定性分析方法研究上述三种情况下两间室神经元的平衡点特性。为了便于分析，首先将式(4.1)、式(4.2)和式(4.4)改写成如下形式：

$$\begin{cases} f_1 = \dfrac{\mathrm{d}V_\mathrm{S}}{\mathrm{d}t} \\ f_2 = \dfrac{\mathrm{d}n}{\mathrm{d}t} \\ f_3 = \dfrac{\mathrm{d}V_\mathrm{D}}{\mathrm{d}t} \end{cases} \tag{4.7}$$

其中

$$\begin{cases} f_1 = \dfrac{1}{C}\left[\dfrac{I_\mathrm{DS}}{p} - \overline{g}_\mathrm{Na} m_\infty(V_\mathrm{S})(V_\mathrm{S} - E_\mathrm{Na}) - \overline{g}_\mathrm{K} n(V_\mathrm{S} - E_\mathrm{K}) - g_\mathrm{SL}(V_\mathrm{S} - E_\mathrm{SL})\right] \\ f_2 = \varphi \dfrac{n_\infty(V_\mathrm{S}) - n}{\tau_n(V_\mathrm{S})} \\ f_3 = \dfrac{1}{C}\left[-\dfrac{I_\mathrm{DS}}{1-p} - g_\mathrm{DL}(V_\mathrm{D} - E_\mathrm{DL})\right] \end{cases} \tag{4.8}$$

由于只关注场效应，突触输入电流分别设为 $I_\mathrm{S} = 0\mu\mathrm{A/cm^2}$ 和 $I_\mathrm{D} = 0\mu\mathrm{A/cm^2}$，所以式(4.8)中省略了 I_S 和 I_D 的相关项。在平衡点处，有如下等式成立：

$$\begin{cases} f_1 = 0 \\ f_2 = 0 \\ f_3 = 0 \end{cases} \tag{4.9}$$

神经元在平衡点处的雅可比矩阵可表示为

$$J = \begin{bmatrix} \dfrac{\partial f_1}{\partial V_\mathrm{S}} & \dfrac{\partial f_1}{\partial n} & \dfrac{\partial f_1}{\partial V_\mathrm{D}} \\ \dfrac{\partial f_2}{\partial V_\mathrm{S}} & \dfrac{\partial f_2}{\partial n} & \dfrac{\partial f_2}{\partial V_\mathrm{D}} \\ \dfrac{\partial f_3}{\partial V_\mathrm{S}} & \dfrac{\partial f_3}{\partial n} & \dfrac{\partial f_3}{\partial V_\mathrm{D}} \end{bmatrix} \tag{4.10}$$

对于 f_1 有

$$\begin{cases} \dfrac{\partial f_1}{\partial V_S} = \dfrac{1}{C}\left[-\dfrac{g_c}{p} - \bar{g}_{Na} m_\infty(V_S) - \bar{g}_{Na} m'_\infty(V_S)(V_S - E_{Na}) - \bar{g}_K n - g_{SL} \right] \\ \dfrac{\partial f_1}{\partial n} = -\dfrac{\bar{g}_K}{C}(V_S - E_K) \\ \dfrac{\partial f_1}{\partial V_D} = \dfrac{1}{C}\dfrac{g_c}{p} \end{cases} \tag{4.11}$$

其中，$m'_\infty(V_S) = \dfrac{dm_\infty(V_S)}{dV_S}$。对于 f_2 有

$$\begin{cases} \dfrac{\partial f_2}{\partial V_S} = \varphi \dfrac{n'_\infty(V_S)\tau_n(V_S) - [n_\infty(V_S) - n]\tau'_n(V_S)}{\tau_n{}^2(V_S)} \\ \dfrac{\partial f_2}{\partial n} = -\dfrac{\varphi}{\tau_n(V_S)} \\ \dfrac{\partial f_2}{\partial V_D} = 0 \end{cases} \tag{4.12}$$

其中，$n'_\infty(V_S) = \dfrac{dn_\infty(V_S)}{dV_S}$，$\tau'_n(V_S) = \dfrac{d\tau_n(V_S)}{dV_S}$。对于 f_3 有

$$\begin{cases} \dfrac{\partial f_3}{\partial V_S} = \dfrac{1}{C}\dfrac{g_c}{1-p} \\ \dfrac{\partial f_3}{\partial n} = 0 \\ \dfrac{\partial f_3}{\partial V_D} = \dfrac{1}{C}\left[-\dfrac{g_c}{1-p} - g_{DL} \right] \end{cases} \tag{4.13}$$

由 $f_2 = 0$ 可得，平衡点处有 $n = n_\infty(V_S)$。于是，$\dfrac{\partial f_1}{\partial V_S}$ 和 $\dfrac{\partial f_2}{\partial V_S}$ 可改写为

$$\begin{cases} \dfrac{\partial f_1}{\partial V_S} = \dfrac{1}{C}\left[-\dfrac{g_c}{p} - \bar{g}_{Na} m_\infty(V_S) - \bar{g}_{Na} m'_\infty(V_S)(V_S - E_{Na}) - \bar{g}_K n_\infty(V_S) - g_{SL} \right] = Q \\ \dfrac{\partial f_2}{\partial V_S} = \varphi \dfrac{n'_\infty(V_S)}{\tau_n(V_S)} \end{cases} \tag{4.14}$$

将式(4.11)～式(4.14)代入式(4.10)，则平衡点处的雅可比矩阵可以表示为

$$J=\begin{bmatrix} Q & -\dfrac{\overline{g}_{K}}{C}(V_S-E_K) & \dfrac{1}{C}\dfrac{g_c}{p} \\ \varphi\dfrac{n'_{\infty}(V_S)}{\tau_n(V_S)} & -\dfrac{\varphi}{\tau_n(V_S)} & 0 \\ \dfrac{1}{C}\dfrac{g_c}{1-p} & 0 & \dfrac{1}{C}\left[-\dfrac{g_c}{1-p}-g_{DL}\right] \end{bmatrix} \tag{4.15}$$

$p=0.09$ 时，神经元在 $E=45.7174\text{mV}$ 处产生左侧分岔。求解方程组(4.9)，可得此时系统平衡点为 $[V_{S0}, n_0, V_{D0}]=[-22.7563, 0.0104, -69.4588]$。在此平衡点处，式(4.15)中雅可比矩阵 J 的特征多项式为：$\lambda^3+3.1134\lambda^2+0.1197\lambda+0.3728=0$，对应的特征值为 $\lambda_{1,2}=\pm0.3460\text{i}$ 和 $\lambda_3=-3.1134$。可见，系统有一对共轭虚根出现，所以此时神经元产生的分岔是 Hopf 分岔(Izhikevich, 2007)。通过图 4.6(b)可知，这个 Hopf 分岔产生时有不稳定极限环出现，故此处的 Hopf 分岔是亚临界 Hopf 分岔。神经元在 $E=120.7150\text{mV}$ 时产生右侧分岔。通过求解方程组(4.9)可得，两间室神经元此时的平衡点为 $[V_{S0}, n_0, V_{D0}]=[-2.5277, 0.3762, -88.8804]$。在此平衡点处，雅可比矩阵 J 的特征多项式为：$\lambda^3+2.1385\lambda^2+4.8439\lambda+10.3592=0$，对应的特征值为 $\lambda_{1,2}=\pm2.2009\text{i}$ 和 $\lambda_3=-2.1386$。此时，系统也有一对共轭虚根出现，故神经元在此处产生的分岔也为 Hopf 分岔(Izhikevich, 2007)。因为这个 Hopf 分岔产生时，神经元产生的是稳定的极限环，如图 4.6(b)所示。所以，此处的 Hopf 分岔是超临界 Hopf 分岔。

为了进一步研究上述分岔的产生机制，采用相平面方法研究不同形态参数 p 下神经元的相位图随电场值的演化过程。前面已经提到，由于树突间室仅含有被动的漏电流，所以两间室神经元的各种放电模式主要由胞体膜电压 V_S 和 K^+通道激活变量 n 相互作用产生。因此，可将三维的相位图投影到 (n, V_S) 二维平面上，如图 4.7 所示。图中红色虚线表示激活变量 n 的零线，蓝色虚线表示胞体膜电压 V_S 零线，黑色虚线表示膜电压 V_S 轨迹，箭头表示其在相平面上的运动方向。当 $p=0.09$ 时，V_S 零线和 n 零线在分岔产生前($E<45.7174\text{mV}$)交于一个阈下的稳定平衡点。此时，膜电压 V_S 的所有轨迹都收敛于这一稳定平衡点，神经元处于静息态，不能产生放电。电场强度的增加不会对激活变量 n 的零线产生影响，但是会使膜电压 V_S 的零线不断向上方移动。当 $E>45.7174\text{mV}$ 时，V_S 零线和 n 零线之间的交点由一个稳定的平衡点变为一个不稳定的平衡点，同时产生一个稳定的极限环。此时，膜电压 V_S 的所有轨迹都收敛于该稳定极限环，所以神经元处于周期放电状态。此过程中，平衡点的去稳定和周期放电的产生是通过亚临界 Hopf 分岔完成。随着电场 E 的进一步增加，V_S 的零线不断上移。当 $E>120.7150\text{mV}$ 时，V_S

和 n 零线之间的交点由一个不稳定的平衡点再次变为一个稳定的平衡点，同时稳定的极限环消失。此时，胞体膜电压 V_S 的所有轨迹都收敛到这个稳定的平衡点，故神经元处于静息态。在此过程中，平衡点的再次稳定和周期放电的消失是通过超临界 Hopf 分岔完成。由于此时的稳定平衡点处于阈上去极化状态，所以两间室神经元呈现去极化静息态，如图 4.5(a)所示。

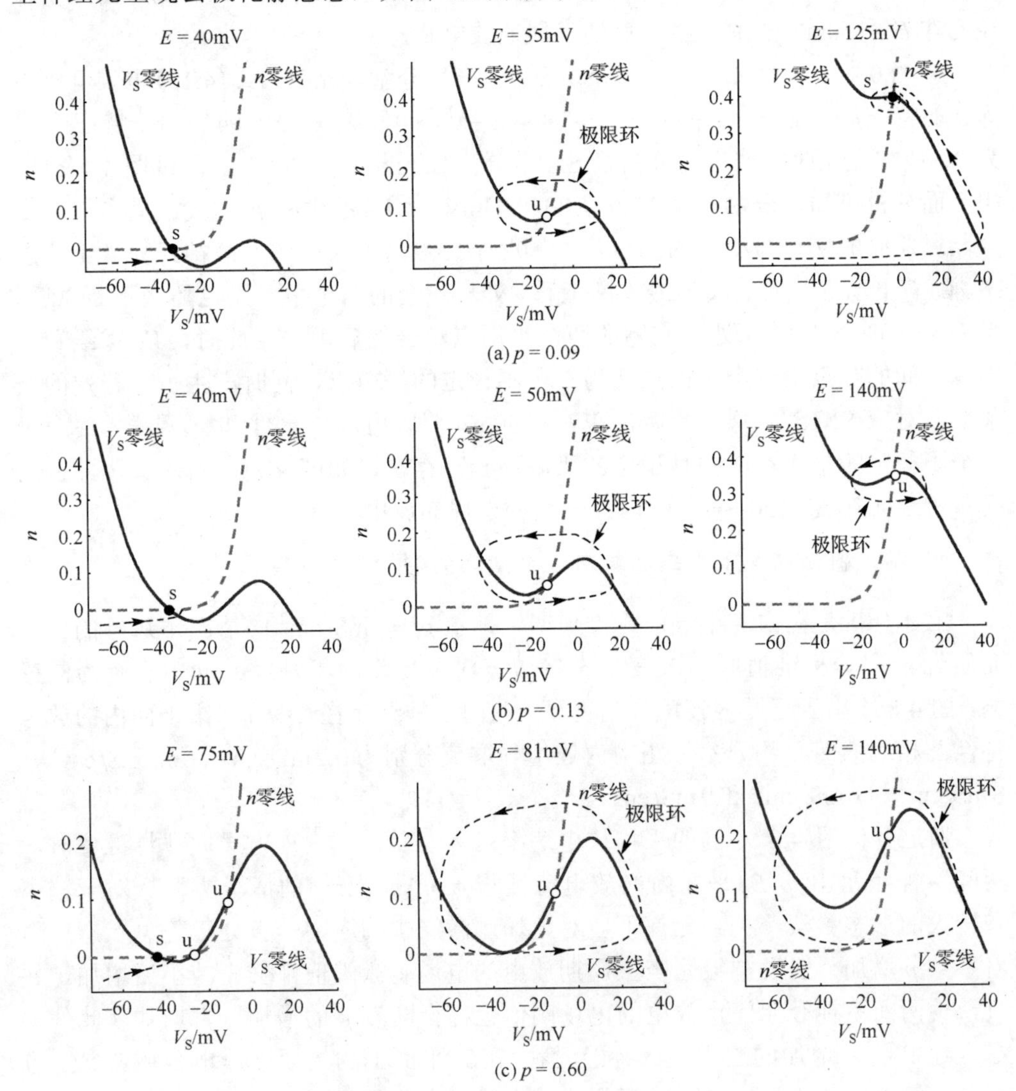

图 4.7　形态参数影响神经元放电起始的相平面分析

$p = 0.13$ 时，神经元在 $E = 45.0620\text{mV}$ 处产生分岔。此时，式(4.15)中雅可比矩阵 J 的特征值为 $\lambda_{1,2} = \pm 0.1827\text{i}$ 和 $\lambda_3 = -2.6973$。由于有一对共轭虚根出现，故神

经元此时产生的分岔是 Hopf 分岔(Izhikevich, 2007)。通过图 4.6(c)可知，此 Hopf 分岔产生时有不稳定极限环出现，所以这个 Hopf 分岔是亚临界 Hopf 分岔。由图 4.7(b)的相平面分析可知，在产生此分岔的过程中，V_S 零线和 n 零线之间的交点由稳定变为不稳定，同时会产生一个稳定的极限环。在 $E \leqslant 150\text{mV}$ 范围内，这个稳定的极限环一直存在，并且不稳定的平衡点不会再次稳定。因此，两间室神经元在 $E \leqslant 150\text{mV}$ 范围内会一直处于周期放电状态。

p=0.60 时，神经元在 $E = 80.0803\text{mV}$ 处产生分岔。此时，式(4.15)中雅可比矩阵 J 的特征值为 $\lambda_1 = -2.6998$ 、$\lambda_2 = 5.4648\text{e}-06 \approx 0$ 和 $\lambda_3 = -0.4584$ 。由于特征值 λ_2 为 0，故神经元此时产生的分岔是 SNIC 分岔(Izhikevich, 2007)。通过图 4.7(c)的相平面分析可知，分岔产生前($E < 80.0803\text{mV}$)，V_S 零线和 n 零线之间有三个交点。最左侧的交点为稳定的结点，右侧两个交点是不稳定的，故神经元处于静息态。随着电场 E 增加，V_S 零线不断上移，处于左侧的两个平衡点也随之不断靠近。当 $E > 80.0803\text{mV}$ 时，处于左侧的两个平衡点结合然后消失。此时，V_S 零线和 n 零线之间的交点由三个平衡点变为一个不稳定的平衡点，同时产生一个稳定的极限环，对应 SNIC 分岔。此后，在 $E < 150\text{mV}$ 范围内，V_S 零线和 n 零线始终交于一个不稳定的平衡点，并且稳定的极限环一直存在，如图 4.7(c)所示。因此，两间室神经元在 $E < 150\text{mV}$ 范围内会一直处于周期放电状态。

4. 不同内连电导下形态参数对放电活动的影响

上述分析是在内连电导取标准值时，即在 $g_c = 1\text{mS/cm}^2$ 的情况下进行的。下面研究 g_c 取非标准值时，改变形态参数 p 对电场作用下神经元动力学行为的影响。图 4.8 给出了不同内连电导情况下，两间室神经元在 (p,E) 二维平面内的放电特性及相应的两参数分岔。图中内连电导取值分别为 $0.2\,\text{mS/cm}^2$ 、$0.5\,\text{mS/cm}^2$ 、$3\,\text{mS/cm}^2$ 、$6\,\text{mS/cm}^2$ 和 $9\,\text{mS/cm}^2$ 。

通过分析图 4.8 左侧的平均放电速率可以发现，当内连电导取非标准值时，两间室神经元在 (p,E) 平面内的放电特性与 $g_c = 1\text{mS/cm}^2$ 的情况类似。对于较小和较大的形态参数，神经元都不会对电场刺激产生响应，一直处于静息状态。随着参数 p 增加，引发神经元产生周期放电的电场刺激阈值都会先减小后增加。并且，使两间室神经元停止放电的电场阈值也都会随着 p 的增加一直增加。此外，在内连电导 g_c 增加的过程中，神经元在 (p,E) 平面上的周期性放电区域会向上方移动。但是，当 $g_c \geqslant 3\,\text{mS/cm}^2$ 后，内连电导的变化将几乎不会对放电区域的位置和形状产生影响。通过分析图 4.8 右侧两参数分岔可知，无论 g_c 取何值时，两间室神经元在 (p,E) 平面内总会产生 SNIC、亚临界 Hopf 和超临界 Hopf 这三种分岔。同时，产生亚临界 Hopf 分岔的形态参数范围会随着 g_c 的增加而逐渐扩大。这些结果表明，内连电导的变化不会定性地改变两间室神经元在 (p,E) 平面上的放电行为以及分岔类型。

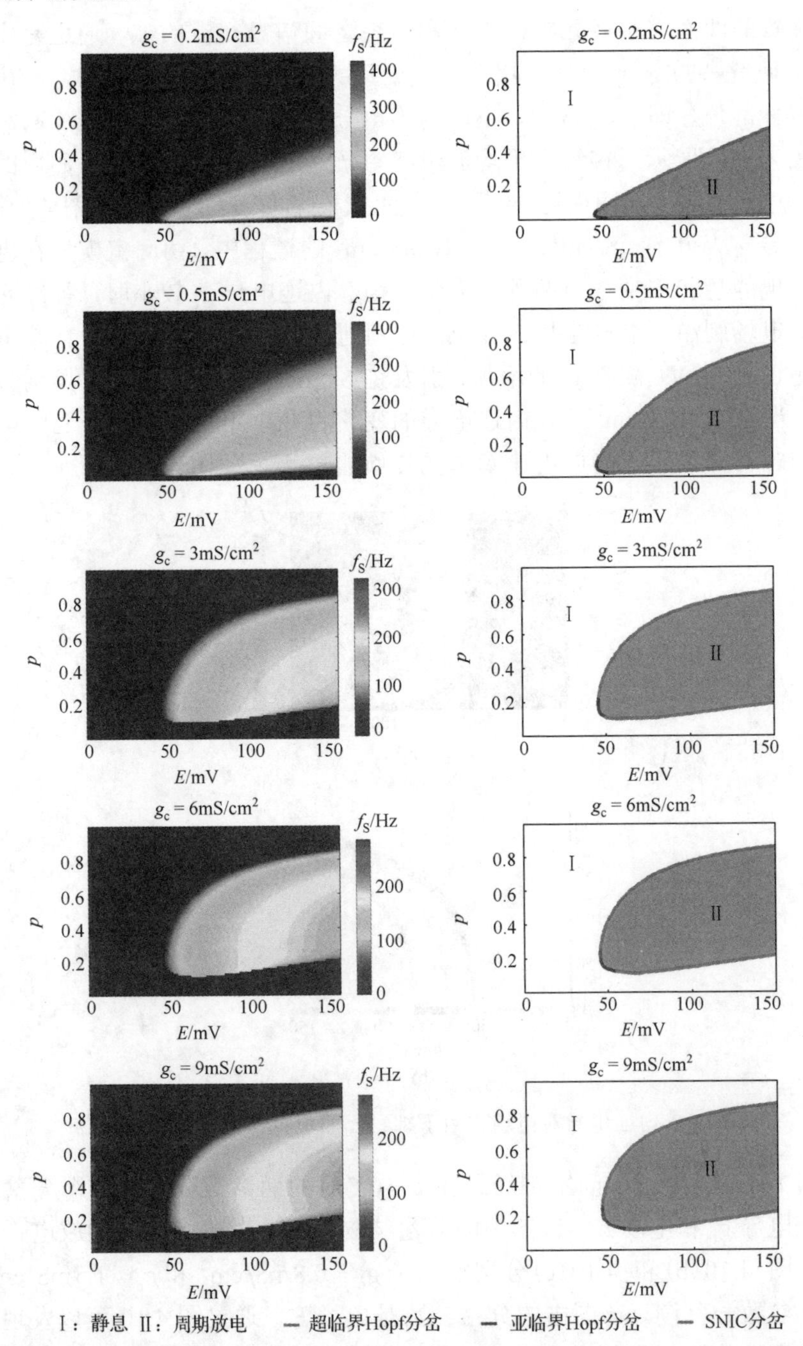

图 4.8　不同内连电导下神经元在 (p, E) 平面的放电特性和两参数分岔(见彩图)

4.2.2　内连电导对放电活动的影响

在本章的两间室神经元中，胞体和树突之间信息交流的唯一通道是内连电导 g_c。下面研究参数 g_c 对电场作用下神经元动力学行为的影响。图 4.9 给出了形态参数 p 取标准值，即 $p = 0.5$ 时，不同内连电导下两间室神经元对电场刺激的响应特性。图 4.9(a)展示了神经元平均放电速率 f_S 在 (g_c, E) 二维参数平面内的变化趋势。图 4.9(b)给出了不同内连电导下，两间室模型的 f_S-E 曲线。由图 4.9(a)所示，在内连电导 g_c 从 0.05mS/cm^2 变化到 10mS/cm^2 的过程中，两间室模型在电场刺激下只能出现静息和周期放电两种动力学行为。内连电导 g_c 较小时，神经元需要较高强度的电场刺激才能产生周期放电。特别地，当 $g_c < 0.18\text{mS/cm}^2$ 时，电场刺激阈值会超过 150mV。随着 g_c 的增加，引发神经元产生周期放电的电场刺激阈值逐渐变小。当 $g_c \geqslant 3\text{mS/cm}^2$ 后，内连电导的变化将几乎不会改变神经元的电场刺激阈值，同时对神经元平均放电速率 f_S 的影响也很小，如图 4.9(b)所示。

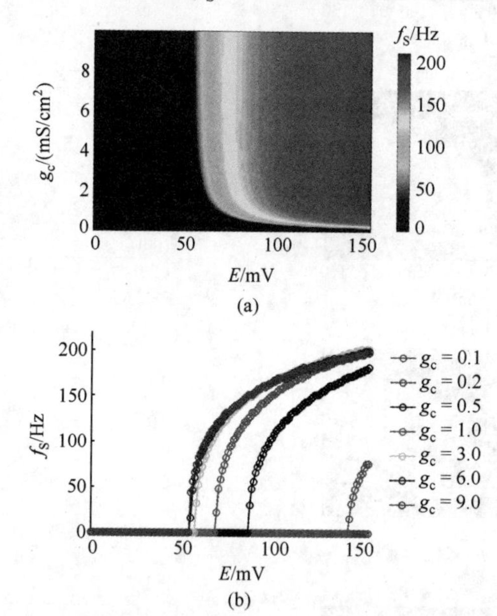

图 4.9　内连电导对电场作用下神经元放电特性的影响(见彩图)

图 4.10(a)给出了两间室神经元在 $p = 0.5$ 时的两参数分岔，两个分岔参数分别是内连电导 g_c 和电场 E。该图中的分岔结构与图 4.9(a)中的周期放电行为是相对应的。图 4.10(b)和 4.10(c)分别给出了 $g_c = 0.8\text{mS/cm}^2$ 和 $g_c = 1.5\text{mS/cm}^2$ 时神经元的单参数分岔图，该图中的分岔参数是电场 E。通过图 4.10 可以发现，当形态参数取标准值时，神经元在 (g_c, E) 参数平面内只能产生 SNIC 分岔，对应的分

岔曲线将参数平面划分为静息和周期放电两个区域。这表明，内连电导 g_c 的变化只能改变产生分岔时的电场刺激阈值，不能改变神经元在电场作用下的分岔类型。

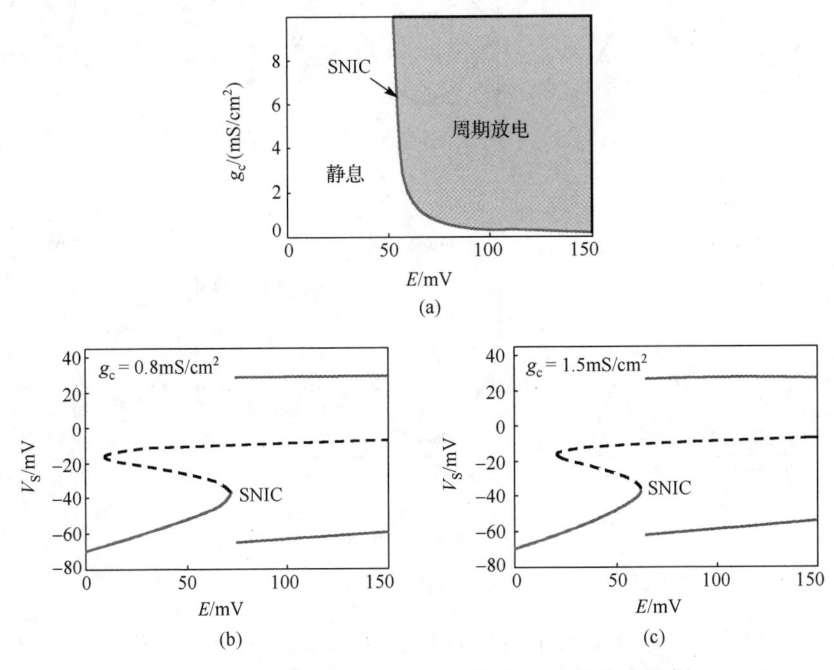

图 4.10　内连电导影响神经元放电起始的分岔分析

下面采用平衡点稳定性和相平面方法进一步研究图 4.10(b)和(c)中两个分岔产生时神经元的相关动力学特性。当内连电导 $g_c = 0.8\text{mS/cm}^2$ 时，两间室神经元在 $E = 72.1409\text{mV}$ 处产生分岔。此时，式(4.15)中雅可比矩阵 J 的特征值为 $\lambda_1 = -2.1405$、$\lambda_2 = 3.1062\text{e}-06 \approx 0$ 和 $\lambda_3 = -0.4371$。由于特征值 λ_2 为 0，故神经元此时出现的分岔是 SNIC 分岔(Izhikevich, 2007)。当内连电导 $g_c = 1.5\text{mS/cm}^2$ 时，两间室神经元在 $E = 62.0812\text{mV}$ 处产生分岔。通过计算可知，此时雅可比矩阵 J 的特征值为 $\lambda_1 = -3.3718$、$\lambda_2 = -3.9529\text{e}-06 \approx 0$ 和 $\lambda_3 = -0.4022$。由于也有一个特征值为 0，故此时两间室神经元产生的也是 SNIC 分岔。通过图 4.11(a)和(b)的相平面分析可知，无论是 $g_c = 0.8\text{mS/cm}^2$ 还是 $g_c = 1.5\text{mS/cm}^2$，在产生分岔前，V_S 零线和 n 零线在相平面上均有三个交点。产生分岔后，处于左侧的两个平衡点结合然后消失。V_S 零线和 n 零线之间的交点由三个平衡点变为一个不稳定的平衡点。同时，(n,V_S) 平面上产生一个稳定的极限环，进而神经元产生周期放电。可见，在内连电导取这两个值下，平衡点的破坏和周期性放电的产生均是通过 SNIC 分岔完成。

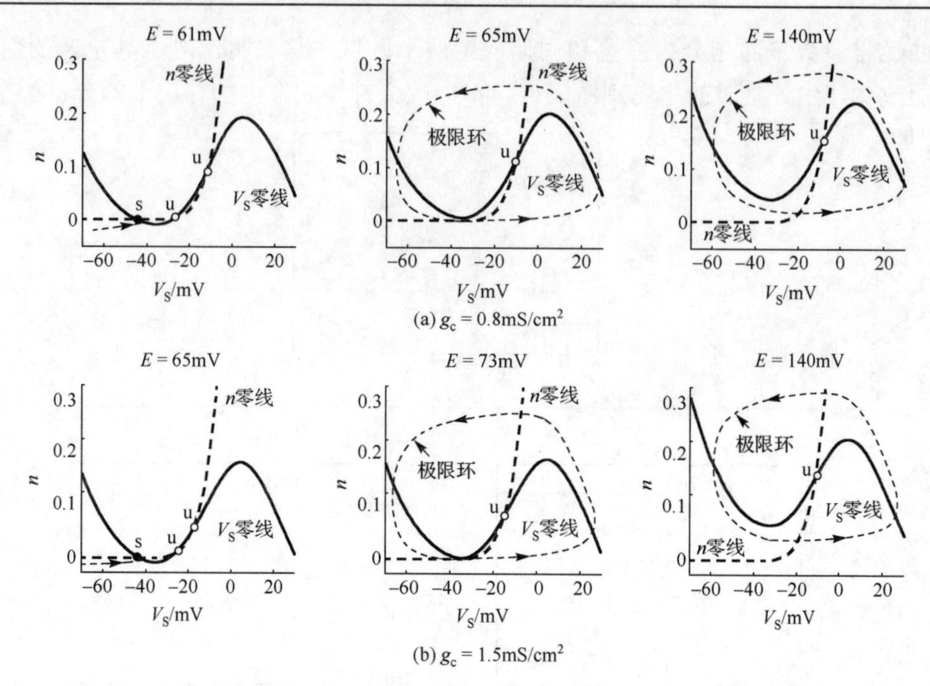

(a) $g_c = 0.8\text{mS/cm}^2$

(b) $g_c = 1.5\text{mS/cm}^2$

图 4.11　内连电导影响神经元放电起始的相平面分析

最后，分析形态参数 p 取非标准值时，内连电导 g_c 对电场作用下神经元动力学行为的影响。图 4.12 和图 4.13 给出了不同形态参数 p 下，两间室神经元在 (g_c,E) 二维平面内的放电特性及相应的两参数分岔。图 4.12 中形态参数 p 取值分别为 0.05、0.1、0.11、0.12 和 0.13，图 4.13 中形态参数 p 的取值分别为 0.14、0.3、0.6、0.8 和 0.9。类似地，当参数 p 取不同值时，神经元在 (g_c,E) 二维平面内可能处于静息态，也可能处于周期放电状态。

通过分析图 4.12 和图 4.13 中的平均放电速率可以发现，形态参数不同时，两间室神经元在 (g_c,E) 二维平面内的动力学行为有明显的区别。当 $p<0.3$ 时，神经元在 (g_c,E) 平面内的放电区域会随形态参数 p 的增加而逐渐向上方扩大。对于一些极小的形态参数(如 $p=0.05$、0.1、0.11 或 0.12)，神经元在较高的内连电导下不会对电场刺激产生响应。然而，对于一些较大的形态参数(如 $p=0.13$ 或 $p=0.14$)，神经元在较高的内连电导下可以对超过刺激阈值的电场产生响应，然后在 $E\leqslant150\text{mV}$ 范围内神经元会停止放电。当 $p>0.3$ 后，两室神经元在 (g_c,E) 平面内的放电区域会随参数 p 的增加而逐渐向右侧移动，并且会逐渐减小。当 $p=0.9$ 时，两间室神经元在 $0\text{mV}\leqslant E\leqslant150\text{mV}$ 范围内不会产生动作电位。此外，形态参数不同时，引起神经元产生周期放电或停止周期放电的刺激阈值也不同。

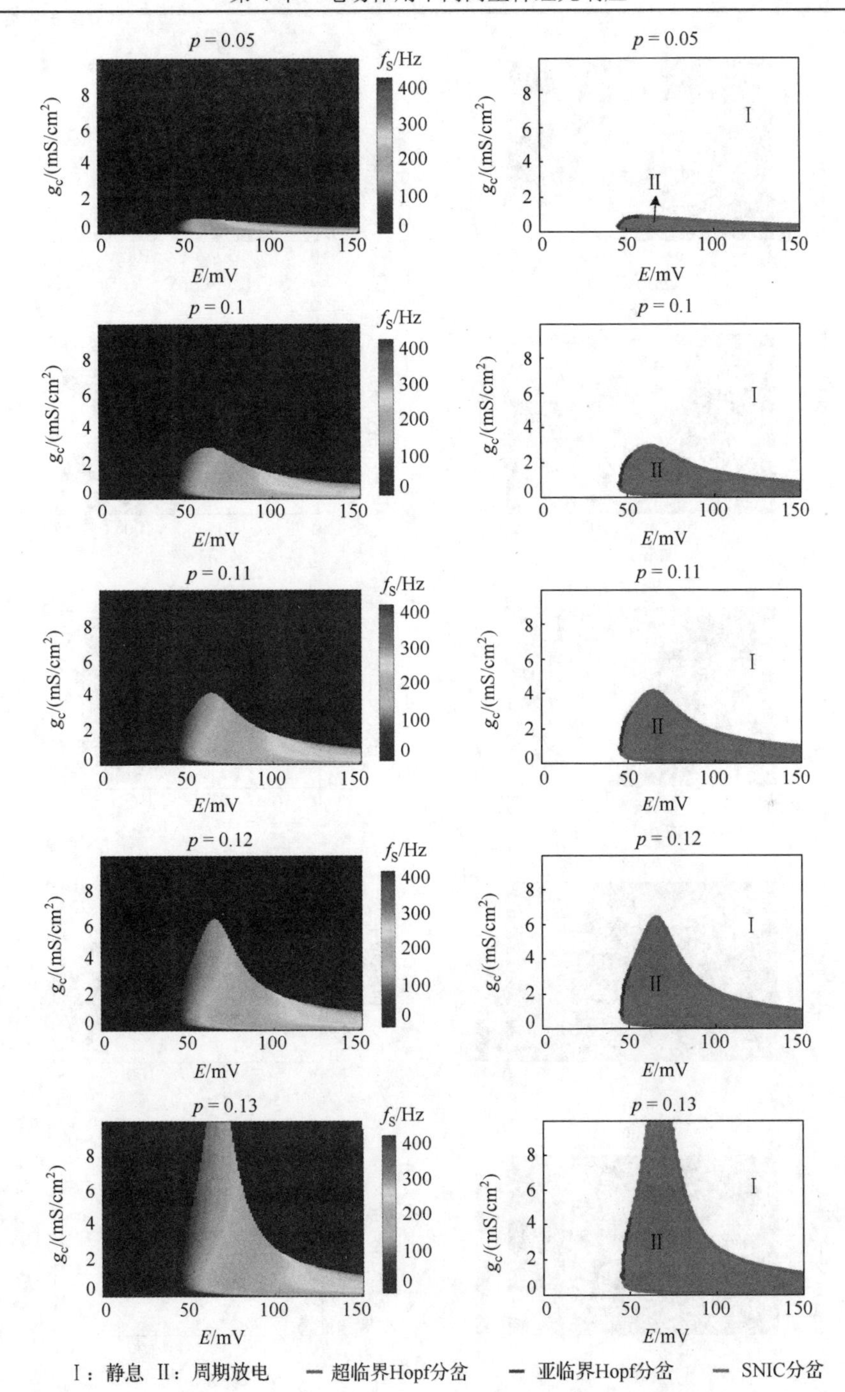

图 4.12　不同形态参数下神经元在 (g_c, E) 平面的放电特性和两参数分岔 (I) (见彩图)

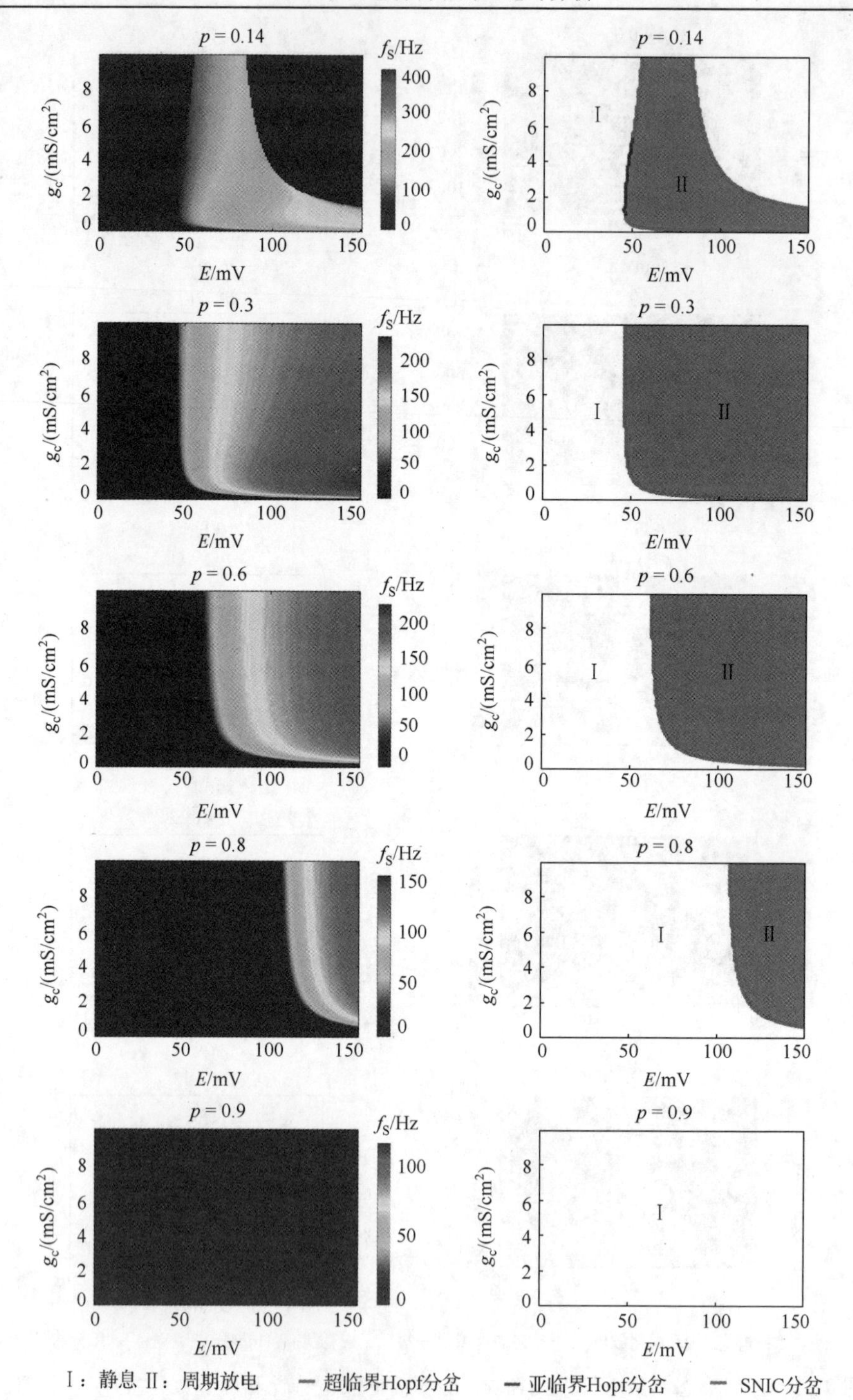

图 4.13　不同形态参数下神经元在(g_c, E)平面的放电特性和两参数分岔(II)(见彩图)

通过图 4.12 和图 4.13 中的两参数分岔可以看出，当形态参数 $p<0.14$ 时，神经元在 (g_{c},E) 平面内会产生 SNIC、超临界 Hopf 和亚临界 Hopf 三种类型的分岔。此时，SNIC 分岔和亚临界 Hopf 分岔曲线会随参数 p 增加而逐渐扩大。当参数 $p\geqslant 0.3$ 时，亚临界 Hopf 分岔和超临界 Hopf 分岔在 (g_{c},E) 参数平面内消失。此时，两间室神经元在 $E\leqslant 150\mathrm{mV}$ 范围内只会产生 SNIC 分岔。

上述结果表明，形态参数 p 不仅能够定性地改变神经元在 (g_{c},E) 平面内的放电行为，还能影响其在 (g_{c},E) 平面内的分岔结构。形态参数的微小变化会导致神经元动力学行为发生明显的改变。

4.2.3　生物物理机制

4.2.1 节和 4.2.2 节从非线性动力系统角度，研究了改变形态参数和内连电导对电场刺激下神经元放电特性和分岔行为的影响。实际上，神经元能够呈现不同的放电模式与细胞膜上的离子电流活性密切相关。离子电流方向不同，对膜电压的作用不同。流向胞内的电流对膜电压起去极化作用，而流向胞外的电流对膜电压起超极化作用。研究表明(Izhikevich, 2007; Prescott et al., 2008a, 2008b; Zeberg et al., 2010)，这些反向离子电流在阈下电位的相对激活特性与神经元动力学分岔之间有着密切的关系。例如，流向细胞外的电流在阈下电位处越容易激活或者强度相对较大时，越有利于 Hopf 分岔产生；流向细胞内的电流在阈下电位处越容易激活或者强度相对较大时，越有利于 SNIC 分岔产生。神经元的稳态膜电流与膜电压之间的关系可以定性地反映离子电流在阈下电位的相对激活特性。这一节在不同形态参数 p 和内连电导 g_{c} 下，定性地研究离子电流阈下激活特性与神经元动力学行为之间的关系，进而揭示电场调制神经电活动的生物物理机制。

当 $E=0\mathrm{mV}$ 时，由方程组(4.9)中的 $f_2=0$ 和 $f_3=0$ 可得，稳态的 n 和 V_{D} 为

$$\begin{cases} n=n_{\infty}(V_{\mathrm{S}}) \\ V_{\mathrm{D}}=\dfrac{(1-p)g_{\mathrm{DL}}E_{\mathrm{DL}}+g_{\mathrm{c}}V_{\mathrm{S}}}{g_{\mathrm{c}}+(1-p)g_{\mathrm{DL}}} \end{cases} \tag{4.16}$$

由于树突仅含有被动的漏电流，所以下面只研究胞体间室的稳态膜电流 I_{SS} 与其膜电压 V_{S} 之间的关系(即 I_{SS}-V_{S} 曲线)。稳态膜电流 I_{SS} 是胞体细胞膜上所有电流的总和，即

$$I_{\mathrm{SS}}=I_{\mathrm{Na}}+I_{\mathrm{K}}+I_{\mathrm{SL}}+I_{\mathrm{SO}} \tag{4.17}$$

其中，$I'_{\mathrm{Na}}=\overline{g}_{\mathrm{Na}}m_{\infty}(V_{\mathrm{S}})(V_{\mathrm{S}}-E_{\mathrm{Na}})$ 为 Na^{+}稳态电流，$I_{\mathrm{K}}=\overline{g}_{\mathrm{K}}n_{\infty}(V_{\mathrm{S}})(V_{\mathrm{S}}-E_{\mathrm{K}})$ 为 K^{+}稳态电流，$I_{\mathrm{SL}}=g_{\mathrm{SL}}(V_{\mathrm{S}}-E_{\mathrm{SL}})$ 为稳态漏电流。对于 Na^{+}和漏电流来说，它们的稳态电流和瞬时电流相同。I_{SO} 表示由胞体间室流向树突间室的内部电流。当考虑神经

元形态参数 p 时，I_{SO} 的表达式为

$$I_{SO}=-\frac{g_c(V_D-V_S)}{p} \tag{4.18}$$

将式(4.16)中 V_D 的稳态表达式代入式(4.18)可得

$$I_{SO}=-\frac{g_c g_{DL}(1-p)(E_{DL}-V_S)}{p\left[g_c+(1-p)g_{DL}\right]} \tag{4.19}$$

对于胞体而言，内部电流 I_{SO} 是一个流向膜外的电流。

由 Na^+ 电流、K^+ 电流和漏电流的表达式可知，三者均与形态参数 p 和内连电导 g_c 无关。因此，参数 p 和 g_c 的变化不会影响胞体膜上 Na^+、K^+ 和漏电流在阈下电位的激活特性。图 4.14 给出了三者在阈下电位处与膜电压 V_S 之间的关系。通过该图可见，与流向胞体膜外的 I_K 相比，流向胞体膜内 I_{Na} 的激活电压更低，因此它在阈下电位更容易激活。

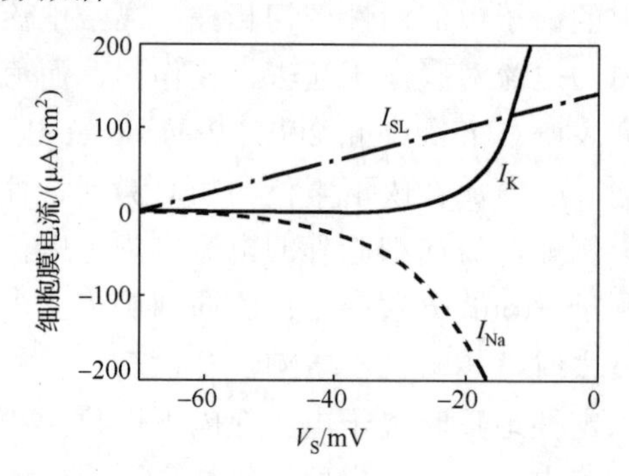

图 4.14　胞体间室 Na^+、K^+ 和漏电流的阈下激活特性

与上述三个离子电流不同，由式(4.19)可知形态参数 p 和内连电导 g_c 的改变会影响内部电流 I_{SO} 在阈下电位的激活特性，如图 4.15(a)和(b)所示。形态参数 p 较小时(如 $p=0.09$)，由胞体间室流出的电流 I_{SO} 在阈下电位处强度很大。此时，虽然流向膜外 I_K 的激活电压高于 I_{Na}，但是高强度的 I_{SO} 使得流向膜外的总电流在阈值电压附近强于流向膜内的 I_{Na}。由图 4.15(c)可知，$p=0.09$ 时胞体间室的 I_{SS}-V_S 曲线是单调的，不存在局部最大值。故形态参数较小时，两间室神经元在电场作用下产生 Hopf 分岔(Prescott et al., 2008a, 2008b)。形态参数 p 的增加会引起 I_{SO} 强度大幅度减小，但是不会改变流向胞体膜内 I_{Na} 的强度。I_{SO} 强度减小会导致阈值电压附近流向胞体膜外的总电流强度变弱。当参数 p 增加到一定程度后，神经元的 I_{SS}-V_S 曲线由单调变为非单调，出现局部最大值，如图 4.15(c)中 $p=0.3$ 所示。这说明，此时流向胞体膜内的 I_{Na} 在阈值电压附近能够平衡流向胞体外的离子电流。在这种情况下，I_{Na} 能够驱动膜电压 V_S 缓慢地通过放电阈值，

进而产生低频的周期放电。于是，两间室神经元在电场作用下的动力学分岔由Hopf变为SNIC分岔(Prescott et al., 2008a, 2008b)。当形态参数进一步增加时，内部电流I_{SO}的强度会继续减小，如图4.15(a)中$p=0.6$所示。这样，流向胞外的电流在阈值电压附近会变得更弱。在这种条件下，I_{Na}在阈下竞争中的主导地位会进一步加强。因此，神经元的I_{SS}-V_S曲线继续保持非单调，如图4.15(c)中$p=0.6$所示。于是，两间室神经元在电场刺激下继续产生SNIC分岔。

由图4.15(b)可知，随着内连电导g_c的增加，由胞体间室流出的I_{SO}强度不断增大。但与形态参数p不同的是，此时I_{SO}增大的幅度特别小。通过图4.15(d)可以发现，内连电导g_c取不同值时，胞体的I_{SS}-V_S曲线始终是非单调的，并且总是存在局部最大值。这说明参数g_c的变化不能定性地改变反向离子电流在阈下电位的非线性竞争关系。因此，内连电导g_c改变时神经元在电场刺激下只能产生SNIC分岔。

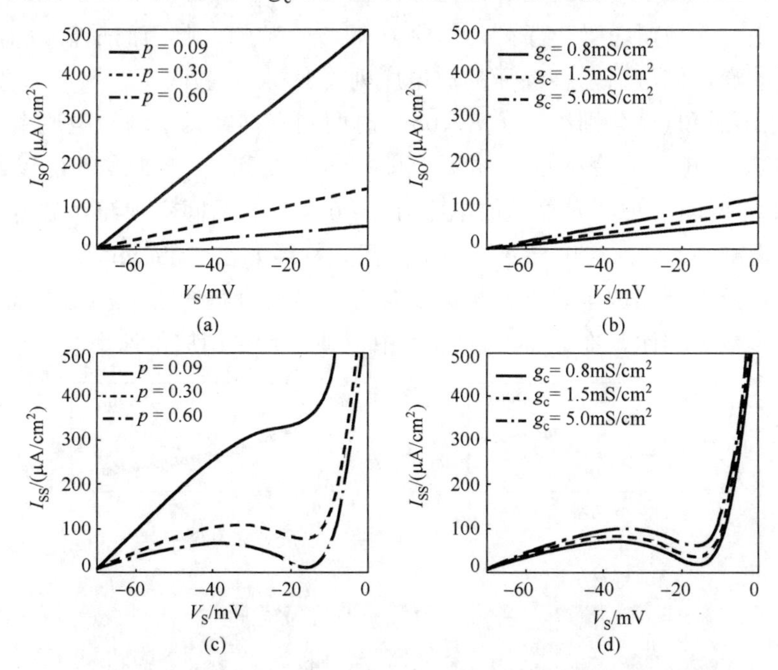

图4.15　形态参数和内连电导对内部电流和稳态净电流阈下特性的影响

通过上述分析可以得出，形态参数p和内连电导g_c是通过改变胞体和树突之间的内部电流强度影响两间室神经元在电场作用下的放电特性和动力学分岔。

4.3　阈下电场对神经电活动的调制

4.2节主要分析了两间室神经元在阈上电场单独作用下的动力学行为。这些电场强度很大，足以触发静息态神经元产生动作电位。实验和临床研究（Wagner et al., 2007; Peterchev et al., 2012; Zaehle et al., 2011; Zhang et al., 2014; 彭丹涛等, 2012; Radman et al., 2007; Reato et al., 2010）表明阈下电场也能够明显地调制脑活动。尽管这些弱电场不能直接触发神经元产生动作电位，但是却能对兴奋神经元的放电时刻和放电频率产生扰动。弱电场对神经元放电活动的这些微小调制作用会被激活的神经网络放大，进而影响脑功能。下面采用简化的两间室模型研究阈下弱电场对神经元放电频率和放电时刻的调制作用，并且分析形态参数 p 和内连电导 g_c 对阈下电场神经调制效应的影响。

为了使神经元处于兴奋状态，本节将胞体间室的突触输入电流设为 $I_S = I_{DC} + I_{noise}$。其中，直流偏置 $I_{DC} = 48.5\mu A/cm^2$，在该电流刺激下神经元能够产生周期放电。为了更接近实际电生理，将噪声 I_{noise} 作为附加项引入到突触电流中。I_{noise} 是一个高斯白噪声序列，均值为 0、方差为 1。噪声的幅值为 $2\mu A/cm^2$。引入这样的噪声信号后，神经元的放电序列会变得不规则。

图 4.16(a)和(b)分别给出了 $E = 0mV$ 时两间室神经元平均放电速率 f_S 随形态参数 p 和内连电导 g_c 变化的关系图，即 f_S-p 曲线和 f_S-g_c 曲线。可以发现，当 $p < 0.08$ 时，两间室神经元停止放电；当 $p \geqslant 0.08$ 时，两间室神经元放电速率 f_S 随 p 的增加而减小。对内连电导 g_c 来说，两间室神经元在 $0 mS/cm^2 < g_c \leqslant 10 mS/cm^2$ 范围内一直处于周期放电状态，并且放电速率 f_S 也随着参数 g_c 的增加而减小。但是与形态参数 p 相比，在 g_c 增加的过程中，神经元平均放电速率 f_S 下降更快。

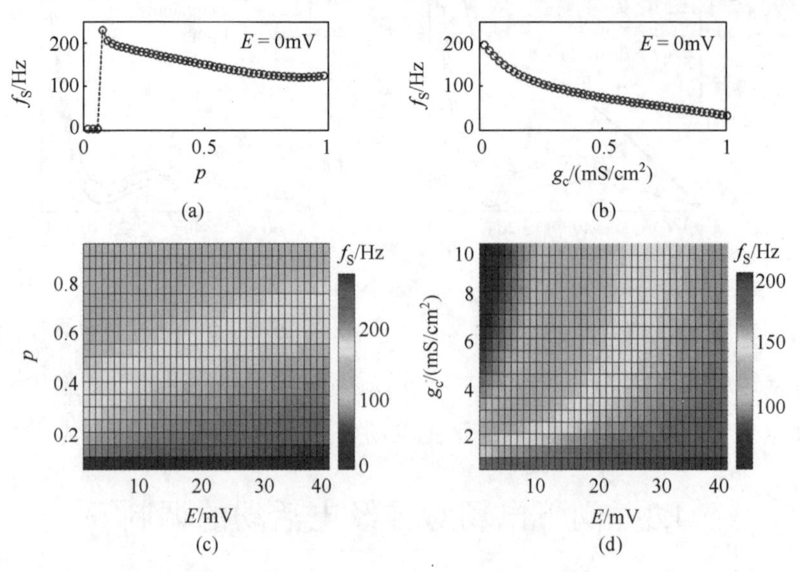

(a)　(b)

(c)　(d)

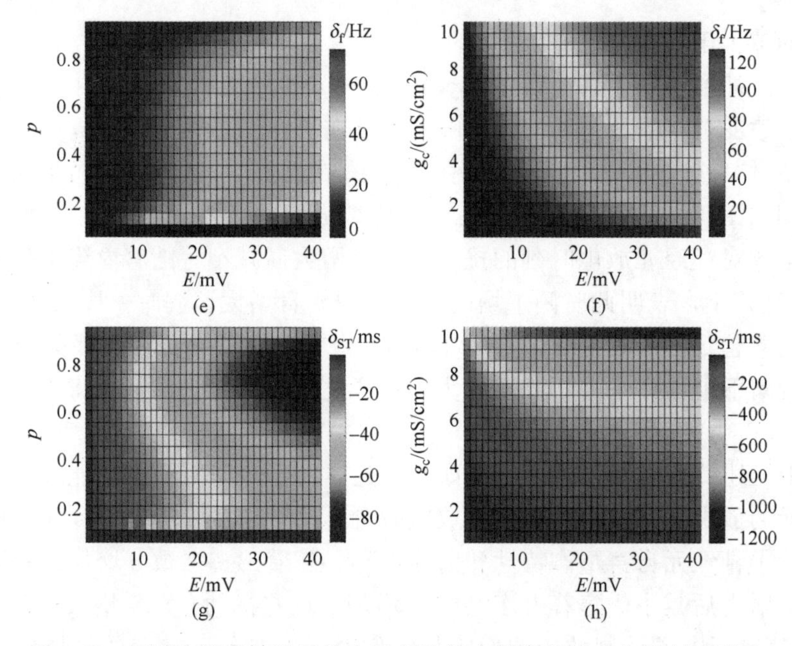

图 4.16　阈下电场对神经元放电时刻和放电频率的扰动作用(见彩图)

由于负电场抑制神经元放电，所以此处只关注阈下正电场的神经调制效应，对应的阈下电场范围为 $0\text{mV} < E \leqslant 40\text{mV}$。由 3.2 节的分析可知，在这些电场单独刺激下两间室神经元在 p 和 g_c 变化范围内不会产生动作电位。图 4.16(c)(d)分别给出了阈下电场调制下，两间室神经元在 (p,E) 平面和 (g_c,E) 平面内的平均放电频率。为了刻画阈下电场对兴奋性神经元的放电速率和放电时刻的影响，引入评价指标 δ_f 和 SST。δ_f 定义为阈下电场刺激下与无阈下场刺激时神经元的 f_S 之差，单位是 Hz。图 4.16(e)和(f)给出了不同强度的阈下电场对放电速率产生的扰动 δ_f。SST 的定义与 2.4 节类似，即阈下场刺激下与无阈下场刺激时神经元的放电时刻之差，单位为 ms。它可以体现阈下电场对神经元每个动作电位发放时刻的扰动。SST<0ms 表示放电时刻被提前，SST>0ms 表示放电时刻被延迟。图 4.16(g)和(h)给出了阈下电场引起的 100 个动作电位的 SST 的平均值 δ_{ST} 在两参数平面内的变化趋势。

通过图 4.16(c)和(d)可以发现，神经元平均放电速率 f_S 随着阈下电场强度的增加而增大。对于一些较小的形态参数(如 $p = 0.05$)，引入阈下电场后神经元仍然不会产生动作电位。通过图 4.16(e)和(f)可以发现，阈下电场对放电频率产生的扰动 δ_f 在 (p,E) 平面和 (g_c,E) 平面内总是正值，说明阈下正电场的加入会增加神经元的放电速率。随着形态参数 p 的增加，阈下电场对放电频率的扰动 δ_f 先增加后较小。但是，随着内连电导 g_c 的增加，δ_f 会一直增加。此外，扰动 δ_f 在 (g_c,E)

平面内的值大于其在(p,E)平面内的值。

为了使神经元处于兴奋状态，本节引入了正的突触电流I_S，并且I_S在刺激过程中不会改变自身的相位。所以，阈下电场在增加f_S的同时，会提前每个动作电位的产生时刻。因此，由阈下电场引起的δ_{ST}在(p,E)平面和(g_c,E)平面内总是负值，如图 4.16(g)和(h)所示。随着形态参数p增加，δ_{ST}会先减小后增加，这说明阈下电场对神经元放电时刻的扰动作用先增大后减小。随着内连电导g_c增加，δ_{ST}会一直减小，表明此时阈下场的扰动作用一直增大。同时，扰动δ_{ST}在(g_c,E)平面内的数值远小于在(p,E)平面内的值。此外，如果两间室神经元自身放电速率很低，阈下电场产生的δ_f相对较大，这样它对放电时刻的扰动将会特别大，如图 4.16(f)和(h)所示。

基于上述仿真结果，可以得出如下结论：阈下正的直流电场能够增加兴奋状态神经元的放电速率，同时提前其放电时刻；阈下电场对放电时刻和放电频率的扰动依赖于神经元自身形态特性和内连电导。随着形态参数p增加，阈下电场的扰动会先增大后减小。随着内连电导g_c增加，这些扰动会一直增大。可见，参数p和g_c对阈下电场调制效应的影响与它们对触发神经元放电的电场阈值的影响一致。

4.4 本章小结

本章构建了电场作用下简化的两间室神经元模型。这个模型不仅能够体现电场引起的空间极化效应，还包含一个刻画神经元形态特性的参数。二者均是影响电场作用下神经元响应的关键因素。基于构建的简化模型，研究了阈上电场作用下神经元的响应特性及放电起始机制，刻画了阈下电场对神经电活动的调制作用。同时，分析了形态参数和内连电导对电场调制效应的影响机理。

在电场作用下，两间室神经元会呈现两种不同性质的动力学行为，分别是静息态和周期放电状态。根据神经元平衡点的数目以及胞体膜电压水平，还可以将静息态进一步分为三类：超极化静息态、可响应静息态和去极化静息态。图 4.17 详细地总结了两间室神经元在电场刺激下出现的这四种动力学行为。

(1) 超极化静息态。在负向电场刺激下，神经元在膜电压V_S和恢复变量n构成的相平面上只有一个稳定的阈下平衡点，膜电压V_S的轨迹最终收敛于该平衡态。由于这一平衡点处于阈下超极化电位，所以两间室神经元在这种情况下几乎不能对外部刺激产生响应。

(2) 可响应静息态。在比较弱的正向电场刺激下，胞体膜电压V_S被去极化，但是神经元仍处于静息态。如果正电场强度很小，神经元在相平面上只有一个稳定的平衡点。如果正电场强度相对较大，神经元在相平面上有三个平衡点，最左侧为稳定的结点，右侧两个是不稳定的。与情况(1)相比，此时神经元更接近系统的分岔点，于是更容易兴奋。这种情况下，两间室神经元在外部刺激下能够比较容易地产生动作电位。

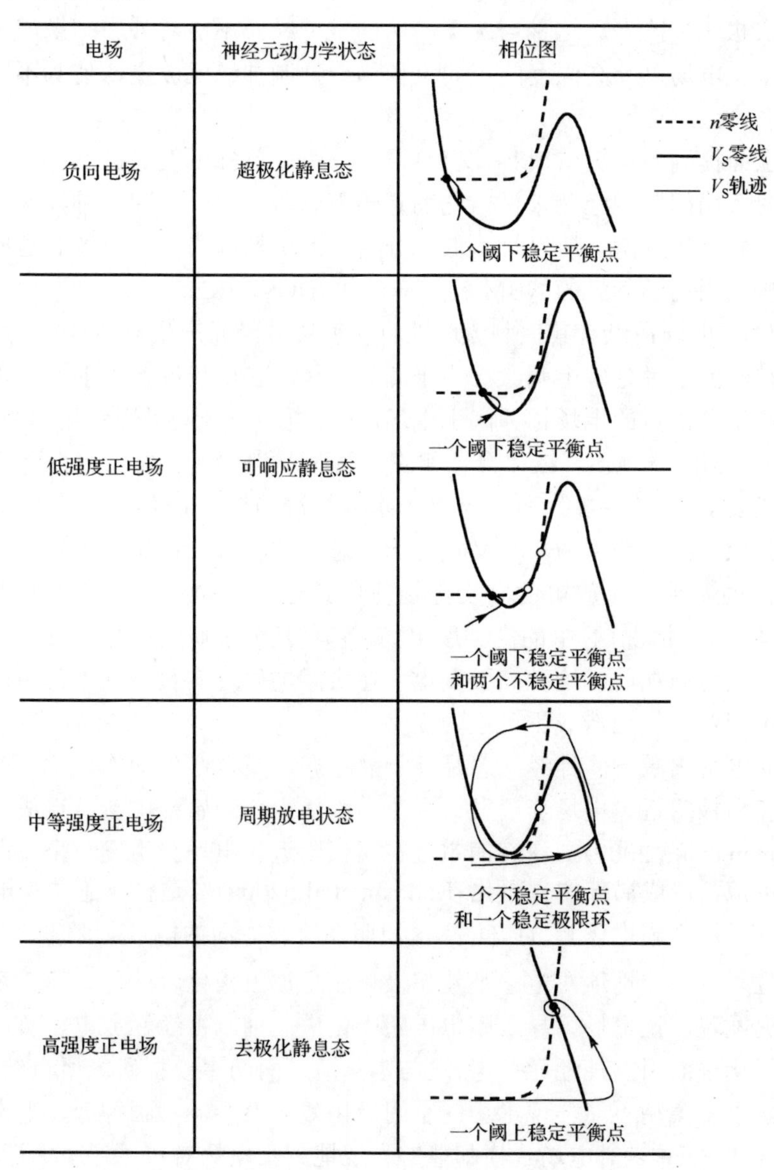

电场	神经元动力学状态	相位图
负向电场	超极化静息态	一个阈下稳定平衡点
低强度正电场	可响应静息态	一个阈下稳定平衡点
		一个阈下稳定平衡点和两个不稳定平衡点
中等强度正电场	周期放电状态	一个不稳定平衡点和一个稳定极限环
高强度正电场	去极化静息态	一个阈上稳定平衡点

图 4.17　简化两间室神经元在电场作用下动力学行为总结

(3)周期放电状态。在中等强度的正向电场刺激下，神经元在相平面上产生一个不稳定的平衡点和一个稳定的极限环。此时，胞体膜电压 V_S 最终都收敛至极限环吸引子，所以两间室神经元处于周期放电状态。

(4)去极化静息态。在高强度的正向电场刺激下，如果模型的形态参数较小，神经元在相平面上只有一个稳定的阈上平衡点。此时，胞体膜电压 V_S 最终收敛到该阈上的去极化平衡态。这种情况下，两间室神经元不能对外部刺激产生响应。

可见，负电场以及高强度的正向电场均会抑制神经元放电，使其不能或很难对外部刺激产生响应。

对于上面提到的情况(1)和情况(2)，电场不能单独触发静息态神经元产生动作电位。对于两间室神经元来说，它们是阈下刺激。由于两间室神经元在此类电场作用下不能产生分岔，所以可将低于分岔点的电场称为阈下电场。这些低强度电场与一些采用弱场刺激的 NBM 相对应，如 tDCS、tRNS、LFMS、DTMS 等。对于情况(3)，电场在没有其他刺激时能直接触发神经元产生周期放电，所以它们对两间室神经元来说是阈上刺激。由于此时神经元在电场刺激下能够产生分岔，所以可将高于分岔点的电场称为阈上电场。这种电场与一些采用强场刺激的 NBM 相对应，如 TMS、rTMS、ECT 等。此外，无外部刺激时，神经元胞体的静息电位较低。例如，当形态参数和内连电导都取标准值时，胞体的静息电压大约为 –69.6mV，树突的大约为 –69.8mV。由于静息电位与阈值电压相差较大，所以本章中引发两间室神经元放电的阈上电场值比其他模型和实验研究中的电场值稍大。特别地，对于情况(4)中的高强度电场，它只是为了研究模型动力学行为而在计算仿真中人为施加的。这种高强度电场在实际电生理实验中并不常用，因为在其刺激下可能对神经元造成不可逆的损害。

在负向电场刺激下，神经元总是处于静息态、不会产生动作电位。此时，胞体间室处在阳极附近。电场会引发一个流向胞体内部的感应电流，造成局部的超极化(Radman et al., 2009)。树突间室处在阴极附近，电场会引发一个流向树突外部的感应电流，造成局部的去极化(Radman et al., 2009)。这样，胞体膜电压 V_S 便处于一个低于树突膜电压 V_D 的电位。这说明在给定方向的电场刺激下，胞体相对于树突的位置可以定性地决定它是被超极化还是被去极化。此外，第 3 章采用单室模型研究发现，正电场会导致膜电压超极化进而抑制神经元放电，负电场会使膜电压去极化进而引发神经元放电。这与本章通过两间室模型研究所得结论一致。可见，虽然单室模型不能体现电场的空间极化效应也不能刻画神经元形态特性，但是采用“胞外机制”对电场建模却能够直观地刻画电场对离子通道的调制作用，并且通过这种调制作用而产生的对膜电压的影响与基于极化效应所得结论一致。

低于分岔点的阈下正电场在没有其他刺激的情况下不能使两间室神经元产生动作电位，只会对膜电压产生微小的去极化扰动。即使这样，临床上还是应用这些阈下电场治疗和诊断一些神经精神疾病，如 tDCS、tACS、LFMS 和 DTMS 技术。于是，便产生一个关键问题：阈下电场如何调制神经系统活动以及脑功能。实验和模型研究(Radman et al., 2007; Reato et al., 2010)发现由阈下场引起的微小去极化扰动可以调制兴奋状态神经元的编码活动。这些调制作用会被激活状态的脑网络不断放大，进而影响脑功能。本章采用简化的两间室模型刻画了阈下电场对神经元放电时刻和放电频率的调制作用，分析了神经元形态特性和内连电导对这些调制效应的影响。这些模型仿真研究与电生理实验密切相关，有助于揭示弱电场调制脑活动的内在机制。

高于分岔点的阈上电场可以触发神经元放电。Radman 等人(2009)基于其实验研究提出，虽然中等强度的正向电场可以直接触发神经元产生动作电位，但是其内在机制依然是未知。利用简化的两间室模型，本章详细地刻画了电场由阈下变为阈上过程中出现的分岔行为。这有助于了解阈上电场与神经电活动之间相互作用的动力学机制。此外，Radman 等人(2009)还发现引发不同神经元产生动作电位的电场刺激阈值不同。对 V/VI 层锥体细胞来说，电场刺激阈值范围是 28～79mV/mm；对中间神经元来说，电场刺激阈值范围是 44～79mV/mm；而对 II/III 层锥体细胞则需要更高强度的电场刺激才能放电，它的电场刺激阈值范围是 70～104mV/mm。此外，即使是同一类型的神经元，它们的电场刺激阈值也不是一个固定值。于是，另一个关键问题便产生了：对于一个给定的神经元，如何确定其电场刺激阈值。根据本章的分岔分析，可将引起神经元产生周期放电的分岔值作为两间室模型的电场刺激阈值。通过这种方法，可以精确地确定一个生物物理模型的阈下场和阈上场，尤其是处于刺激阈值附近的中等强度电场。另外，本章所提的两间室模型结构简单，其树突间室是被动的，并且胞体间室只含有两个简单的主动离子电流。所以，该两间室模型在电场刺激下不能产生混沌放电和簇放电等行为。即使这样，这一简化模型依旧能够详细地刻画不同形态特性和内连电导下，电场调制神经元放电活动的动力学机制和相应的生物物理机制。

为了刻画形态参数 p 和内连电导 g_c 对电场神经调制效应的影响，本章给出了两间室神经元在 (p,E) 和 (g_c,E) 两个参数平面内的动力学特性。在 (p,E) 参数平面内，两间室神经元呈现出类似的动力学特性。在不同 g_c 情况下，神经元均会出 SNIC、亚临界 Hopf 和超临界 Hopf 三种分岔。这三种分岔将 (p,E) 参数空间划分为周期放电区域和静息区域。对于较高和较低的形态参数，神经元不会对电场刺激产生响应。在简化两间室模型中，形态参数 p 刻画的是胞体所占的面积比例。这意味着，当 p 接近 0 时，胞体的面积接近于 0，此时两间室模型中只剩下一个树突间室；当 p 接近 1 时，树突的面积接近于 0，此时两间室模型中只剩下一个胞体间室。这两种情况下，由于神经元只含有一个间室，所以电场产生的去极化和超极化相互抵消，净极化效应为 0。因此，两间室模型不能对电场刺激产生响应。通过这些仿真结果可以预测，当神经元胞体和树突不对称排列时，其对电场刺激将会比球形结构的神经元更加敏感。此外，形态参数改变时，两间室神经元在电场刺激下的分岔会由 SNIC 转化为 Hopf 分岔。Izhikevich(2007)曾提出产生 SNIC 分岔的神经元对应的是一个积分子，而产生 Hopf 分岔的神经元对应的是一个共振子。具有共振特性的神经元存在一个共振频率，但是具有积分特性的神经元不存在这一共振频率。当神经元是共振子时，会对处于共振频率附近的阈下振荡特别敏感。因此，本章的两间室模型还可以进一步用来研究阈下 NBM 技术的相关机制，例如 tACS、tRNS、LFMS 或 DTMS。

另外，形态参数 p 改变时，触发神经元产生周期放电的最小电场强度也随之变化，表明形态参数能够决定神经元的电场刺激阈值。Pashut 等人(2011, 2014)通过 Neuron 软件仿真和电生理实验研究发现，由磁场引发的感应电场的刺激阈值也严重依赖于神经元的形态参数，这与本章所得结论一致。根据这些研究，可以推断在同一均匀电场刺激下，不同神经元产生不同响应的原因可能是由它们自身形态特性不同导致。因为形态特性不同，神经元的电场刺激阈值不同。这样，同一电场可能引起某些形态神经元产生阈上响应，然而在另外一些形态神经元上可能引起阈下响应。这些发现有助于更好地解释为何相同的电场可以在不同的神经元上引发不同的响应。

在 (g_c,E) 参数平面内，形态参数 p 的变化会引起两间室模型产生十分不同的响应行为。当形态参数 p 较小时，神经元在 (g_c,E) 平面内的放电区域会随参数 p 增加而逐渐扩大。但是当参数 p 较大时，神经元的放电区域随 p 增加而减小。改变形态参数 p 不仅影响神经元在电场刺激下的响应行为，还会改变神经元的两参数分岔结构和电场刺激阈值。当参数 p 较小时，两间室模型在 (g_c,E) 平面内产生三种类型分岔，分别是 SNIC、亚临界 Hopf 和超临界 Hopf 分岔。随着参数 p 增加，亚临界和超临界 Hopf 分岔消失，神经元只能产生 SNIC 分岔。这些研究表明，电场对神经元电活动的调制作用依赖于神经元自身形态特性和间室之间的内连电导，尤其是形态特性。前期实验(Bikson et al., 2004; Radman et al., 2009; Svirskis et al., 1997)和模型(Svirskis et al., 1997; Tranchina et al., 1986; Nagarajan et al., 1993)研究发现，神经元形态特性在电场的极化效应中起着关键性作用，这与本章采用简化两间室模型研究所得结论一致。

综上所述，本章主要刻画了神经元形态特性在阈上场和阈下场调制中的重要性。研究结果从放电起始过程的角度阐述了电场对神经元放电活动的调制机制。通过非线性分析，发现了神经元的电场刺激阈值不仅与电场特性有关，更与神经元自身的电生理特性和形态特性密切相关，尤其是形态特性。基于简化的两间室模型，本章还提出了一个精确区分阈下场和阈上场的方法，该方法可以进一步应用到其他模型和理论研究中。刻画电场与神经电活动之间相互作用的动力学和生物物理机制有助于解释电场刺激下的各种电生理实验现象，也有利于电场刺激下神经元模型的构建与完善。此外，本章提出的简化模型可以扩展为神经网络，进而研究电场对网络活动的调制效应。最后，本章所得的各种结论有助于理解和解释各种电磁刺激(如 TMS、tDCS、ECT、rTMS 等)的内在机制，可为进一步改进 NBM 装置和优化刺激协议提供理论指导。

第 5 章 电场作用下两间室神经元的适应性

适应性是神经系统中普遍存在的一种神经生物学现象。最常见的是放电频率适应性，它是指神经元的放电频率在刺激过程中不断下降并最终达到稳定的行为(Prescott et al., 2006, 2008b, 2008c; Benda et al., 2005, 2010; Wang, 1998)。放电频率适应性在神经元处理信息过程中发挥着重要的作用。例如，它可以提高神经元对不同频率信号的编码能力(Prescott et al., 2008c)，调节神经元对视觉刺激的选择性响应(Peron et al., 2009)，促进神经元对不同尺度信号的提取(Benda et al., 2005)等。很多机制可以导致放电频率适应性，最受关注的是适应电流机制，又称为输出驱动适应性。实际上，适应电流也是一种离子电流，不同的是它可以通过调节神经元放电起始过程导致放电频率适应性。两个常见的适应电流是电压敏感的 K^+ 电流(M 型电流，记为 I_M)和钙敏感的 K^+ 电流(AHP 型电流，记为 I_{AHP})。这两个适应电流的重要区别是它们的激活特性不同。其中，I_M 电流可以在动作电位产生前激活，不依赖于放电，而 I_{AHP} 电流的激活依赖放电，不能在阈下电位激活。I_M 和 I_{AHP} 的不同激活机制会对神经编码产生截然不同的影响(Prescott et al., 2006, 2008b, 2008c; Benda et al., 2005; Liu et al., 2001)。因此，有必要将这两个适应电流融入到神经元模型中，研究它们对电场作用下神经元动力学行为的调制作用。这对于揭示神经元对电场刺激的编码机制具有重要意义。

5.1 电场作用下两间室适应性模型

由于第 4 章的两间室神经元模型不能产生放电频率适应性，所以本章对该模型进行修改。在简化模型的基础上，引入能够导致神经元产生放电频率适应性的离子电流 I_M 和 I_{AHP}，修改之后的两间室模型如图 5.1 所示。通过该图可见，描述电场作用下神经元适应性的模型仍然含有树突和胞体两个间室，二者之间通过内连电导 g_c 连接。电场方向与神经元“树突—胞体”轴线方向平行。树突间室只含有一个被动的漏电流 I_{DL}。胞体间室除了 Na^+ 电流 I_{Na}、K^+ 电流 I_K 和漏电流 I_{SL} 外，还包括新加入的适应电流 I_{adapt}。胞体和树突间室的膜电压分别用 V_S 和 V_D 表示，描述二者随时间演化的动力学方程为(Yi et al., 2015a, 2015c)

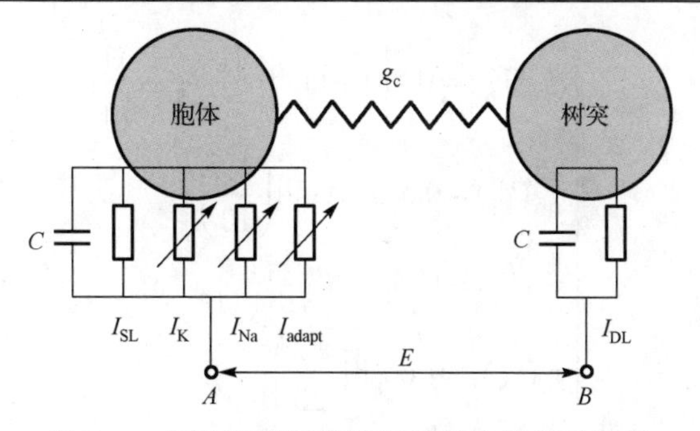

图 5.1　电场作用下两间室适应性模型示意图

$$\begin{cases} C\dfrac{\mathrm{d}V_S}{\mathrm{d}t} = \dfrac{I_{DS}}{p} - I_K - I_{Na} - I_{adapt} - I_{SL} \\ C\dfrac{\mathrm{d}V_D}{\mathrm{d}t} = -\dfrac{I_{DS}}{1-p} - I_{DL} \end{cases} \tag{5.1}$$

其中，$C = 2\mu F/cm^2$ 为细胞膜电容；p 和 $1-p$ 是两个形态参数，分别刻画胞体间室和树突间室在整个神经细胞中所占面积比例；$I_{DS} = g_c(V_D - V_S)$ 是树突间室流向胞体间室的内部电流。式(5.1)中各离子电流的表达式分别为

$$\begin{cases} I_K = \bar{g}_K n(V_S - E_K) \\ I_{Na} = \bar{g}_{Na} m_\infty(V_S)(V_S - E_{Na}) \\ I_{adapt} = \bar{g}_{adapt} z(V_S - E_K) \\ I_{SL} = g_{SL}(V_S - E_{SL}) \\ I_{DL} = g_{DL}(V_D - E_{DL}) \end{cases} \tag{5.2}$$

其中，$\bar{g}_K = 20 mS/cm^2$ 、$\bar{g}_{Na} = 20 mS/cm^2$ 、$g_{SL} = 2 mS/cm^2$ 和 $g_{DL} = 2 mS/cm^2$ 分别为离子电流 I_K 、I_{Na} 、I_{SL} 和 I_{DL} 的最大电导，它们的 Nernst 平衡电势分别为 $E_K = -100mV$ 、$E_{Na} = 50mV$ 、$E_{SL} = -70mV$ 和 $E_{DL} = -70mV$ 。式(5.2)中，n 和 z 分别是 K^+ 电流和适应电流的激活变量，描述二者随时间演化的动力学方程为

$$\begin{cases} \dfrac{\mathrm{d}n}{\mathrm{d}t} = \varphi_n \dfrac{n_\infty(V_S) - n}{\tau_n(V_S)} \\ \dfrac{\mathrm{d}z}{\mathrm{d}t} = \dfrac{z_\infty(V_S) - z}{\tau_z} \end{cases} \tag{5.3}$$

其中，$\varphi_n = 0.15$ 。式(5.2)和式(5.3)中稳态函数 $m_\infty(V_S)$ 、$n_\infty(V_S)$ 、$z_\infty(V_S)$ 和时间常数 $\tau_n(V_S)$ 的表达式如下：

$$
\begin{cases}
m_{\infty}(V_{\mathrm{S}})=0.5\left[1+\tanh\left(\dfrac{V_{\mathrm{S}}+1.2}{18}\right)\right]\\
n_{\infty}(V_{\mathrm{S}})=0.5\left[1+\tanh\left(\dfrac{V_{\mathrm{S}}}{10}\right)\right]\\
z_{\infty}(V_{\mathrm{S}})=1\Big/\left[1+\mathrm{e}^{(\beta_z-V_{\mathrm{S}})/\gamma_z}\right]\\
\tau_n(V_{\mathrm{S}})=1\Big/\cosh\left(\dfrac{V_{\mathrm{S}}}{20}\right)
\end{cases}
\tag{5.4}
$$

图 5.1 中，AB 之间的外加电场 E 可以调节树突和胞体之间的内部电流 I_{DS}，进而影响神经元的放电行为。在电场 E 刺激下，内部电流 I_{DS} 的表达式变为 $I_{\mathrm{DS}}=g_{\mathrm{c}}(V_{\mathrm{D}}+E-V_{\mathrm{S}})$。

模型中适应电流 I_{adapt} 由两个独立的电流组成，分别是电压敏感的 K^+电流 I_{M} 和钙敏感的 K^+电流 I_{AHP}。二者的数学表达式相同，如式(5.2)所示。根据 Ermentrout (1998) 的描述，刻画 I_{M} 电流的参数为：$\overline{g}_{\mathrm{adapt}}=\overline{g}_{\mathrm{M}}=2\,\mathrm{mS/cm^2}$、$\tau_z=200\mathrm{ms}$、$\beta_z=-23\mathrm{mV}$ 和 $\gamma_z=5\mathrm{mV}$。在这些参数控制下，I_{M} 的半激活电压为 $-23\mathrm{mV}$，故其可在阈下电位处激活。刻画 I_{AHP} 电流的参数为：$\overline{g}_{\mathrm{adapt}}=\overline{g}_{\mathrm{AHP}}=10\,\mathrm{mS/cm^2}$、$\tau_z=200\mathrm{ms}$、$\beta_z=0\mathrm{mV}$ 和 $\gamma_z=5\mathrm{mV}$。因为 I_{AHP} 的半激活电压为 0mV，所以其只能在放电产生后激活。

下面分别在 I_{M} 电流（$\overline{g}_{\mathrm{AHP}}=0\,\mathrm{mS/cm^2}$）和 I_{AHP} 电流（$\overline{g}_{\mathrm{M}}=0\,\mathrm{mS/cm^2}$）情况下刻画电场作用下神经元的放电频率适应性，并从放电起始过程的角度研究改变形态参数 p 和内连电导 g_{c} 对两种放电频率适应性的影响。其中，形态参数 p 的标准值为 $p=0.5$，变化范围是 $0<p<1$；内连电导 g_{c} 的标准值为 $g_{\mathrm{c}}=1\mathrm{mS/cm^2}$，变化范围是 $0\mathrm{mS/cm^2}<g_{\mathrm{c}}\leqslant 10\,\mathrm{mS/cm^2}$；电场 E 的变化范围是 -50～200mV。

5.2　电场作用下神经元的放电频率适应性

5.2.1　放电特性

首先研究形态参数 p 和内连电导 g_{c} 取标准值时，两间室神经元模在电场刺激下的放电频率适应性。图 5.2 给出了简化模型分别在无适应性、I_{M} 适应性和 I_{AHP} 适应性三种情况下的放电模式和放电频率。结果表明，胞体膜电压 V_{S} 在负向电场作用下被超极化，即在上述三种情况下神经元均不能产生周期放电，如图 5.2(a)中 $E=-38\mathrm{mV}$ 所示。在正向电场刺激下，上述三种情况的胞体膜电压 V_{S} 均被去极化。但是当电场强度比较小时，V_{S} 十分接近静息电位，两间室神经元模型在电场刺激下仍不会产生动作电位，如图 5.2(a) 中 $E = 25\text{mV}$ 所示。当电场强度 E 达到刺激阈值时，神经元产生周期放电并且表现出放电频率适应性。研究发现，I_M 电流和 I_{AHP} 电流的调制结果有所不同。当电场强度在刺激阈值附近时，两间室神经元模型只能在初始时期产生一簇动作电位，之后在 I_M 电流的调制下，神经元终止周期放电，并且胞体膜电压 V_S 最终稳定于阈下静息态。此时，只有更高强度的电场刺激才能诱发稳态周期放电。而与 I_M 电流不同的是，I_{AHP} 电流在给定的电场强度范围内只能降低神经元放电频率，不会终止神经元周期放电。此外，在上述三种情况下，树突间室在 $-50\text{mV} \leqslant E \leqslant 200\text{mV}$ 范围内都无法产生周期放电，最多只能跟随胞体膜电压 V_S 作同步阈下振荡。这主要是因为树突只含有一个被动的漏电流而不含主动的离子通道。

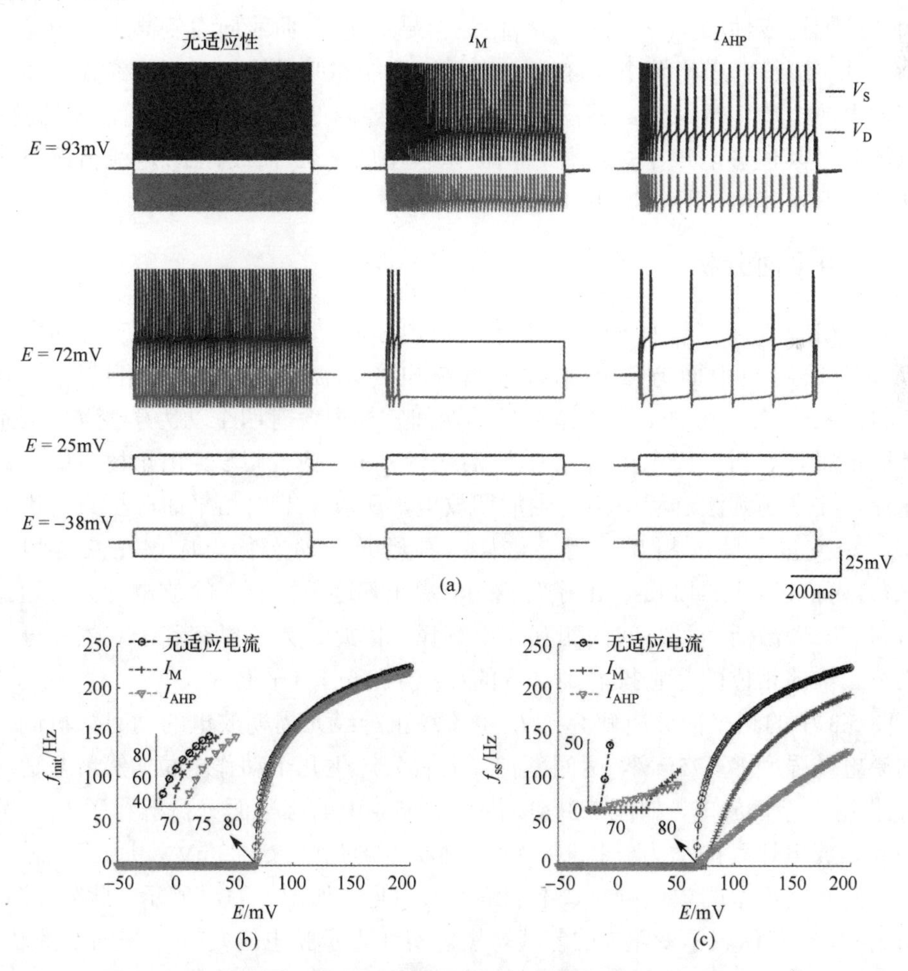

图 5.2　电场作用下神经元的放电频率适应性 (p=0.5，g_c=1mS/cm^2)

I_M电流和I_{AHP}电流对放电序列的影响会导致它们对放电频率产生不同的调制作用。由图 5.2(a)可知，当两间室神经元模型产生适应性时，其放电频率在直流电场刺激过程中不是恒定的，而是逐渐降低的。下面采用初始放电频率f_{init}和稳态放电频率f_{ss}刻画这一动态变化过程。f_{init}定义为神经元初始两个动作电位之间的放电频率，而f_{ss}定义为神经元达到稳态时的平均放电率。图 5.2(b)给出了三种情况下两间室神经元初始放电频率f_{init}随电场强度E变化的关系图，即f_{init}-E曲线。可以发现，两个适应性电流均可以使神经元的f_{init}-E曲线向右侧移动，并且由I_{AHP}电流引起的右移幅度稍大于由I_M电流引起的右移幅度，但对f_{init}-E曲线斜率的影响较小。图 5.2(c)给出了三种情况下两间室神经元模型稳态放电频率f_{ss}随电场强度E变化的关系图，即f_{ss}-E曲线。由图可见，在两种适应电流下的f_{ss}-E曲线均低于无适应性的f_{ss}-E曲线。I_M电流会导致f_{ss}-E曲线向右侧高强度电场方向移动，对曲线斜率影响较小。这样，I_M适应性能够明显增加引起神经元产生稳态周期放电的电场刺激阈值。相反，I_{AHP}电流主要降低f_{ss}-E曲线在低频段的斜率，对电场刺激阈值影响很小。此外，两间室模型的f_{ss}-E曲线在I_M电流情况下是不连续的，而在其他两种情况下却是连续的。

5.2.2 相平面分析

为了研究I_M和I_{AHP}两种适应电流对放电序列产生不同调制效应的动力学机制，下面采用相平面方法刻画神经元在电场刺激下的放电起始过程。根据式(5.1)～式(5.3)可知，引入适应性的两间室模型含有四个动力学变量，分别是胞体膜电压V_S、树突膜电压V_D、K^+激活变量n和适应变量z。由于树突间室只含漏电流，在电场刺激过程中不产生周期放电，所以本节的相平面分析只考虑胞体间室三个变量之间的相互作用。这样，神经元的动态行为应该在三维相空间(n,z,V_S)内描述。近期 Prescott 等人(2006)提出，这种情况下的放电行为可通过膜电压和一个慢激活变量之间的相互作用解释。因此，为了更有利于观察和分析，我们将三维的相位图分别投射到二维的(n,V_S)和(z,V_S)平面内。

图 5.3 中的相平面分析解释了I_M电流终止神经元周期放电的动力学机制。给定刺激电场强度$E = 75\text{mV}$，两间室神经元首先产生几个动作电位，然后在适应电流I_M作用下停止放电，如图 5.3(a)所示。图 5.4 中的相平面分析解释了I_M电流降低神经元放电速率的动力学机制。给定刺激电场强度$E = 83\text{mV}$，适应电流I_M只能降低两间室模型的放电频率，不能终止其放电，如图 5.4(a)所示。此外，图 5.3 和图 5.4 中，灰色表示变量n的零线，黑色实线表示膜电压V_S在相平面上的轨迹，倒 N 形实线表示变量V_S在不同时刻的零线，其中t_1(蓝线)表示电场刺激施加前的

时刻，t_2(绿线)表示电场刺激施加的初始时刻，t_3(红线)表示适应变量完全激活的时刻。“s”表示两条零线的交点是稳定的，“u”表示交点是不稳定的。

通过图 5.3(b)和图 5.4(b)可以发现，施加刺激前，膜电压 V_S 零线和激活变量 n 零线在 (n,V_S) 相平面内只有一个稳定的交点。此时，胞体膜电压 V_S 的所有轨迹都收敛于这一阈下稳定平衡点，两间室神经元模型不会产生放电。施加足够强的电场刺激，V_S 零线瞬间上移而 n 零线不受影响，导致 V_S 零线和 n 零线之间的交点立刻由稳定变为不稳定(图 5.3(b)和图 5.4(b)中绿线)。同时，相平面上产生一个稳定的极限环吸引子。由于 V_S 的所有轨迹都收敛到该极限环，所以神经元开始进行周期放电。随着刺激时间的延长，控制 I_M 电流的适应变量 z 不断激活，导致膜电压 V_S 零线下移。当 $E = 75$mV 时，适应变量 z 完全激活后，V_S 零线和 n 零线之间的交点由一个不稳定平衡点变为三个平衡点(图 5.3(b)中红线)。由于稳定极限环已经消失，所以 V_S 的所有轨迹均收敛于左侧阈下稳定平衡态，神经元停止周期放电。但是当 $E = 83$mV 时，适应变量 z 的完全激活不能使 V_S 零线和 n 零线交于阈下稳定平衡点(图 5.4(b)中红线)，所以两间室神经元继续周期放电，只是放电频率有所下降。

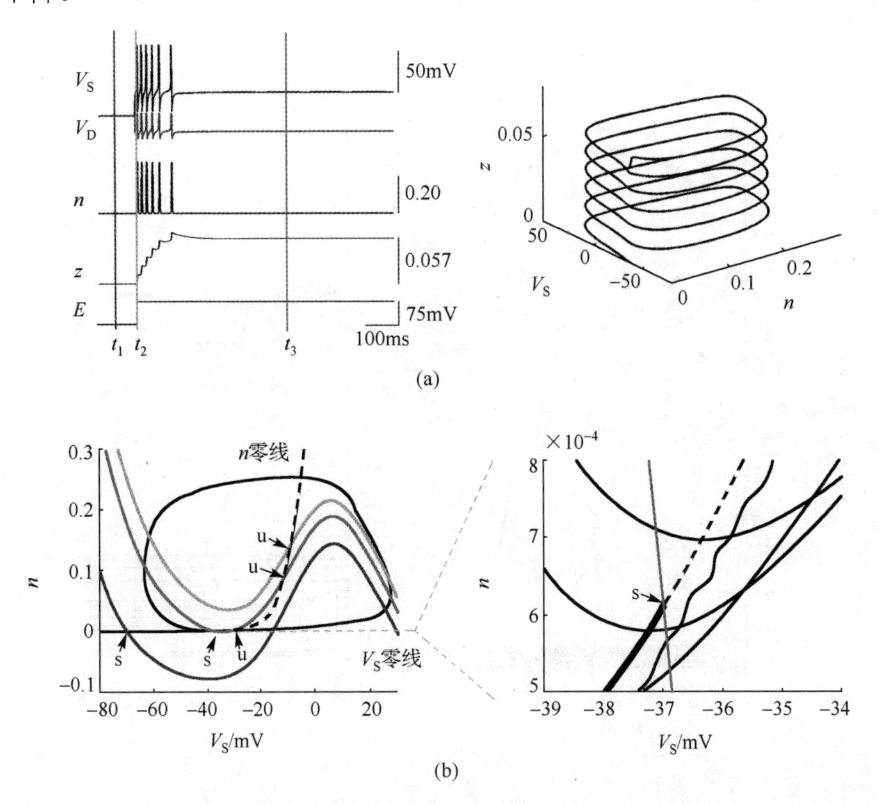

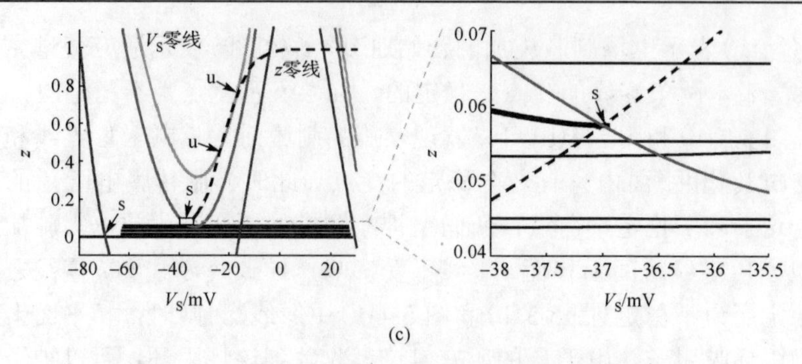

(c)

图 5.3　I_M 电流终止神经元放电的相平面分析(见彩图)

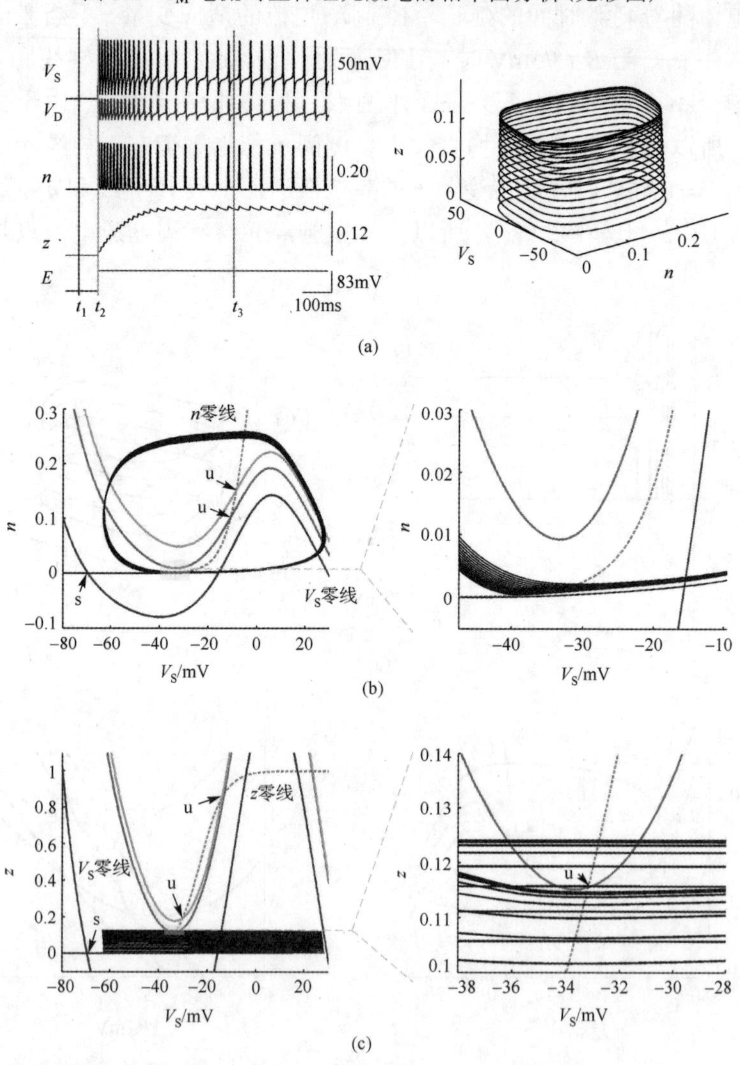

(a)

(b)

(c)

图 5.4　I_M 电流降低神经元放电速率的相平面分析(见彩图)

另外，图 5.3(a)和图 5.4(a)还给出了适应变量 z 在刺激过程中随时间的演化特性。在图 5.3(a)中，变量 z 会随着放电逐步增加，然后达到一个稳定的状态。但是，图 5.4(a)中的变量 z 却跟随每次放电进行周期性波动而不是最终稳定于某一状态。适应变量 z 这两种不同的变化会导致神经元在 (z,V_S) 平面上出现不同的相位图。由图 5.3(c)和图 5.4(c)可见，直流电场刺激会使 V_S 零线和 z 零线之间的交点瞬间变为不稳定，同时在 (z,V_S) 平面上产生一个稳定的极限环吸引子，导致神经元出现初始的周期放电。图 5.3(c)中，适应变量 z 完全激活时，V_S 零线和 z 零线之间的交点会再次变为稳定，即变量 z 可以使胞体膜电压 V_S 稳定在阈下电位，因此神经元停止周期放电。图 5.4(c)中，适应变量 z 不能将膜电压 V_S 稳定在阈下电位，此时两条零线仍交于一个不稳定平衡点，因此神经元会继续进行周期放电。可见，适应性神经元稳态时能否继续周期放电，取决于变量 z 能否产生足够的适应性稳定细胞膜电压。

图 5.5 中的相平面分析解释了 I_{AHP} 电流降低神经元放电速率的动力学机制。给定刺激电场强度 $E=80\text{mV}$，适应性电流 I_{AHP} 可以降低两间室神经元的放电频率，但不能终止其放电，如图 5.5(a)所示。可以发现，图中 V_S 零线随适应变量 z 的变化过程与图 5.4 类似。直流电场的引入会使相平面上的平衡点瞬间失去稳定性，促使神经元产生初始的周期放电。控制 I_{AHP} 电流的适应变量 z 完全激活时，相平面上的不稳定平衡点不会重新稳定，如图 5.5(b)和(c)所示。这说明变量 z 此时不能将膜电压 V_S 稳定在阈下电位，故神经元会继续周期放电。于是，I_{AHP} 适应电流只能降低放电频率，却不能终止放电。

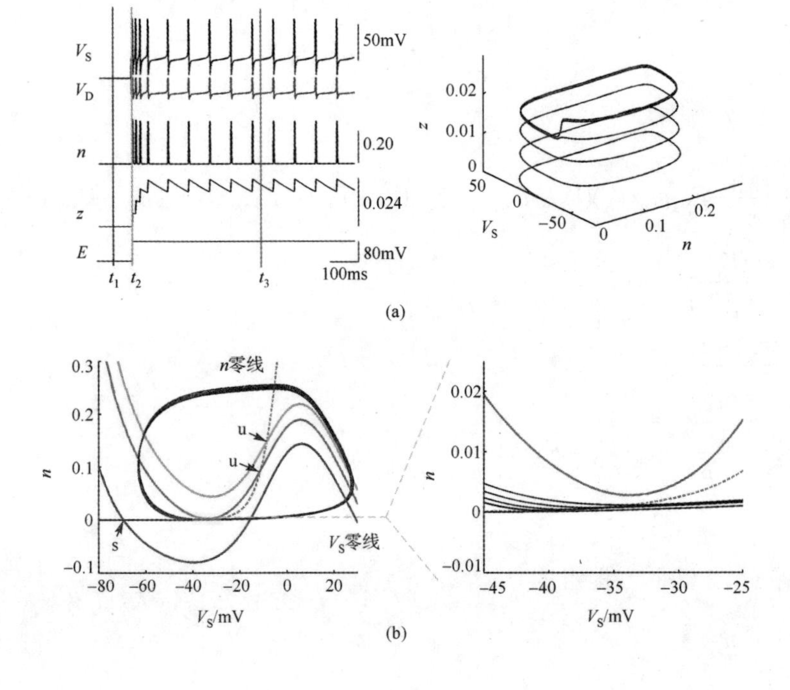

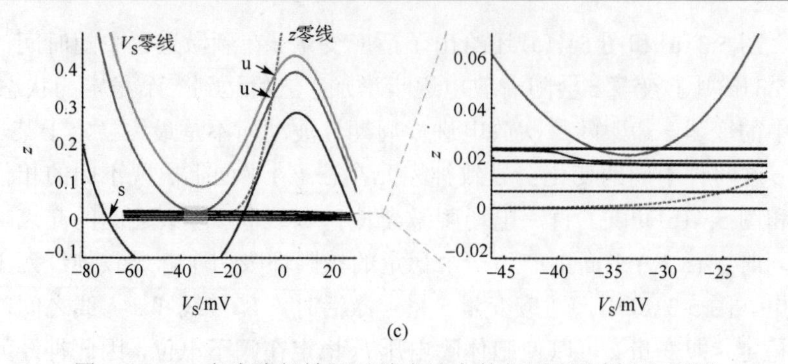

图 5.5　I_{AHP} 电流降低神经元放电速率的相平面分析(见彩图)

5.2.3　平衡点特性和分岔分析

为了研究两间室神经元在图 5.2 所示的三种情况下产生稳态周期放电的动力学机制，下面采用稳定性分析和分岔分析进一步刻画神经元在电场刺激下的放电起始动态过程。为了方便分析，首先将适应性模型改写成如下形式：

$$\begin{cases}\dfrac{\mathrm{d}V_S}{\mathrm{d}t}=f_1(V_S,n,z,V_D)\\ \dfrac{\mathrm{d}n}{\mathrm{d}t}=f_2(V_S,n,z,V_D)\\ \dfrac{\mathrm{d}z}{\mathrm{d}t}=f_3(V_S,n,z,V_D)\\ \dfrac{\mathrm{d}V_D}{\mathrm{d}t}=f_4(V_S,n,z,V_D)\end{cases}\tag{5.5}$$

其中

$$\begin{cases}f_1=\dfrac{1}{C}\left[\dfrac{I_{DS}}{p}-\bar{g}_{Na}m_\infty(V_S)(V_S-E_{Na})-\bar{g}_K n(V_S-E_K)-\bar{g}_{adapt}z(V_S-E_K)-g_{SL}(V_S-E_{SL})\right]\\ f_2=\varphi_n\dfrac{n_\infty(V_S)-n}{\tau_n(V_S)}\\ f_3=\dfrac{z_\infty(V_S)-z}{\tau_z}\\ f_4=\dfrac{1}{C}\left[-\dfrac{I_{DS}}{1-p}-g_{DL}(V_D-E_{DL})\right]\end{cases}\tag{5.6}$$

在平衡点处，有以下方程组成立：

$$\begin{cases} f_1 = 0 \\ f_2 = 0 \\ f_3 = 0 \\ f_4 = 0 \end{cases} \tag{5.7}$$

式(5.5)的雅可比矩阵可写成如下形式：

$$J = \begin{bmatrix} \dfrac{\partial f_1}{\partial V_S} & \dfrac{\partial f_1}{\partial n} & \dfrac{\partial f_1}{\partial z} & \dfrac{\partial f_1}{\partial V_D} \\ \dfrac{\partial f_2}{\partial V_S} & \dfrac{\partial f_2}{\partial n} & \dfrac{\partial f_2}{\partial z} & \dfrac{\partial f_2}{\partial V_D} \\ \dfrac{\partial f_3}{\partial V_S} & \dfrac{\partial f_3}{\partial n} & \dfrac{\partial f_3}{\partial z} & \dfrac{\partial f_3}{\partial V_D} \\ \dfrac{\partial f_4}{\partial V_S} & \dfrac{\partial f_4}{\partial n} & \dfrac{\partial f_4}{\partial z} & \dfrac{\partial f_4}{\partial V_D} \end{bmatrix} \tag{5.8}$$

对于 f_1，求取其对四个变量的偏微分可得

$$\begin{cases} \dfrac{\partial f_1}{\partial V_S} = \dfrac{1}{C}\left[-\dfrac{g_c}{p} - \overline{g}_{Na} m_\infty(V_S) - \overline{g}_{Na} m'_\infty(V_S)(V_S - E_{Na}) - \overline{g}_K n - \overline{g}_{adapt} z - g_{SL}\right] \\ \dfrac{\partial f_1}{\partial n} = -\dfrac{1}{C}\overline{g}_K (V_S - E_K) \\ \dfrac{\partial f_1}{\partial z} = -\dfrac{1}{C}\overline{g}_{adapt}(V_S - E_K) \\ \dfrac{\partial f_1}{\partial V_D} = \dfrac{1}{C}\dfrac{g_c}{p} \end{cases} \tag{5.9}$$

其中，$m'_\infty(V_S) = \dfrac{dm_\infty(V_S)}{dV_S}$。对于 f_2，求取其对四个变量的偏微分可得

$$\begin{cases} \dfrac{\partial f_2}{\partial V_S} = \varphi_n \dfrac{n'_\infty(V_S)\tau_n(V_S) - [n_\infty(V_S) - n]\tau'_n(V_S)}{\tau_n^{\ 2}(V_S)} \\ \dfrac{\partial f_2}{\partial n} = -\dfrac{\varphi_n}{\tau_n(V_S)} \\ \dfrac{\partial f_2}{\partial z} = 0 \\ \dfrac{\partial f_2}{\partial V_D} = 0 \end{cases} \tag{5.10}$$

其中，$n'_\infty(V_S)=\dfrac{\mathrm{d}n_\infty(V_S)}{\mathrm{d}V_S}$，$\tau'_n(V_S)=\dfrac{\mathrm{d}\tau_n(V_S)}{\mathrm{d}V_S}$。同样地，对于 f_3 有

$$\begin{cases}\dfrac{\partial f_3}{\partial V_S}=\dfrac{z'_\infty(V_S)}{\tau_z}\\ \dfrac{\partial f_3}{\partial n}=0\\ \dfrac{\partial f_3}{\partial z}=-\dfrac{1}{\tau_z}\\ \dfrac{\partial f_3}{\partial V_D}=0\end{cases}\tag{5.11}$$

其中，$z'_\infty(V_S)=\dfrac{\mathrm{d}z_\infty(V_S)}{\mathrm{d}V_S}$。对于 f_4 有

$$\begin{cases}\dfrac{\partial f_4}{\partial V_S}=\dfrac{1}{C}\dfrac{g_c}{1-p}\\ \dfrac{\partial f_4}{\partial n}=0\\ \dfrac{\partial f_4}{\partial z}=0\\ \dfrac{\partial f_4}{\partial V_D}=\dfrac{1}{C}\left(-\dfrac{g_c}{1-p}-g_{DL}\right)\end{cases}\tag{5.12}$$

此外，当神经元达到平衡态时，有 $n=n_\infty(V_S)$ 和 $z=z_\infty(V_S)$ 成立。将这两个条件代入 $\dfrac{\partial f_1}{\partial V_S}$ 和 $\dfrac{\partial f_2}{\partial V_S}$ 中，可得

$$\begin{cases}\dfrac{\partial f_1}{\partial V_S}=\dfrac{1}{C}\left[-\dfrac{g_c}{p}-\overline{g}_{Na}m_\infty(V_S)-\overline{g}_{Na}m'_\infty(V_S)(V_S-E_{Na})-\overline{g}_K n_\infty(V_S)-\overline{g}_{adapt}z_\infty(V_S)-g_{SL}\right]\\ \dfrac{\partial f_2}{\partial V_S}=\varphi_n\dfrac{n'_\infty(V_S)}{\tau_n(V_S)}\end{cases}\tag{5.13}$$

令 $\dfrac{\partial f_1}{\partial V_S}=Q$。同时，将式(5.9)～式(5.13)代入式(5.8)，可以得到

$$J=\begin{bmatrix} Q & -\dfrac{1}{C}\bar{g}_{\mathrm{K}}(V_{\mathrm{S}}-E_{\mathrm{K}}) & -\dfrac{1}{C}\bar{g}_{\mathrm{adapt}}(V_{\mathrm{S}}-E_{\mathrm{K}}) & \dfrac{1}{C}\dfrac{g_{\mathrm{c}}}{p} \\ \varphi_n\dfrac{n'_{\infty}(V_{\mathrm{S}})}{\tau_n(V_{\mathrm{S}})} & -\dfrac{\varphi_n}{\tau_n(V_{\mathrm{S}})} & 0 & 0 \\ \dfrac{z'_{\infty}(V_{\mathrm{S}})}{\tau_z} & 0 & -\dfrac{1}{\tau_z} & 0 \\ \dfrac{1}{C}\dfrac{g_{\mathrm{c}}}{1-p} & 0 & 0 & \dfrac{1}{C}\left(-\dfrac{g_{\mathrm{c}}}{1-p}-g_{\mathrm{DL}}\right) \end{bmatrix} \tag{5.14}$$

情况(I)：无适应性。此时，两间室模型中不存在适应变量 z。这样，式(5.14)中的雅可比矩阵变为如下形式：

$$J=\begin{bmatrix} Q & -\dfrac{1}{C}\bar{g}_{\mathrm{K}}(V_{\mathrm{S}}-E_{\mathrm{K}}) & \dfrac{1}{C}\dfrac{g_{\mathrm{c}}}{p} \\ \varphi_n\dfrac{n'_{\infty}(V_{\mathrm{S}})}{\tau_n(V_{\mathrm{S}})} & -\dfrac{\varphi_n}{\tau_n(V_{\mathrm{S}})} & 0 \\ \dfrac{1}{C}\dfrac{g_{\mathrm{c}}}{1-p} & 0 & \dfrac{1}{C}\left(-\dfrac{g_{\mathrm{c}}}{1-p}-g_{\mathrm{DL}}\right) \end{bmatrix} \tag{5.15}$$

通过 5.2.1 节的仿真可知，两间室模型在 $E=67.7873\mathrm{mV}$ 时产生周期放电。通过求解式(5.7)中的非线性方程组可得，在此电场强度下神经元的平衡点为 $[V_{\mathrm{S0}}, n_0, V_{\mathrm{D0}}]=[-36.8263, 6.3247\times10^{-4}, -87.3068]$。在该平衡点处，式(5.15)的雅可比矩阵变为

$$J_1=\begin{bmatrix} -0.4201 & -631.7370 & 1 \\ 6.1279\times10^{-5} & -0.4848 & 0 \\ 1 & 0 & -2 \end{bmatrix} \tag{5.16}$$

求解 J_1 的特征多项式，可得

$$\lambda^3+2.9049\lambda^2+1.0522\lambda+5.4272\mathrm{e}-06=0 \tag{5.17}$$

式(5.17)的特征值为：$\lambda_1=-2.4808$，$\lambda_2=-5.1581\times10^{-6}\approx0$ 和 $\lambda_3=-0.4241$，满足 SN 分岔的非双曲性条件(Izhikevich, 2007)。由图 5.6(a)中分岔图可知，无适应性的两间室神经元在 $E=67.7873\mathrm{mV}$ 时产生的是 SNIC 分岔。当这个分岔产生时，神经元的 f_{ss}-E 曲线是连续的。

情况(II)：I_{M} 适应性。由于适应电流 I_{M} 的存在，两间室模型中出现适应变量 z。通过 5.2.1 节的仿真可知，神经元在 $E=76.0781\mathrm{mV}$ 时产生稳态的周期放电。在此电场强度下，两间室神经元的平衡点为 $[V_{\mathrm{S0}}, n_0, z_0, V_{\mathrm{D0}}]=[-36.3010, 7.0248\times10^{-4}, 0.0654, -91.1895]$。在该平衡点处，式(5.14)的雅可比矩阵变为

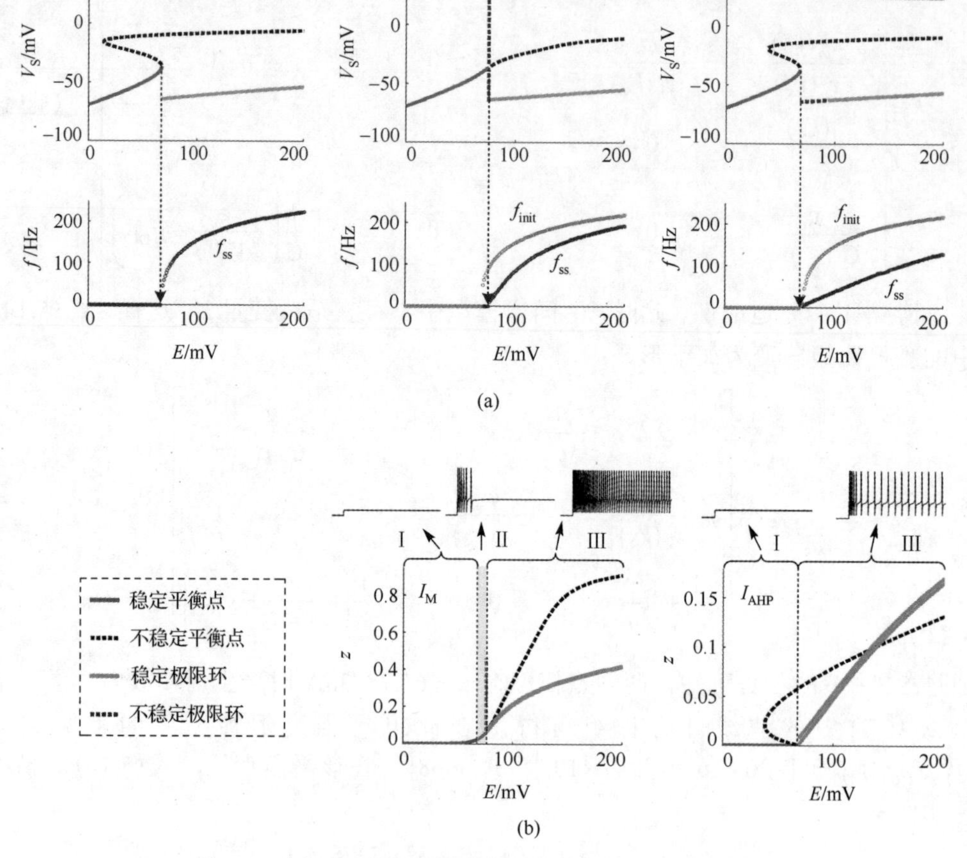

图 5.6　电场作用下适应性神经元的分岔分析(见彩图)

$$J_2=\begin{bmatrix} -0.4062 & -636.9900 & -63.6990 & 1 \\ 6.6381\times10^{-5} & -0.4728 & 0 & 0 \\ 6.1091\times10^{-5} & 0 & -0.0050 & 0 \\ 1 & 0 & 0 & -2 \end{bmatrix} \tag{5.18}$$

J_2 的特征多项式为

$$\lambda^4+2.8840\lambda^3+1.0107\lambda^2+0.0105\lambda+0.0037=0 \tag{5.19}$$

式(5.19)的特征值为：$\lambda_1=-2.4776$，$\lambda_2=-0.4065$ 和 $\lambda_{3,4}=\pm0.0603\mathrm{i}$，满足 Hopf 分岔的非双曲条件(Izhikevich, 2007)。通过图 5.6(a)中分岔图可知，神经元在 $E=76.0781\mathrm{mV}$ 时确实产生了一个亚临界 Hopf 分岔。此分岔出现时，神经元产生不连续的 f_{ss}-E 曲线。

情况(III)：I_{AHP} 适应性。此时，神经元在 $E=68.2021\text{mV}$ 时产生稳态的周期放电，这个值稍低于情况(II)。在这一电场强度下，两间室神经元的平衡点为 $[V_{S0}, n_0, z_0, V_{D0}]=[-36.4740, 6.7861\times10^{-4}, 6.7860\times10^{-4}, -87.3381]$。在该平衡点处，式(5.14)的雅可比矩阵变为

$$J_3=\begin{bmatrix} -0.3708 & -635.2600 & -317.6300 & 1 \\ 6.4655\times10^{-5} & -0.4767 & 0 & 0 \\ 6.7814\times10^{-7} & 0 & -0.0050 & 0 \\ 1 & 0 & 0 & -2 \end{bmatrix} \tag{5.20}$$

J_3 的特征多项式为

$$\lambda^4+2.8525\lambda^3+0.9272\lambda^2-0.0360\lambda+7.0193\times10^{-10}=0 \tag{5.21}$$

式(5.21)的特征值为：$\lambda_1=-2.4714$，$\lambda_2=-0.4161$，$\lambda_3=0.0350$ 和 $\lambda_4=1.9511\times10^{-8}\approx0$，满足 SN 分岔的非双曲条件(Izhikevich, 2007)。通过图 5.6(a)中分岔图可知，神经元在 $E=68.2021\text{mV}$ 时确实产生了一个 SNIC 分岔。此分岔出现时，神经元产生连续的 f_{ss}-E 曲线。

此外，在电场 E 接近并低于刺激阈值时，I_M 电流的适应变量 z 可以稳定胞体膜电压 V_S，如图 5.6(b)中黄色区域所示。在这个区域内，适应电流 I_M 可以终止神经元稳态周期放电。但是，对于情况(III)，刺激阈值附近不存在此黄色区域，表明适应电流 I_{AHP} 在稳态时只能降低神经元放电频率，不能终止周期放电。

5.2.4　生物物理机制

神经元的放电起始过程不仅与其动力学特性有关，还与膜上离子电流的阈下激活特性密切相关。下面从这一角度分析两个适应性电流影响神经元放电起始动态的生物物理机制。由于树突间室不含主动离子电流，只含有一个漏电流，所以下面的分析只关注胞体膜上离子电流的阈下激活特性。

由式(5.7)可知，稳态时有 $f_4=0$ 成立。据此可得树突膜电压 V_D 和胞体膜电压 V_S 在稳态时的关系，即

$$V_D=\frac{(1-p)g_{DL}E_{DL}+g_cV_S}{g_c+(1-p)g_{DL}} \tag{5.22}$$

将式(5.22)代入 $I_{DS}=g_c(V_D-V_S)$ 中，可得稳态时的内部电流 I_{DS} 为

$$I_{DS}=\frac{g_cg_{DL}(1-p)(E_{DL}-V_S)}{g_c+(1-p)g_{DL}} \tag{5.23}$$

由于此处关注无外部刺激时胞体膜电流的阈下激活特性，所以式(5.23)中的 I_{DS} 不

含刺激电场 E。胞体间室的稳态净电流 I_{SS} 是其细胞膜上所有离子电流的总和，可以表示为

$$I_{SS} = I_{Na} + I_{K} + I_{adapt} + I_{SL} + I_{SD}^{*} \tag{5.24}$$

其中，$I_{SD}^{*} = -I_{DS}/p$ 表示由胞体间室流向树突间室的内部电流，并且考虑形态参数 p。图 5.7(a)给出了无适应性、I_M 适应性和 I_{AHP} 适应性三种情况下，胞体间室各个离子电流的阈下激活特性。图 5.7(b)给出了三种情况下净电流的阈下激活特性，即 I_{SS}-V_S 曲线。

情况(I)：无适应性。此时，胞体间室的细胞膜上含有四个离子电流，分别是流向胞内的 Na^+电流 I_{Na}、流向胞外的 K^+电流 I_K、流向胞外的漏电流 I_{SL} 和流向胞外的内部电流 I_{SD}^{*}，不含适应电流 I_{adapt}。由图 5.7(a)的左图可见，慢速 K^+的激活电位高于快速 Na^+的激活电位，导致由 I_K 产生的慢速超极化作用在动作电位产生后才开始激活。于是，阈值电压附近将不会有流向胞外的 I_K 与去极化的 I_{Na} 竞争，I_{Na} 可以驱动膜电压 V_S 缓慢地通过放电阈值。因此，神经元可以产生任意低频率的周期放电，对应 SNIC 分岔(Izhikevich, 2007)。此外，I_K 和 I_{Na} 在阈下的这种相对激活特性会导致两间室模型产生非单调的 I_{SS}-V_S 曲线，如图 5.7(b)所示。Prescott 等人(2008a)指出，这种非单调的 I_{SS}-V_S 曲线对应 SNIC 分岔，并且分岔发生在 I_{SS}-V_S 曲线的局部最大值处，如图 5.7(b)中“*”所示。

情况(II)：I_M 适应性。此时，胞体细胞膜上含有五个离子电流，分别是流向胞内的 I_{Na}、流向胞外的 I_K、流向胞外的 I_{SL}、流向胞外的 I_{SD}^{*} 和流向胞外的适应电流 I_M。上面已经提到，I_M 的激活不依赖于放电，即它可以在阈下电位处激活。通过图 5.7(a)的中间图可知，流向胞外的 I_M 与流向胞内的 I_{Na} 在阈下几乎同时激活，导致超极化电流 I_M 在阈值电压附近与去极化电流 I_{Na} 竞争。为了产生动作电位，去极化电流 I_{Na} 必须以超过超极化电流 I_M 的速度快速激活。这样，膜电压 V_S 不能缓慢地通过阈值，神经元也不能产生任意低频的周期放电，对应 Hopf 分岔(Izhikevich, 2007)。此外，I_M 和 I_{Na} 在阈下的这种竞争过程导致两间室模型产生单调的 I_{SS}-V_S 曲线，如图 5.7(b)所示。Prescott 等人(2008a)指出，这种单调的 I_{SS}-V_S 曲线对应 Hopf 分岔。

情况(III)：I_{AHP} 适应性。此时，胞体细胞膜上同样含有五个离子电流，分别是流向胞内的 I_{Na}、流向胞外的 I_K、流向胞外的 I_{SL}、流向胞外的 I_{SD}^{*} 和流向胞外的 I_{AHP}。与 I_M 电流不同，I_{AHP} 的激活依赖于放电，在阈下电位不能激活。通过图 5.7(a)的右图可知，I_{AHP} 的激活电压明显高于流向胞内的 I_{Na}，并且比流向胞外的 I_K 还高，从而导致阈值电压附近不会有超极化的主动离子电流与去极化电流 I_{Na} 竞争。于是，膜电压 V_S 可以缓慢地通过放电阈值，神经元可以产生低频的周

期放电。此外，神经元在这些离子电流作用下会产生非单调的 I_{SS}-V_S 曲线，对应 SNIC 分岔。

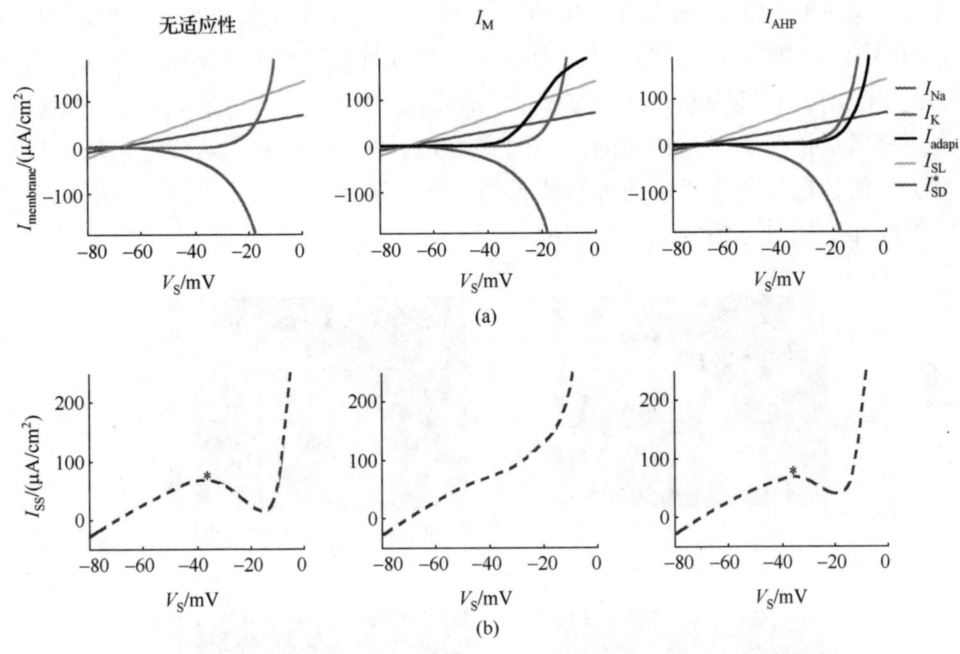

图 5.7　电场调制适应性神经元放电的生物物理机制(见彩图)

5.3　形态特性对放电频率适应性的影响

第 4 章中，我们验证了形态参数 p 在电场调制两间室模型电活动中发挥关键性作用。本节将分别在 I_M 和 I_{AHP} 情况下，继续研究改变参数 p 对电场作用下两间室模型放电频率适应性的影响以及相应的放电起始机制。以下分析中内连电导 g_c 取标准值，即 $g_c = 1\text{mS/cm}^2$ 。

5.3.1　放电特性

图 5.8 总结了形态参数 p 在 0 到 1 之间变化时，两间室神经元在 I_M 和 I_{AHP} 两种适应电流情况下对电场刺激的响应特性。图 5.8(a) 描述神经元在 (p,E) 平面内的初始放电频率 f_{init}，图 5.8(b) 描述了神经元在 (p,E) 平面内的稳态放电频率 f_{ss}。图 5.9 给出了参数 p 改变时，两种适应性神经元在电场刺激下的典型响应。其中，图 5.9(a) 中的电场强度为 $E = 50\text{mV}$，图 5.9(b) 中的电场强度为 $E = 125\text{mV}$。

由图 5.8 可见，形态参数 p 接近于 0 时，具有 I_M 或 I_{AHP} 适应性的两间室神经元在 $0\text{mV} \leqslant E \leqslant 200\text{mV}$ 范围内的初始放电频率 f_{init} 和稳态放电频率 f_{ss} 均为 0Hz。

此时，由电场引起的注入到胞体间室中的感应电流(即 $g_c E/p$)特别大，使神经元膜电压稳定于阈上去极化电位，如图 5.9(a)和(b)中 $p=0.05$ 所示。当形态参数 p 较大时，适应性神经元的胞体膜电压 V_S 会稳定在阈下电位处，如图 5.9(a)和(b)中 $p=0.4$ 所示。此时，两间室模型仍不会产生周期放电。如果参数 p 继续增加并且接近于 1 时，神经元在 $0\text{mV} \leqslant E \leqslant 200\text{mV}$ 范围内将无法对电场刺激产生响应。在这两种极端情况下，神经元的一个间室远大于另一个间室。这样，电场阳极和阴极引起的超极化和去极化效应互相抵消，导致净极化效应几乎为 0。因此，两间室神经元不能对电场刺激产生响应。

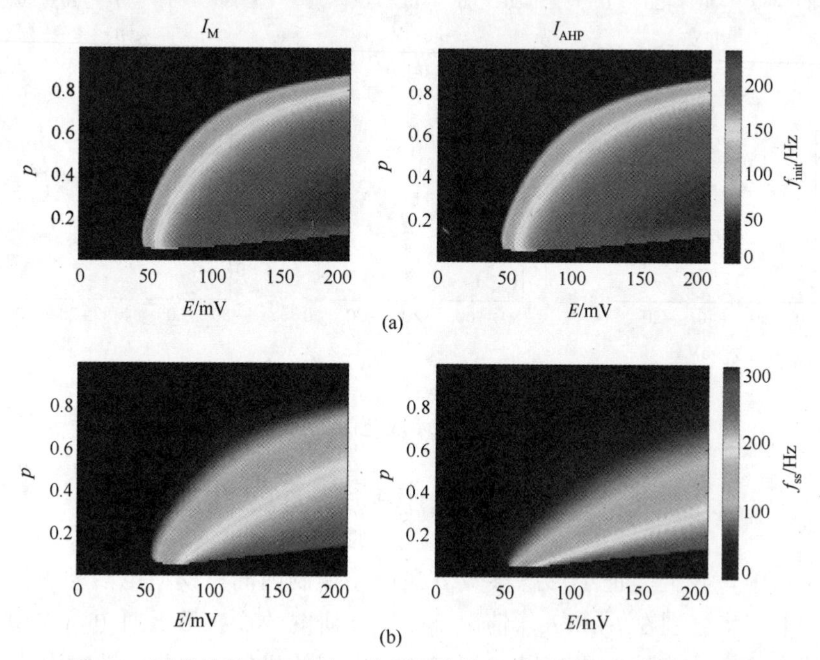

图 5.8　适应性神经元在(p, E)平面内的初始放电率和稳态放电率

当形态参数 p 取 0 和 1 的中间值时，两间室神经元在 $0\text{mV} \leqslant E \leqslant 200\text{mV}$ 范围内会产生周期放电，同时也能出现放电频率适应性。与 5.2 节描述的情况相同，当电场 E 刚超过刺激阈值时，I_M 适应性可以终止神经元放电，如图 5.9(a)所示。此时神经元首先产生一簇初始放电，然后当适应电流 I_M 完全激活时放电停止。随着电场强度增加，I_M 终止神经元放电的现象逐渐消失，如图 5.9(b)所示。因此，在 I_M 电流情况下，两间室模型在(p,E)平面内的初始放电区域大于稳态放电区域。与 I_M 电流不同，形态参数 p 改变时，I_{AHP} 电流在 $0\text{mV} \leqslant E \leqslant 200\text{mV}$ 范围内不能终止神经元放电，只能降低放电频率。由图 5.8 可见，此时神经元在(p,E)平面内的初始放电区域与稳态放电区域具有相同的面积，说明 I_{AHP} 电流情况下两间室模型的初始放电和稳态放电总是同时产生。

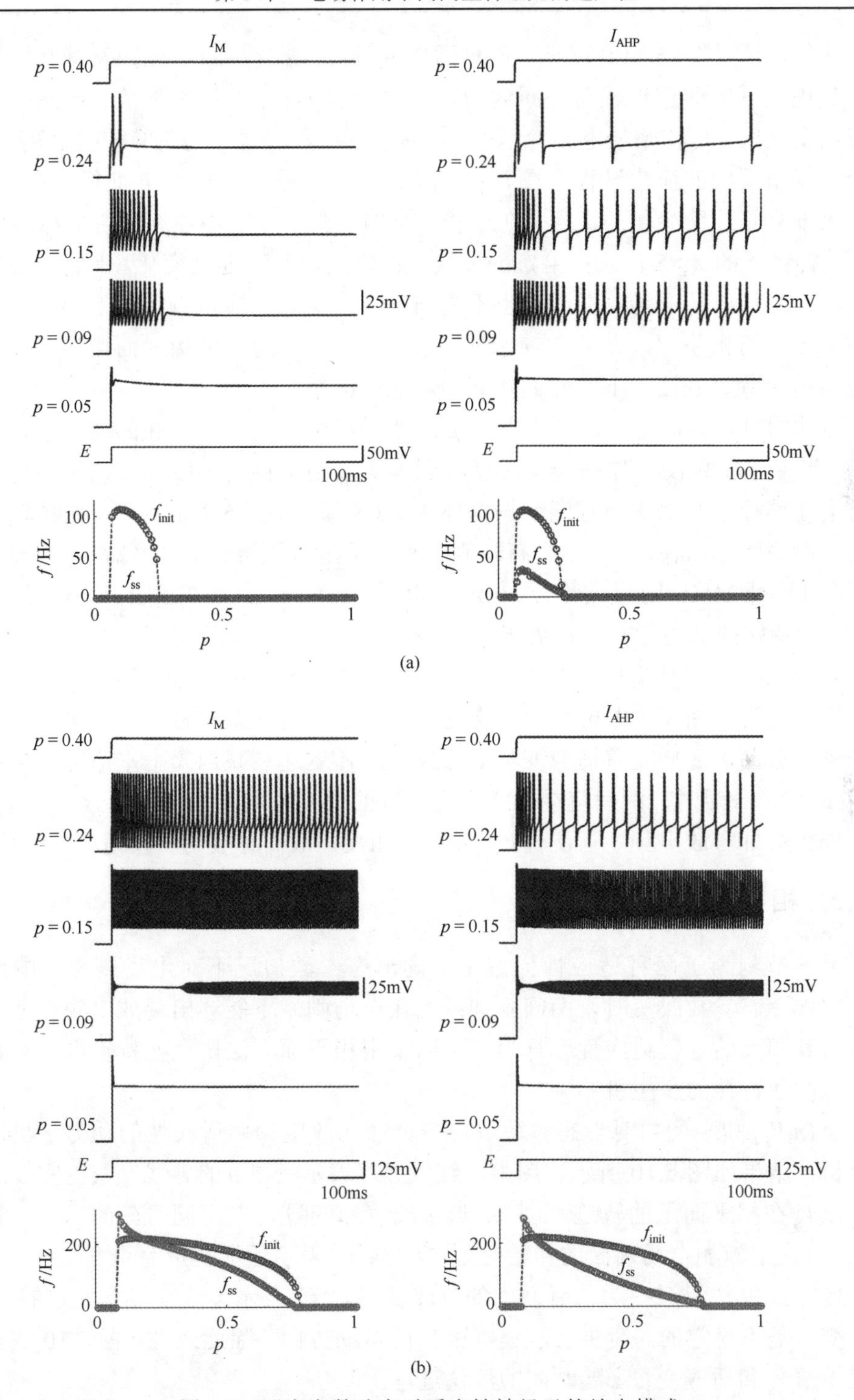

图 5.9　形态参数改变时适应性神经元的放电模式

此外，通过图 5.8(a)可见，两种适应性神经元在(p,E)平面内从静息区域到初始放电区域的演化过程总是断续的，即它们的f_{init}-E曲线在参数p改变时总是不连续变化的。与初始放电频率不同，两种适应性模型的f_{ss}-E曲线在参数p改变时会呈现出不同的演化过程。在I_{AHP}电流情况下，神经元的f_{ss}-E曲线在(p,E)平面内大部分是连续变化的，只是在一些较小的参数p下是不连续的。在I_M电流情况下，神经元的f_{ss}-E曲线在给定的参数p范围内总是不连续变化。另外，触发两间室神经元放电的电场刺激阈值也不是固定值，两种适应电流情况下均与神经元形态参数密切相关。当参数p较大时，电场刺激阈值随p的增加而增加，然而在一些较小的参数p控制下，它们随p的增加而减小。

与此同时，两间室神经元在参数p改变时还会产生一些特殊的动力学行为。例如，当形态参数较小时(如$p=0.09$)，具有I_{AHP}适应性的神经元在电场刺激阈值附近会在其稳态产生多模式混合振荡(MMO)现象，如图 5.9(a)所示。这种动力学行为一般是膜电压在产生 L 个高幅值的阈上振荡后伴随着 S 个低幅值的阈下振荡，并且这种 MMO 通常被称为L^S模式。图 5.9(a)中，$p=0.09$时的 MMO 是2^1模式。这种特殊的动力学行为在I_M电流情况下不会出现。同样对于一些较小的参数p(如$p=0.09$)，两种适应性神经元在高强度电场刺激下的f_{ss}会高于f_{init}，出现"反适应性"行为，如图 5.9(b)所示。在这种情况下，两间室神经元先产生一个高幅值的阈上振荡，之后随着适应变量z的激活，V_S迅速衰减到阈上平衡态。当适应变量 z 完全激活时，两间室神经元产生高频的低幅值周期振荡，导致$f_{ss}>f_{init}$。这一现象恰好与放电频率适应性($f_{ss}<f_{init}$)相反，故而称其为"反适应性"行为。

5.3.2 相平面分析

上一节刻画了两种适应性模型在不同形态参数情况下对电场刺激的响应特性，发现形态参数改变时，两间室神经元在电场刺激下能够出现放电频率适应性以及与其相反的"反适应性"行为。下面采用相平面方法研究在特定形态参数下神经元响应特性的产生机制。

在(n,V_S)相平面内对形态参数p影响神经元放电频率适应性的动力学机制进行分析，结果如图 5.10 所示。图中，红色虚线表示变量n的零线，灰色实线表示膜电压V_S在相平面上的轨迹，倒 N 形实线表示变量V_S在不同时刻的零线，其中t_1(蓝线)表示施加电场刺激的初始时刻，t_2(绿线)表示适应变量完全激活的时刻，t_{11}(粉红线)和t_{12}(棕线)为二者之间的过渡状态。"s"表示零线交点是稳定的，"u"表示交点是不稳定的。箭头表示膜电压V_S的运动方向。除此之外，图 5.10 还描述了膜电压V_S和适应变量z随时间的演化过程。

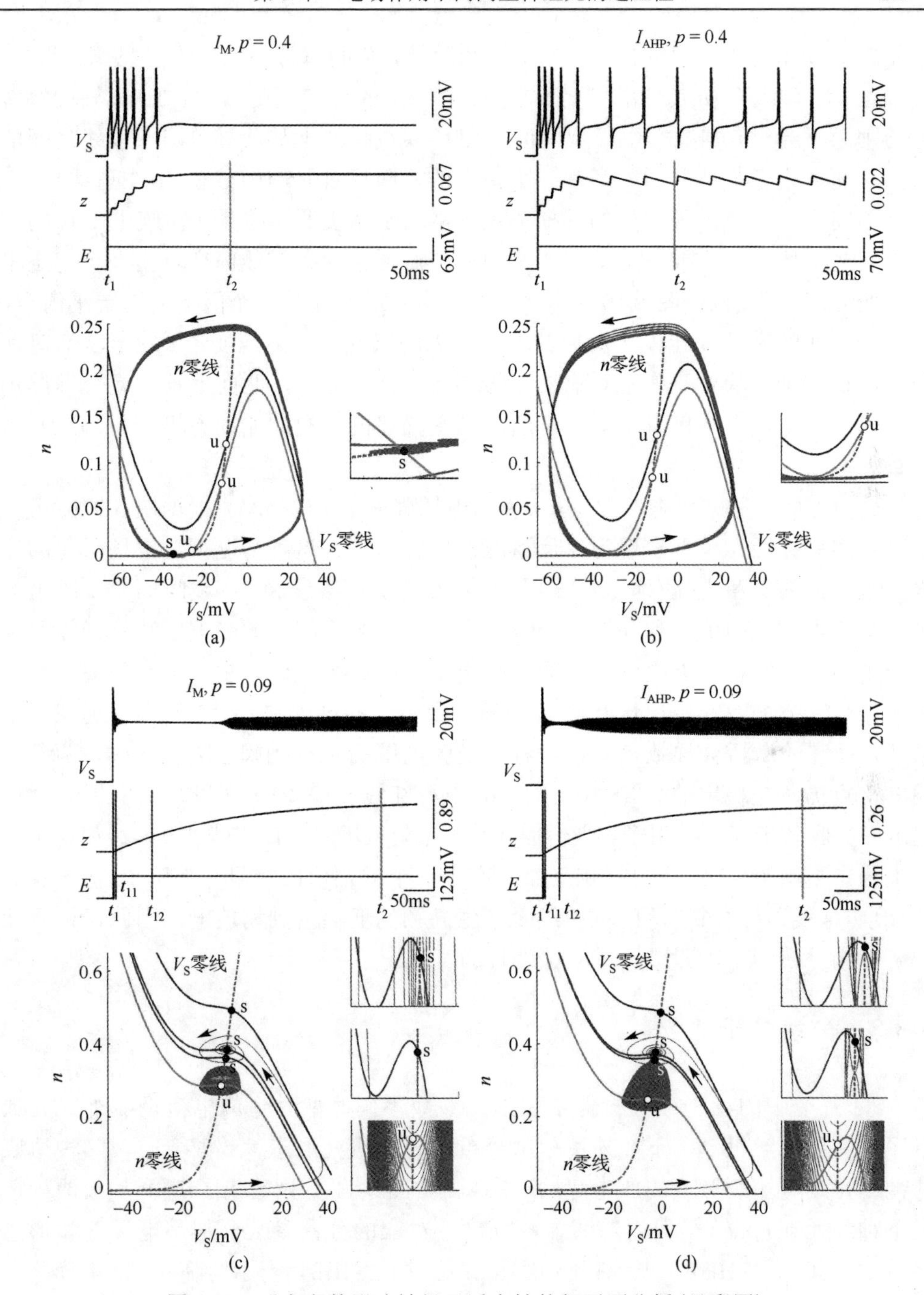

图 5.10　形态参数影响神经元适应性的相平面分析(见彩图)

给定形态参数 $p = 0.4$，图 5.10(a)描述了当电场强度为 $E = 65\text{mV}$ 时 I_M 电流终止神经元放电的相平面分析，图 5.10(b)描述了电场 $E = 70\text{mV}$ 时 I_{AHP} 电流降低神经元放电频率的相平面分析。施加电场刺激前，两间室神经元处于静息态。此时，V_S零线和n零线在(n,V_S)相空间上交于一个阈下的稳定平衡点。施加电场刺激后，电场刺激不会对n零线产生影响，但是使V_S零线瞬间上移，导致两条零线之间的交点瞬间失去稳定性，同时产生一个稳定的极限环(图 5.10(a)和(b)中蓝线)。于是，两间室神经元出现初始的周期放电。随着适应变量z的激活，膜电压V_S的零线会随之下移。在I_M情况下，变量z的完全激活使两条零线的交点由一个稳定平衡点变为三个平衡点(图 5.10(a)中绿线)。由于最左侧是一个阈下的稳定平衡点，所以此时两间室神经元停止周期放电。在I_{AHP}情况下，适应变量z完全激活时两条零线仍交于不稳定平衡点(图 5.10(b)中绿线)。所以，两间室神经元会继续周期放电，只是放电频率有所降低。这两幅图描述的放电起始动态机制与 5.2.2 节一致。

另一方面，考虑形态参数$p=0.09$和电场强度$E=125\text{mV}$，根据图 5.9(b)可知此时两间室神经元模型表现为“反适应性”行为。在这种情况下，电场引起的注入到胞体内的刺激电流(即g_cE/p)强度很大，使V_S零线和n零线瞬间交于阈上的稳定平衡点(图 5.10(c)和(d)中蓝线)。那么，起始于阈下的膜电压轨迹则需要经过一个很长的路程才能收敛到该阈上吸引子，因此神经元产生一个高幅值的初始振荡。另一方面，在膜电压V_S收敛到阈上吸引子的过程中，适应变量z也在逐渐激活，而它的激活会导致V_S零线下移。当膜电压V_S运行到阈上吸引子时，两条零线的交点仍然是稳定的(图 5.10(c)和(d)中粉红线和棕线)。所以，膜电压V_S会快速衰减并收敛于阈上吸引子。当适应变量z完全激活时，V_S零线和n零线相交于一个不稳定平衡点，同时(n,V_S)相平面内产生一个低幅值的极限环吸引子(图 5.10(c)和(d)中绿线)。此时，两间室神经元产生高频的低幅值周期放电。因此，神经元的f_{ss}明显大于f_{init}，即“反适应性”行为。

5.3.3　分岔分析

5.3.2 节中的相平面分析揭示了形态参数不同时两种适应电流调制神经元放电序列的动力学机制，下面采用分岔分析进一步研究形态参数改变时，两种适应性神经元在电场刺激下的放电起始动态机制。图 5.11 分别给出了I_M和I_{AHP}两种情况下神经元在(p,E)平面内的两参数分岔，对应的分岔参数分别是电场E和形态参数p。其中，“HB1”表示超临界 Hopf 分岔，“HB2”表示亚临界 Hopf 分岔。图 5.12 总结了两种适应性神经元在电场刺激下的单参数分岔。分岔图的横坐标为电场E，纵坐标为神经元的平衡态电压或其振荡的最大值/最小值。

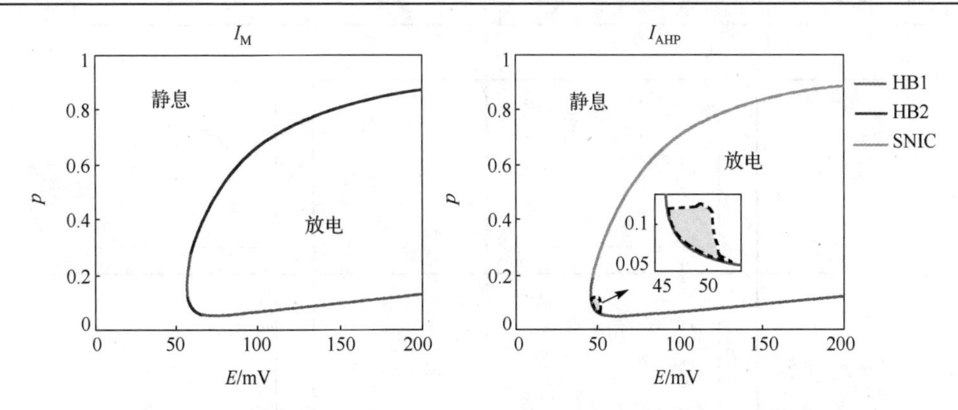

图 5.11　两种适应性神经元在(p, E)平面内的二维分岔图(见彩图)

图 5.11 和图 5.12 表明，当形态参数 p 接近于 0 或 1 时，两种适应性神经元在 $0\text{mV} \leqslant E \leqslant 200\text{mV}$ 范围内不会产生分岔。相反，当参数 p 取中间值时，神经元在给定的电场强度范围内能够产生分岔，进而出现周期放电。通过图 5.11 可知，不同形态参数下，引起适应性神经元产生周期放电的左侧分岔不同。在 I_M 电流情况下，随着参数 p 增加，两间室神经元在(p,E)平面内依次通过超临界 Hopf 分岔、亚临界 Hopf 分岔、超临界 Hopf 分岔和亚临界 Hopf 分岔产生周期放电。此时，神经元不会产生 SNIC 分岔。与 I_M 情况不同，两间室模型在 I_{AHP} 电流情况下依次通过超临界 Hopf 分岔和 SNIC 分岔产生周期放电。此时，神经元不会产生亚临界 Hopf 分岔。由于 SNIC 分岔出现时神经元可以产生任意低频的周期放电，而 Hopf 分岔出现时神经元不能进行低频放电，所以这些分岔类型可以定性地解释两间室神经元的 f_{ss}-E 曲线在形态参数 p 改变时的不同演化特性，如连续变化或不连续变化。此外，在电场超过较高的阈值时，两种适应性神经元通过超临界 Hopf 分岔停止放电。当形态参数 p 较小时，这个超临界 Hopf 分岔出现在 $0\text{mV} \leqslant E \leqslant 200\text{mV}$ 范围内，但随着参数 p 增加，在给定电场范围内不会出现该临界 Hopf 分岔。

特殊地，当 $0.061 \leqslant p < 0.193$ 时，两间室神经元在 I_{AHP} 电流情况下会在其单参数分岔图上产生一段特殊区域。在这一区域内，神经元产生的极限环和平衡点均不稳定。通过图 5.12 的右栏可知，在电场 E 刚超过超临界 Hopf 分岔时，I_{AHP} 神经元便产生了这种特殊区域。在这一区域内，两间室模型在电场刺激下会产生倍周期(period-doubling，PD)分岔或环面(torus，TR)分岔。通过这些分岔，适应性神经元可能在其稳态时产生 MMO 现象，如图 5.11 中的黄色区域。这些特殊的动力学现象是 I_{AHP} 电流、形态参数 p 和电场 E 综合作用的结果，它们在 I_M 电流情况下不会出现。

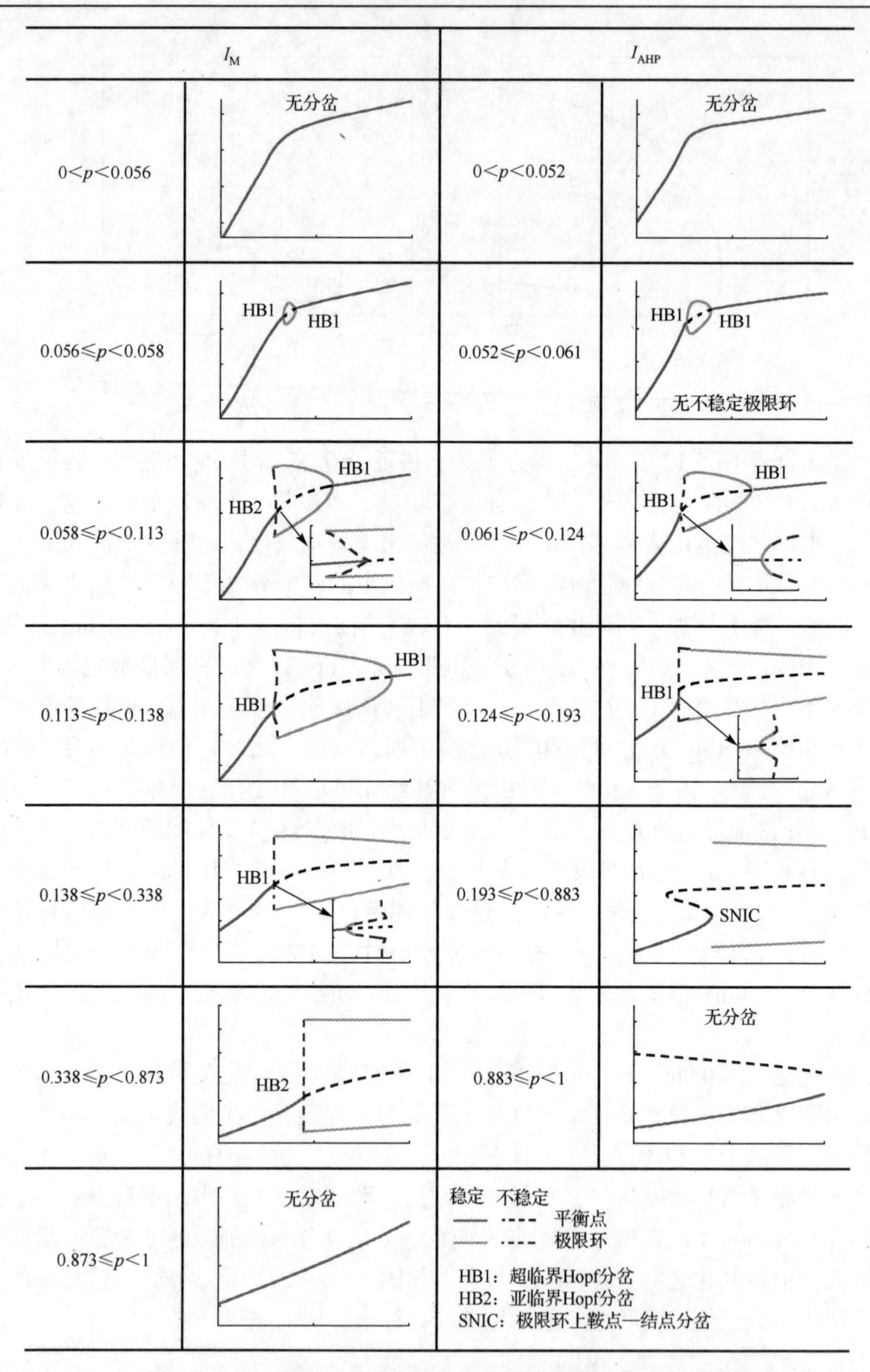

图 5.12　形态参数改变时适应性神经元在电场刺激下的单参数分岔(见彩图)

5.3.4　I_{AHP} 适应性的 MMO

这一部分将研究两间室神经元在 I_{AHP} 电流情况下产生的多模式混合振荡(MMO)行为。通过图 5.9(a)可知形态参数 $p=0.09$ 时，I_{AHP} 神经元在稳态产生 MMO，其在电场刺激下的单参数分岔如图 5.13(a)所示。可以发现，左侧超临界 Hopf 分岔(HB1)产生后，神经元立刻产生一个稳定极限环。但是，随着电场强度增加，稳定的极限环通过 TR 分岔变为不稳定极限环。此时，单参数分岔图上产生一段极限环和平衡点均是不稳定的区域。在这段区域内，两间室神经元产生多个级联的 PD 分岔。为了刻画模型在这个特殊区域内的动力学行为，在 $46\mathrm{mV}\leqslant E\leqslant 52\mathrm{mV}$ 范围内计算稳态 V_{S} 的局部最大值 V_{Smax}，如图 5.13(b)所示。可以发现，随着电场强度增加，稳态有周期响应和混沌响应交替出现的现象，同时也会产生 MMO。图 5.14 给出了 I_{AHP} 神经元在 $46\mathrm{mV}\leqslant E\leqslant 52\mathrm{mV}$ 范围内产生的几种 MMO 模式。当电场 E 接近左侧超临界 Hopf 分岔时，胞体间室产生的 MMO 是由一个大幅值的阈上振荡和多个小幅值的阈下振荡组成，如图 5.14(a)所示。随着电场 E 增加，阈下振荡的数目会随之减少。同时在 E 增加过程中，两间室神经元在稳态产生周期性 MMO 以及混沌 MMO。周期性 MMO 的模式可能是 $1^5 1^4$、1^1、2^2、$2^2 2^1$、2^1、3^1 和 4^1，如图 5.14 和图 5.9(a)所示。当周期性 MMO 由一种模式向另一种模式过渡时，神经元一般会产生混沌 MMO，如图 5.14(h)所示。

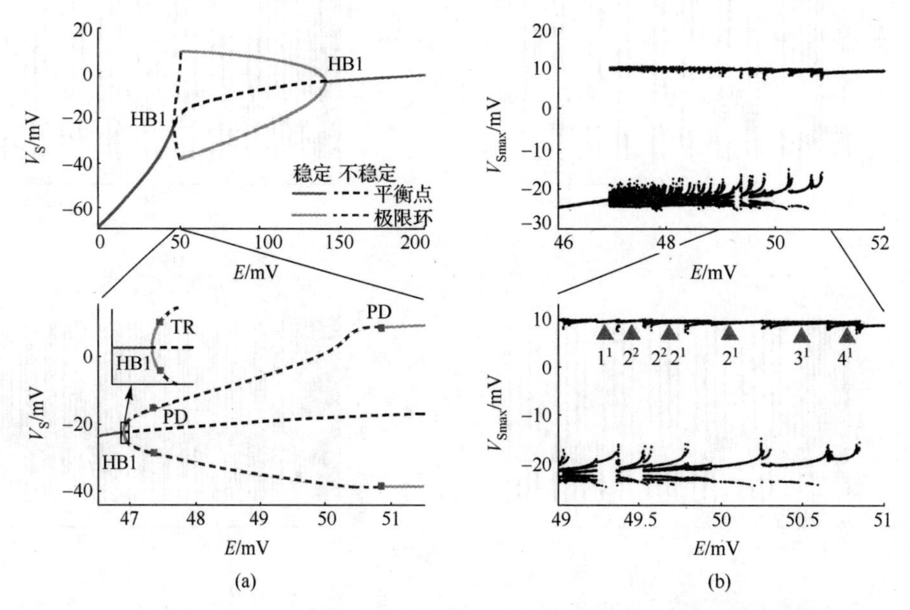

图 5.13　神经元在 I_{AHP} 适应性时的单参数分岔和膜电压局部最大值(见彩图)

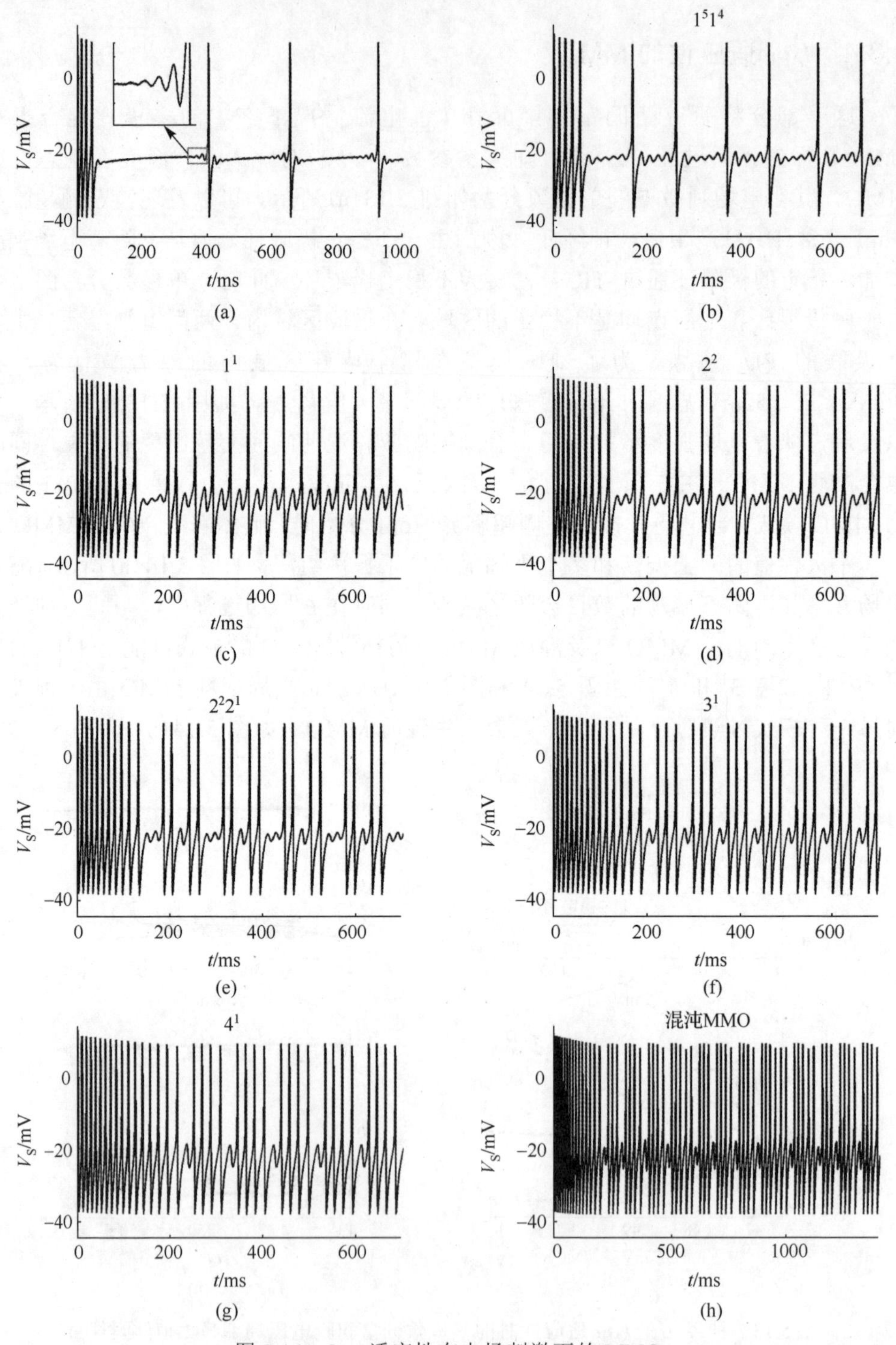

图 5.14　I_{AHP} 适应性在电场刺激下的 MMO

MMO 中的阈上振荡和阈下振荡通过 canard 现象产生，如图 5.15 所示。其中，图 5.15(a) 给出了胞体膜电压 V_S 的稳态振荡幅值随电场 E 变化的函数关系，纵坐标是稳态 V_S 的最大值 V_{Smax} 与最小值 V_{Smin} 之差。图 5.15(b) 和 (c) 分别给出了两间室神经元在这一形态参数下产生的周期性 MMO 和混沌 MMO，其中周期性 MMO 是 2^1 模式。为了便于观察，将稳态 V_S 投射到 (n,V_S) 相平面上，其中箭头表示 V_S 的运动方向。由图 5.15(a) 可见，稳态 V_S 从平衡态过渡到大幅值周期振荡状态是在很窄的电场范围内实现的。在这个过渡过程中，两间室神经元在适应变量完全激活后产生 MMO。由图 5.15(b) 和 (c) 可见，处于 MMO 状态的 V_S 可以从一个阈下极限环瞬间跳跃到一个阈上极限环，即 V_S 可以在阈上和阈下的极限环之间快速切换。这就是著名的 canard 现象 (Desroches et al, 2012; Rubin et al., 2007; Xie et al., 2008)，它与 MMO 的产生有着密切的关系。MMO 中的阈下小幅值振荡是通过一

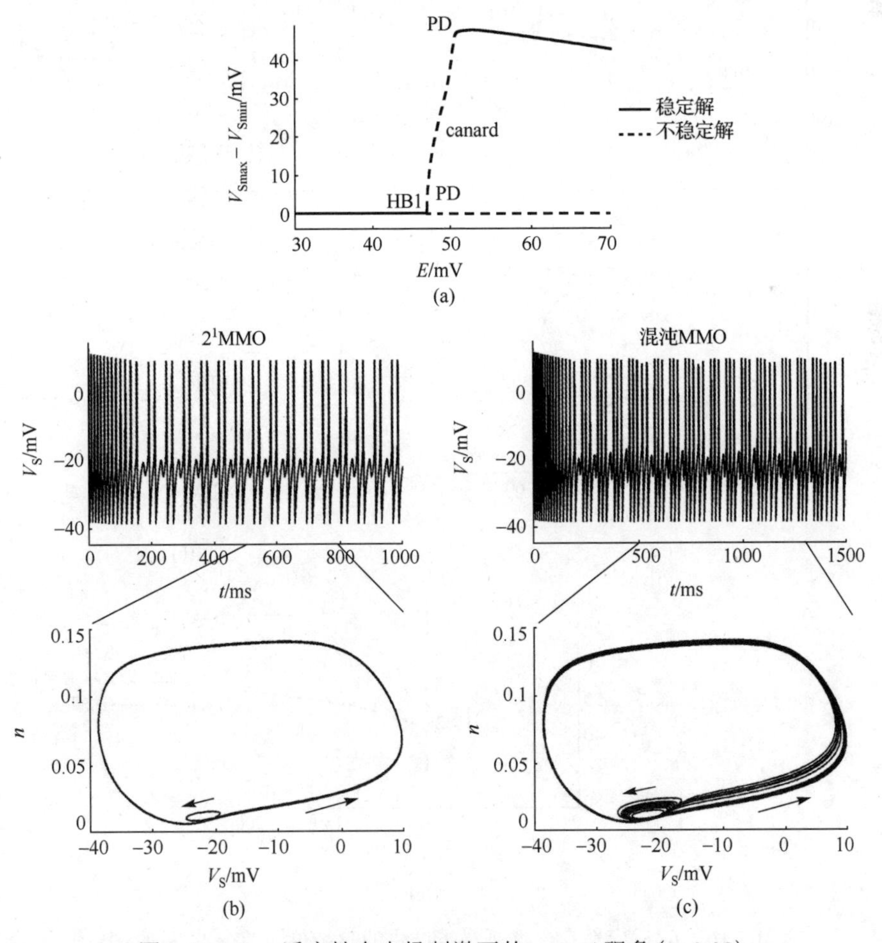

图 5.15　I_{AHP} 适应性在电场刺激下的 canard 现象 (p=0.09)

系列的 canard 极限环演变为阈上振荡。canard 极限环是系统在相平面上的闭轨，也是系统的周期解，又称 canard 解。它被认为是阈下振荡和阈上放电的动态分界线(Moehlis et al., 2006)。神经元的 canard 解由它临界流形的稳定性决定(Desroches et al, 2012; Rubin et al., 2007; Xie et al., 2008)。通过稳定和不稳定临界流形的相互作用，膜电压 V_S 可以在阈下振荡和阈上放电之间来回转迁。于是，神经元产生 MMO 现象。

MMO 这种特殊的动力学行为在 I_M 电流情况下不能产生。因为在 I_M 情况下，两间室神经元在 Hopf 分岔产生后不存在极限环和平衡点均是不稳定的区域，同时也不能产生多个级联的 PD 分岔。图 5.16 给出了形态参数 p 不同时，神经元在 I_M 电流情况下的单参数分岔。由图可见，参数 p 改变时两间室神经元在电场刺激

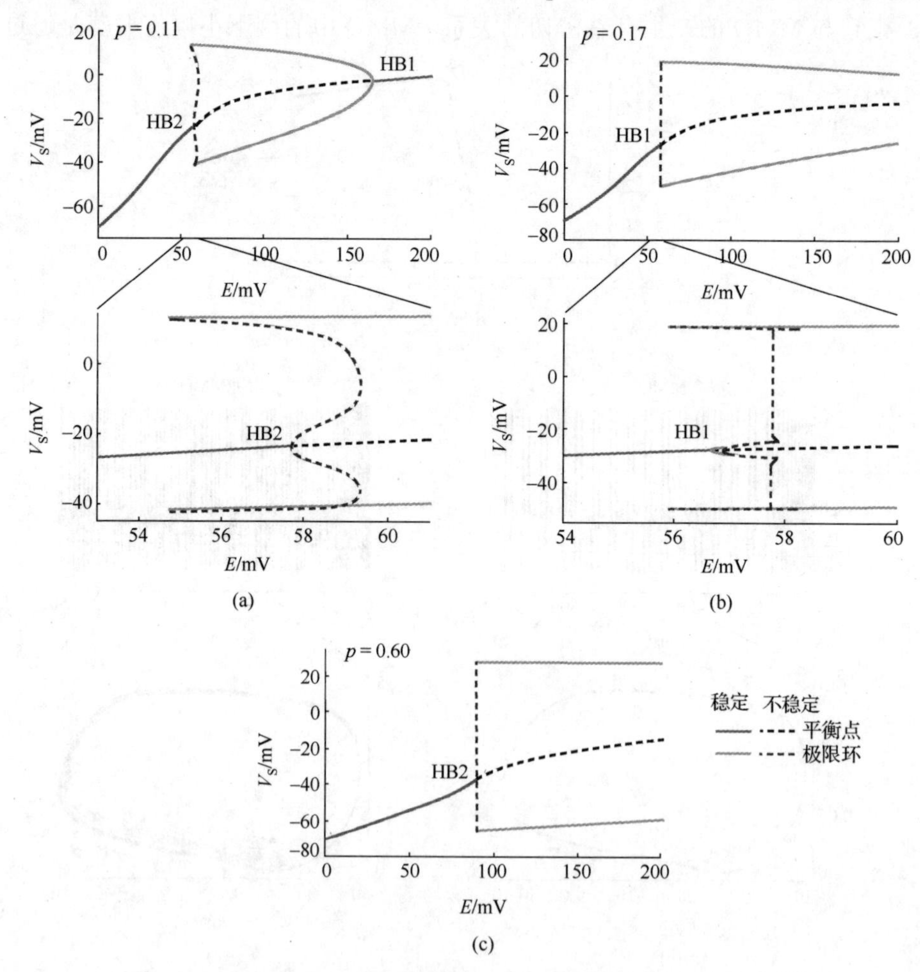

图 5.16　I_M 适应性在电场刺激下产生的三种单参数分岔(见彩图)

下总能出现稳定的吸引子，它可能是极限环也可能是平衡点。于是，胞体膜电压 V_S 的所有轨迹总是可以收敛到稳定吸引子上。这样，在神经元由阈下平衡态向周期放电过渡的过程中，不会产生混沌的兴奋性吸引子。Marino 等人(2007)指出，只有出现混沌的吸引子才会导致 canard 现象，进而产生 MMO。因此，简化的两间室模型在 I_M 电流情况下不会在其稳态产生 MMO。实际上，在 I_{AHP} 情况下两间室神经元也只是在很窄的形态参数范围内 $(0.058 < p < 0.120)$ 才能产生 MMO，如图 5.11 中黄色区域所示。

5.4　内连电导对放电频率适应性的影响

5.3 节分析了形态参数对电场作用下两间室神经元适应性和放电起始动态过程的影响。本节研究改变内连电导 g_c 对两种适应性神经元动力学行为的影响。在下面的研究中，形态参数取标准值，即 $p = 0.5$。

图 5.17 总结了内连电导改变时，两种适应性神经元在电场刺激下的放电特性。其中，图 5.17(a) 描述了神经元在 (g_c, E) 平面内的初始放电频率 f_{init}，图 5.17(b) 描述了神经元在 (g_c, E) 平面内的稳态放电频率 f_{ss}，图中蓝色区域表示相应的放电频率为 0Hz。图 5.18 给出了内连电导改变时，两种适应性神经元在电场刺激下的典型响应，图 5.18(a) 中的电场强度为 $E = 65\text{mV}$，图 5.18(b) 中的电场强度为 $E = 120\text{mV}$。此外，图 5.19 分别给出了两种适应性神经元在 (g_c, E) 平面内的两参数分岔，相应的分岔参数分别是电场 E 和内连电导 g_c，图中的“HB2”表示亚临界 Hopf 分岔。

内连电导较小($g_c < 0.13\text{mS/cm}^2$)时，两种适应性模型在 $0\text{mV} \leqslant E \leqslant 200\text{mV}$ 范围内不会产生放电，如图 5.17 所示。此时，神经元的胞体膜电压 V_S 最终稳定在一个阈下的平衡态，对应的初始放电频率 f_{init} 和稳态放电频率 f_{ss} 均为 0Hz。在这种情况下，神经元树突和胞体间室之间的内连电导强度十分小，电场在两个间室上引起的极化效应也十分微弱。因此，需要足够强的电场($E > 200\text{mV}$)才能触发神经元放电。随着内连电导 g_c 的增加，电场在神经元上引起的极化效应会随之变强，触发神经元产生周期放电的电场刺激阈值会随之减小。于是，神经元在 $0\text{mV} \leqslant E \leqslant 200\text{mV}$ 范围内能产生周期放电，并出现放电频率适应性。但是，当内连电导超过某一临界值后，电场刺激阈值将几乎不随 g_c 的增加而改变。此时，参数 g_c 的改变也几乎不会影响适应性神经元在 (g_c, E) 平面内的放电特性。

内连电导 g_c 改变时，两种适应电流对神经元放电序列的调制作用不同。I_M 电流在电场 E 刚超过分岔点时能够终止神经元周期放电，如图 5.18(a)所示。但是，在更强电场刺激下，I_M 只可以降低神经元放电频率，如图 5.18(b)所示。在这种适应电流情况下，两间室神经元在(g_c,E)平面内的初始放电区域大于稳态放电区域。与I_M电流不同，I_{AHP}电流在$0mV \leqslant E \leqslant 200mV$范围内只能降低神经元放电频率，不能终止其放电。在这种适应电流情况下，神经元在(g_c,E)平面内的初始放电区域和稳态放电区域具有相同的面积。

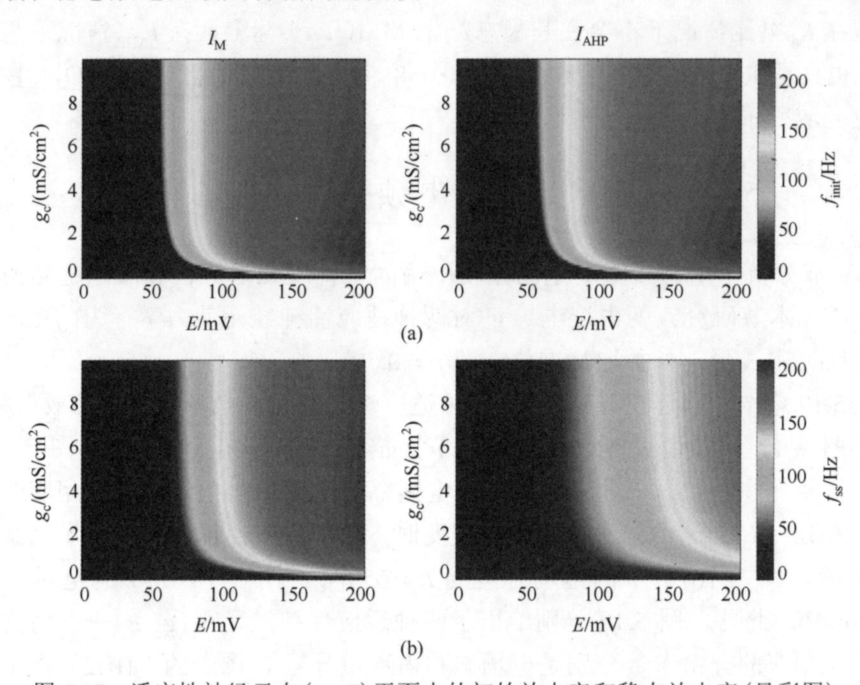

图 5.17　适应性神经元在(g_c, E)平面内的初始放电率和稳态放电率(见彩图)

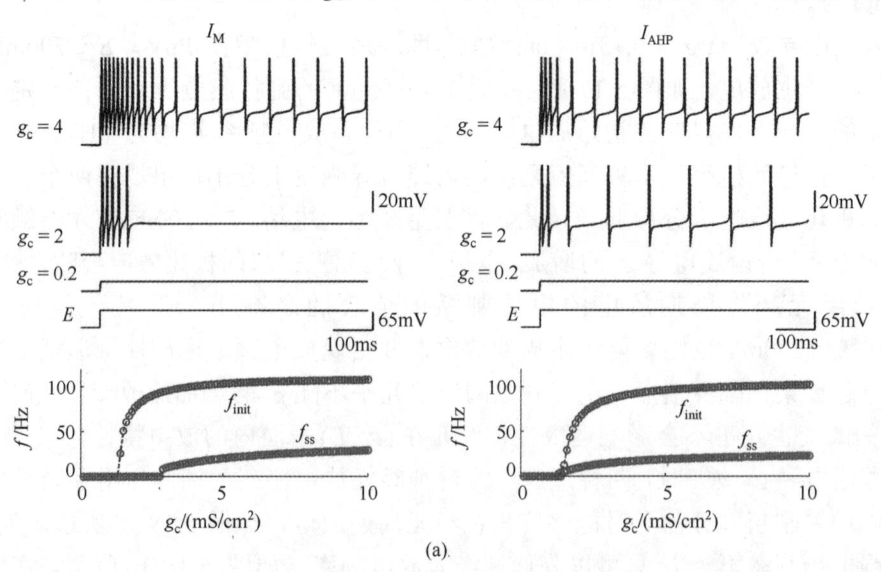

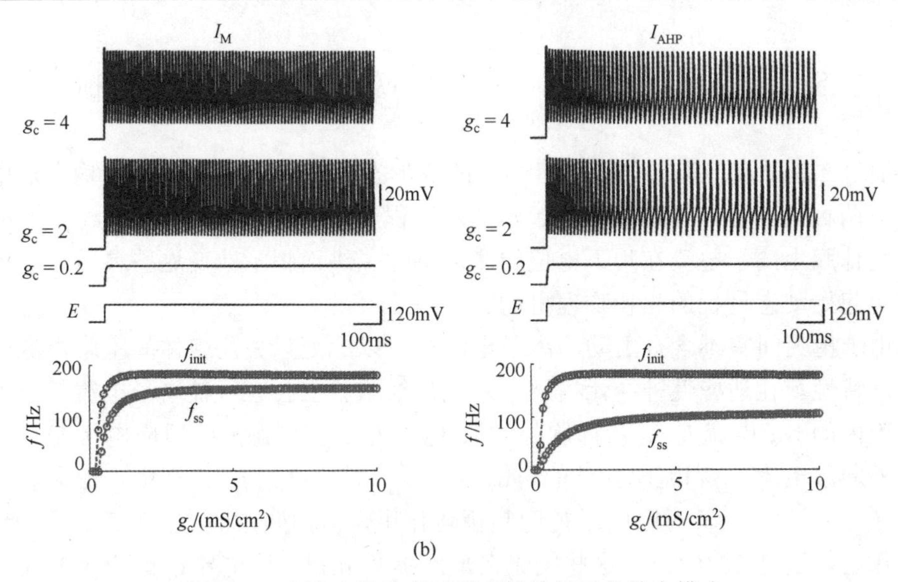

(b)

图 5.18　内连电导改变时适应性神经元的放电模式

此外，两种适应电流对神经元放电频率演化过程的影响也不同。当 $0\,\mathrm{mS/cm^2} < g_c \leqslant 10\,\mathrm{mS/cm^2}$ 时，两种适应性神经元的 f_{init}-E 曲线都是不连续变化的，如图 5.17(a) 所示。但是，它们的 f_{ss}-E 曲线却具有不同的演化特性，如图 5.17(b) 所示。在 I_M 电流情况下，两间室模型在 (g_c, E) 平面内的 f_{ss}-E 曲线均是不连续变化。通过图 5.19 可知，这些不连续的 f_{ss}-E 曲线通过亚临界 Hopf 分岔产生。在 I_{AHP} 电流情况下，两间室模型在 (g_c, E) 平面内的 f_{ss}-E 曲线均是连续变化的。这些连续的“输入—输出”关系通过 SNIC 分岔产生，如图 5.19 所示。这些结果表明，内连电导 g_c 只能改变电场刺激阈值，对两种适应性神经元在电场刺激下的分岔结构没有影响。

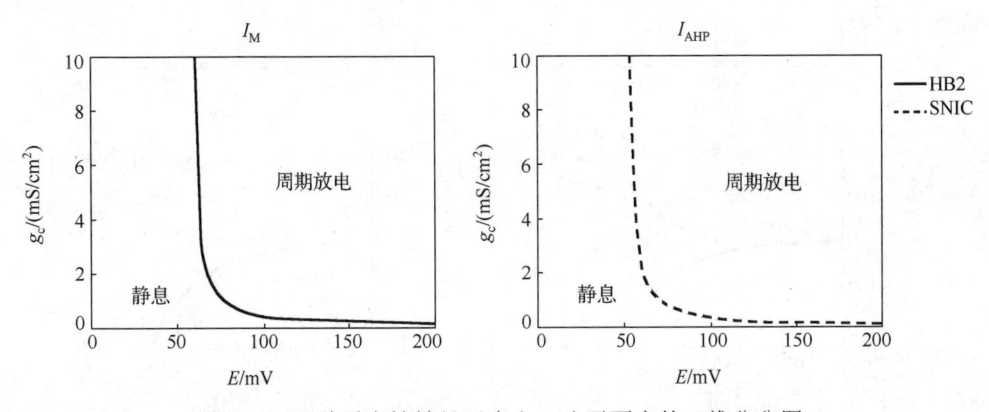

图 5.19　两种适应性神经元在 (g_c, E) 平面内的二维分岔图

5.5 电场调制放电频率适应性的生物物理机制

通过 5.3 节和 5.4 节的分析可知，改变形态参数 p 和内连电导 g_c 均会对电场作用下两种适应性神经元的放电起始动态过程产生影响。下面分析参数 p 和 g_c 改变时胞体膜上离子电流在阈下电位的激活特性，进而揭示改变这些参数影响神经元放电起始动态过程的生物物理机制。

由于树突间室不含有主动的离子电流，所以此处只关注胞体间室膜电流的阈下激活特性。在适应性神经元模型中，胞体细胞膜上含有五种离子电流，分别是流向胞内的 Na^+电流 I_{Na}、流向胞外的 K^+电流 I_K、流向胞外的适应电流 I_{adapt}、流向胞外的漏电流 I_{SL} 和流向胞外的内部电流 I_{SD}^*（$I_{SD}^* = I_{SD}/p$）。其中，流向胞外的 I_K、I_{adapt}、I_{SL} 和 I_{SD}^* 对膜电压 V_S 起超极化作用，流向胞内的 I_{Na} 对膜电压 V_S 起去极化作用。图 5.20 给出了这些电流在形态参数 p 和内连电导 g_c 改变时的阈下特性。由式(5.2)可知，改变参数 p 和 g_c 不会影响 I_{Na}、I_K、I_{adapt} 和 I_{SL} 在阈下的激活特性，但是却可以影响内部电流 I_{SD}^* 的阈下特性。通过图 5.20(c)可以发现，增加形态参数 p 可以明显地减小 I_{SD}^*-V_S 曲线斜率，意味着 p 值的增加降低了内部电流 I_{SD}^* 的阈下强度。与参数 p 相反，增加内部电导 g_c 会增加 I_{SD}^* 的阈下强度，并且由其引起的 I_{SD}^* 变化幅度远小于由形态参数 p 引起的变化幅度，如图 5.20(d)所示。此外，通过图 5.20(a)和(b)还可以发现，流向胞外的 I_K 的激活电压高于流向胞内的 I_{Na}，表明电流 I_{Na} 在阈下比 I_K 率先激活。下面将详细分析这些离子电流在阈下的相互作用，进而揭示它们与适应性神经元放电起始动态过程之间的关系。

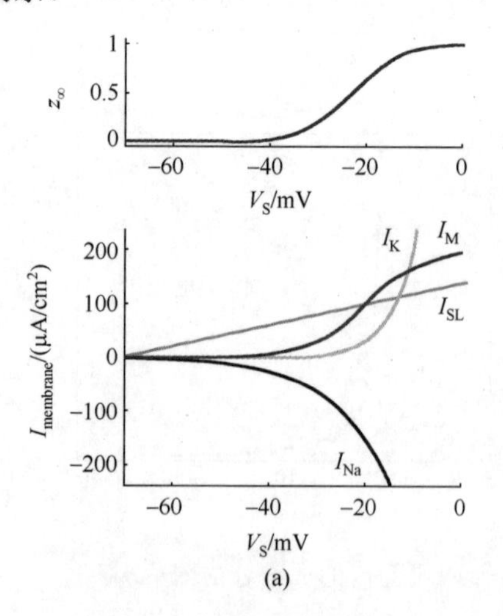

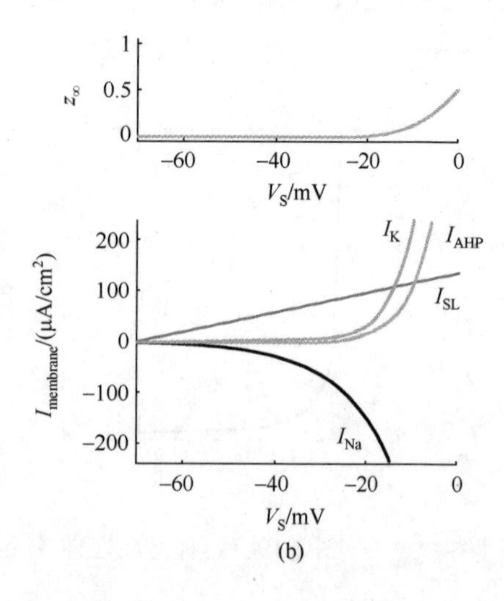

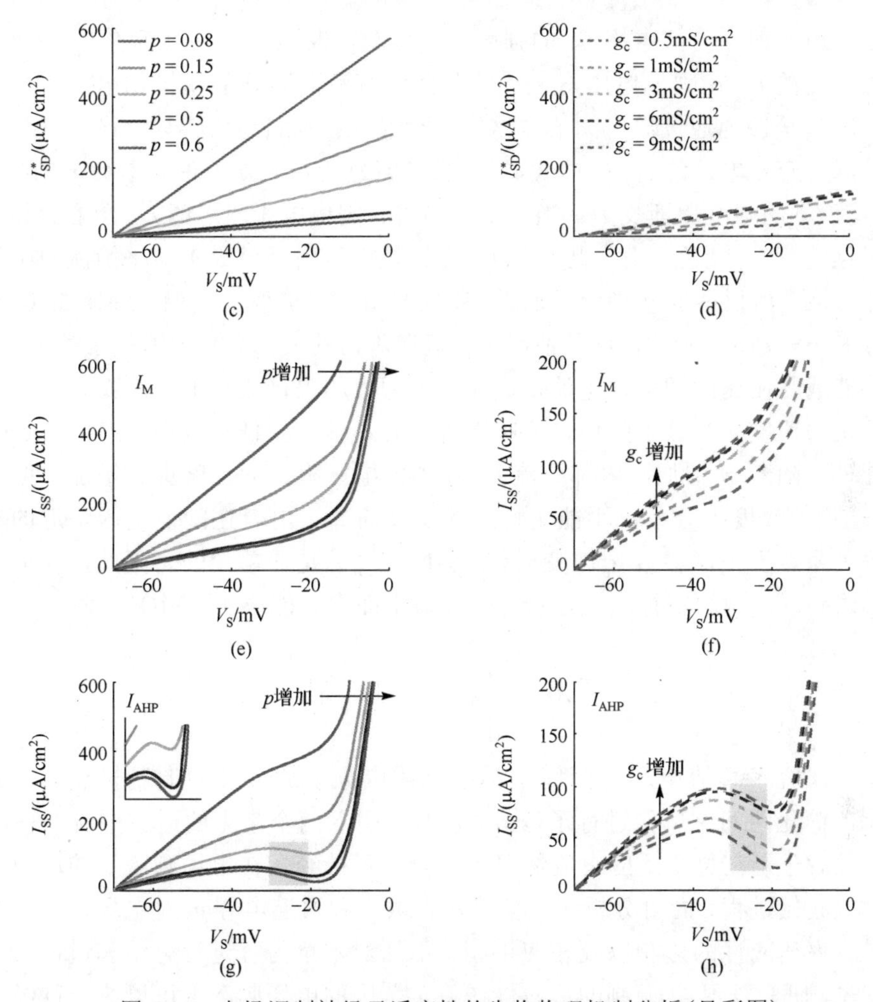

图 5.20　电场调制神经元适应性的生物物理机制分析(见彩图)

在 I_M 电流情况下，适应变量 z 的半激活电压是一个阈下值，这使得 I_M 电流可以在动作电位产生前激活。另外，考虑到在阈值电压附近超极化电流 I_K 不能被激活，因此 I_M 电流可以与激活的去极化电流 I_{Na} 形成竞争。这样，即使没有超极化电流 I^*_{SD}，产生一个动作电位也需要 I_{Na} 以超过 I_M 的速度快速激活。这个过程对应 Hopf 分岔(Prescott et al., 2008a)，相应的稳态膜电流 I_{SS}-V_S 曲线是单调的。当参数 p 和 g_c 改变时，I_{Na} 和 I_M 的这种非线性竞争关系保持不变，因此 I_{SS}-V_S 曲线在参数 p 和 g_c 取不同值时总是单调的，如图 5.20(e)和(f)所示。所以，在 I_M 电流调制下，两间室神经元在 (p,E) 和 (g_c,E) 参数平面内只能产生 Hopf 分岔。

与 I_M 电流不同，适应电流 I_{AHP} 的激活依赖于放电。这样，超极化电流 I_{AHP} 和 I_K 都不能在阈值电压附近激活，因此它们均不能与去极化电流 I_{Na} 竞争。当形态

参数 $p \geqslant 0.193$ 时，内部电流 I_{SD}^* 的强度十分微弱，也不足以与激活的 I_{Na} 竞争。于是，去极化的 I_{Na} 在阈值电压附近能够平衡所有流向胞外的超极化电流，进而驱动膜电压 V_S 缓慢地通过放电阈值。这样，神经元会通过 SNIC 分岔产生低频的周期放电，对应非单调的 I_{SS}-V_S 曲线，如图 5.20(g)所示。随着形态参数 p 的减小，内部电流 I_{SD}^* 的强度逐渐变大。当 $p < 0.193$ 时，阈值电压附近的 I_{SD}^* 会增大到足以和去极化电流 I_{Na} 竞争。由于此时的 I_{Na} 在阈值电压附近已经不能平衡流向胞外的超极化电流，所以两间室神经元的 I_{SS}-V_S 曲线由非单调变为单调，如图 5.20(g)中 p=0.08 和 $p = 0.15$ 所示。在这种情况下，流向胞内的 I_{Na} 只有利用其快速的动力学特性才能战胜慢速的超极化电流，进而产生阈上的去极化。于是，膜电压 V_S 必须以足够快的速度穿过放电阈值，意味着神经元不能产生低频放电，对应 Hopf 分岔。此外，随着 g_c 增加，内部电流 I_{SD}^* 在阈值电压附近的强度也会增加。但是由于 I_{SD}^* 增加的幅度十分小，不能定性地改变反向离子电流在阈值电压附近的非线性竞争关系。于是，参数 g_c 改变时，I_{SS}-V_S 曲线总是非单调的。因此，在适应电流 I_{AHP} 调制下，两间室神经元在 (g_c, E) 参数平面内只能产生 SNIC 分岔。

5.6 本章小结

本章研究了直流电场对两间室神经元放电频率适应性的调制机制。首先对第 4 章的简化两间室模型进行了修改，在其中引入两个常见的适应电流——I_M 和 I_{AHP}。然后分别在每个适应电流情况下，研究了神经元在电场刺激下的动力学行为及放电起始过程，同时分析了改变形态参数 p 和内连电导 g_c 对电场作用下神经元放电频率适应性的影响以及相应机制。下面对本章内容进行总结和讨论。

首先，研究发现 I_M 调制的适应性在特定范围的电场刺激下可以终止神经元周期放电，而 I_{AHP} 调制的适应性在给定的电场强度范围内只能降低神经元放电频率。二者对放电序列的不同调制效应与它们的激活机制密切相关。I_M 电流主要是由膜上 KCNQ 钾通道调控，它的适应变量具有很宽的激活曲线，导致 I_M 可以在阈下电位处激活(Prescott et al., 2006; Wang, 1998; Ermentrout, 1998)。于是，控制 I_M 电流的适应变量可以在无放电情况下增加，导致由其产生的适应性能够将膜电压稳定在阈下电位，进而终止神经元周期放电。与 I_M 电流不同，I_{AHP} 电流主要是由膜上 SK 钙通道调控。它的激活与膜两侧 Ca^{2+}活动密切相关，依赖于神经元放电，不能在阈下电位处发生(Prescott et al., 2006; Pineda et al., 1999; Ermentrout, 1998)。于是，控制 I_{AHP} 电流的适应变量必须在动作电位产生的基础上逐步地增加，并且在两个放电之间会有所衰减。这样，由 I_{AHP} 调控的适应性不能将膜电压稳定在阈下电位，使得神经元产生持续的周期放电。这些现象与 Prescott 等人(2006, 2008c)采用突触电流刺激的结果类似，表明电场最终也是通过产生感应电流调制神经电活动。但是，与胞内电流刺激不同，电场刺激下的感应电流是通过空间极化效应产生，并且这种极化效应与神经元的形态特性和电生理特性、电场的极性和时序特性，以及电场与神经元之间的相对位置密切相关(Chan et al., 1986, 1988; Bikson et al., 2004; Radman et al., 2009; Svirskis et al., 1997; Pashut et al., 2011; Berzhanskaya et al., 2013)。

其次，对于较大和较小的形态参数，两种适应性神经元都不能对电场刺激产生响应。在两间室适应性模型中，参数 p 和 $1-p$ 分别刻画胞体和树突间室所占面积比例。参数 p 接近 0 或 1 意味着模型中只含有一个树突或胞体间室。这样，阳极引起的超极化和阴极引起的去极化在单个间室中会相互抵消，导致净极化效应为零。于是，两间室神经元在这两种极端情况下不能对电场刺激产生响应。另外，当内连电导较小时，神经元也很难在电场刺激下产生响应。此时，间室之间的电耦合强度十分微弱，导致胞体间室几乎与树突间室分隔开。在这种情况下，电场也几乎不能在神经元上产生极化效应。以上结果表明，神经元形态特性和电生理特性都能控制电场的空间极化效应，尤其是形态特性，与之前的模型仿真分析(Pashut et al., 2011; Svirskis et al., 1997; Tranchina et al., 1986)和电生理实验研究(Pashut et al., 2014; Chan et al., 1986, 1988; Bikson et al., 2004; Radman et al., 2009)结果吻合。同时，这些结果也进一步证明了能够体现电场极化效应的最小神经元单元至少应含有两个空间独立的间室(Park et al., 2003, 2005)。

再次，形态参数 p 不同时，两种适应性神经元在电场刺激下产生的分岔类型也不同。在 I_{M} 电流情况下，两间室神经元在 (p,E) 平面内交替地产生超临界 Hopf 分岔和亚临界 Hopf 分岔，不产生 SNIC 分岔。在 I_{AHP} 电流情况下，两间室神经元在 (p,E) 平面内依次产生超临界 Hopf 分岔和 SNIC 分岔，不产生亚临界 Hopf 分岔。由此可见，改变形态参数可以定性地改变适应性神经元在电场刺激下的放电起始动态过程。与形态参数不同，改变内连电导不会影响两种神经元在电场刺激下的分岔类型。另外，产生 SNIC 分岔的神经元已被证明具有积分特性(Izhikevich, 2007)，能够对很宽频率范围内的输入进行累计求和，然后调制神经元的输出；而产生 Hopf 分岔的神经元对应的是一个共振子(Izhikevich, 2007)，它对输入具有选择性，能对处于共振频率的输入产生共振响应。因此，在 I_{AHP} 电流情况下，两间室神经元在形态参数改变时既可以是共振子也可以是积分子。然而，在 I_{M} 电流情况下，神经元在不同形态参数时只能是共振子。同时，在改变内连电导时，神经元也只会处于一种状态，不会相互转换。此外，改变形态参数还可以对电场作用下神经元的动力学行为产生其他明显的影响。例如，触发神经元产生稳态周期放电的电场刺激阈值与形态参数密切相关；形态参数较小时，两种适应性神经元在较强电场刺激下的稳态放电频率会大于初始放电频率，出现“反适应性”现象；同样，对于一些较小的形态参数，神经元在 I_{AHP} 电流情况下会在其稳态产生 MMO 现象。所有这些结果都表明，神经元形态特性在电场调制神经电活动过程中起着关键性作用，与之前的计算模型分析和电生理实验研究相吻合(Pashut et al., 2011, 2014; Chan et al., 1986, 1988; Bikson et al., 2004; Radman et al., 2009; Svirskis et al., 1997)。

通过分析离子电流的阈下激活特性，本章还研究了两种适应电流调制电场作用下神经元响应的生物物理机制。研究发现，改变形态参数 p 和内连电导 g_c 不会影响胞体膜上 I_{Na}、I_K、I_{SL} 和两个适应电流的阈下激活特性，但是却可以影响间室之间内部电流的强度。随着形态参数增加，内部电流会明显减弱。但是，随着内连电导增加，内部电流会缓慢地增强。在 I_M 电流情况下，由于 I_M 可以在放电产生前激活，因此在阈值电压附近它可以与流向胞内的 I_{Na} 竞争。此时，改变参数 p 和 g_c 只会影响内部电流的强度，不会改变 I_M 和 I_{Na} 在阈值附近的非线性竞争关系。于是，两间室神经元在 (p,E) 平面和 (g_c,E) 平面内只能产生 Hopf 分岔。与 I_M 电流不同，I_{AHP} 电流不能在放电产生前激活，因此它不能在阈值电压附近与 I_{Na} 进行竞争。形态参数较小时，流向胞外的内部电流在阈值附近十分强，所以它可以同流向胞内的 I_{Na} 竞争，导致神经元在电场刺激下产生 Hopf 分岔。随着参数 p 增加，内部电流强度会明显减小。当 $p > 0.193$ 时，内部电流强度变得非常微弱，以至于在阈值电压附近不能与 I_{Na} 进行竞争。这样，神经元在电场刺激下便会产生 SNIC 分岔。增加内连电导 g_c 虽然可以使内部电流强度变大，但是增大幅度很小，不足以定性地改变离子电流在阈值附近的竞争结果。所以，在 I_{AHP} 电流调制下，两间室神经元在 (g_c,E) 平面内只会产生 SNIC 分岔。这些结果说明，神经元在电场作用下的放电起始动态过程不仅受其形态特性控制，还与适应电流的激活机制密切相关。同时，这些生物物理特性分析也表明了增加流向胞外的电流强度会促进 Hopf 分岔产生，而增加流向胞内的电流强度会促进 SNIC 分岔产生。以上结论与 Prescott 等人(2008a, 2008b)的动力学分析结果一致。

最后，本章对电场神经调制效应的计算仿真是在简化的情况下进行的。采用的模型只包含一个胞体和一个被动的树突，并且模型只含有一个刻画胞体所占面积比例的形态参数。实际上，神经元具有十分复杂的形态结构并且树突中应该含有多种离子电流，这些都会对电场的神经调制效应产生影响。但是，本章的目的是研究电场刺激对神经元放电频率适应性的调制作用。之所以选择简化的两间室模型，是因为它不仅包含了产生胞体放电所必备的生物物理机制，还包含了导致神经元放电频率适应性的离子电流机制，此外它还可以体现电场的空间极化效应以及神经元的形态特性。由于它省去了描述神经元特性的很多不必要的环节，所以本章可以利用分岔、相平面和稳定性等非线性方法研究不同动力学行为的产生机制，还可以进一步揭示离子电流的激活特性与这些动力学行为之间的关系。即使这样，本章所得的结论还是需要采用复杂的计算神经模型以及电生理实验进行进一步验证。

第 6 章　Hodgkin 三类神经元的放电阈值特性

根据能否诱发静息态神经元产生动作电位，可将电场刺激分为阈上和阈下两类。神经元对阈上电场刺激以其诱发的动作电位序列进行编码。第 3 章、第 4 章和第 5 章分别采用了不同的生物物理模型详细刻画了阈上电场刺激下神经元的响应特性，并且研究了相应的动力学和生物物理机制。与阈上电场不同，阈下电场主要采用弱场进行刺激。虽然弱电场不能直接诱发静息神经元放电，但是可以干预神经元对阈上刺激的响应过程，进而影响神经电活动。特别地，近期实验研究表明阈下电场能够在阈上突触活动背景下精确地调节海马神经元的放电时刻(Radman et al., 2007; Reato et al., 2010)，暗示了阈下电场具有调制神经元时间编码的能力。这一结论在本书基于生物物理模型的仿真研究中也得到了证实。然而，阈下电场调制神经元时间编码的生物物理机制目前尚不清楚。

实际上，神经元产生动作电位除了与刺激输入有关，还与产生动作电位的膜电压临界值(即放电阈值)密切相关。只有当膜电压的去极化水平超过放电阈值时，神经元才会产生动作电位。否则，膜电压会迅速衰减到静息态，神经元不会产生放电。大量的活体实验表明，放电阈值不是一个固定值，而是随神经元的放电活动动态变化，例如膜电压上升率($\mathrm{d}V/\mathrm{d}t$)。放电阈值依赖于神经电活动的这种非线性动态特性，能够灵活地塑造神经元对阈上刺激的时间编码。因此，从动态放电阈值的角度能够阐释阈下电场精确调制神经元时间编码的潜在机理。那么，神经元的放电阈值如何依赖 $\mathrm{d}V/\mathrm{d}t$ 动态变化？如果神经元类型不同，它们的阈值动态有哪些区别？产生不同阈值动态的动力学和生物物理机制是什么？这些都是阈下场效应研究中需要首先解决的关键问题，对于揭示阈下电场的神经调制机制具有重要的意义。为了解决上述问题，本章利用 Prescott 模型研究 Hodgkin 三类神经元的动态阈值特性以及相应的动力学和生物物理机制。

6.1　神经元模型及放电阈值的计算

6.1.1　神经元模型

本章首先采用 Prescott 等人(2008a)提出的类 ML 模型刻画 Hodgkin 三类神经

元兴奋性。如第 3 章所述，该模型是一个二维神经元模型，含有两个动力学变量，分别是膜电压 V 和 K^+通道激活变量 n。模型方程如式(6.1)～式(6.5)所示：

$$C\frac{dV}{dt}=I_S-\overline{g}_{Na}m_\infty(V)(V-E_{Na})-\overline{g}_K n(V-E_K)-g_L(V-E_L) \tag{6.1}$$

$$\frac{dn}{dt}=\varphi\frac{n_\infty(V)-n}{\tau_n(V)} \tag{6.2}$$

$$m_\infty(V)=0.5\left[1+\tanh\left(\frac{V-B_m}{A_m}\right)\right] \tag{6.3}$$

$$n_\infty(V)=0.5\left[1+\tanh\left(\frac{V-B_n}{A_n}\right)\right] \tag{6.4}$$

$$\tau_n(V)=1\bigg/\cosh\left(\frac{V-B_n}{2A_n}\right) \tag{6.5}$$

式(6.1)中，$I_{Na}=\overline{g}_{Na}m_\infty(V)(V-E_{Na})$ 为 Na^+电流，$I_K=\overline{g}_K n(V-E_K)$ 为 K^+电流，$I_L=g_L(V-E_L)$ 为漏电流，I_S 为突触输入电流。在不同 I_S 刺激下，三个离子电流的动态特性会导致膜电压 V 出现不同的演化特性,即神经元产生不同的放电模式。式(6.3)～式(6.5)分别给出了激活变量稳态值 $m_\infty(V)$ 和 $n_\infty(V)$ 以及时间常数 $\tau_n(V)$ 的表达式。Prescott 等人(2008a)提出，改变参数 B_n 可使模型产生 Hodgkin 三类神经元兴奋性。当 $B_n=0\text{mV}$ 时，模型呈现 I 类兴奋性；当 $B_n=-13\text{mV}$ 时，模型呈现 II 类兴奋性；当 $B_n=-21\text{mV}$ 时，模型呈现 III 类兴奋性。如无特殊说明，上述模型的其他参数取值如下：$C=2\mu\text{F/cm}^2$，$\overline{g}_{Na}=20\text{mS/cm}^2$、$\overline{g}_K=20\text{mS/cm}^2$、$g_L=2\text{mS/cm}^2$，$E_{Na}=50\text{mV}$、$E_K=-100\text{mV}$、$E_L=-70\text{mV}$，$B_m=-1.2\text{mV}$，$A_m=18\text{mV}$，$A_n=10\text{mV}$，$\varphi=0.15$。

为了使模型更接近真实电生理，Prescott 等人(2008a)将上述二维模型中的 K^+电流分成 $I_{K,dr}$ 和 I_{sub} 两个子电流，导致模型由二维升为三维，具体形式如下：

$$C\frac{dV}{dt}=I_S-\overline{g}_{Na}m_\infty(V)(V-E_{Na})-\overline{g}_{K,dr}y(V-E_K)-\overline{g}_{sub}z(V-E_{sub})-g_L(V-E_L) \tag{6.6}$$

$$\frac{dy}{dt}=\varphi_y\frac{y_\infty(V)-y}{\tau_y(V)} \tag{6.7}$$

$$\frac{dz}{dt}=\varphi_z\frac{z_\infty(V)-z}{\tau_z(V)} \tag{6.8}$$

式(6.6)中，$I_{K,dr}=\overline{g}_{K,dr}y(V-E_K)$ 是延迟整流的 K^+电流，$I_{sub}=\overline{g}_{sub}z(V-E_{sub})$ 是阈

下电流。y 和 z 是控制这两个电流的激活变量，它们的动力学演化方程如式(6.7)和式(6.8)所示，两个变量的稳态值和时间常数的表达式如下：

$$
\begin{cases}
y_{\infty}(V) = 0.5\left[1 + \tanh\left(\dfrac{V - \beta_y}{\gamma_y}\right)\right] \\
z_{\infty}(V) = 0.5\left[1 + \tanh\left(\dfrac{V - \beta_z}{\gamma_z}\right)\right] \\
\tau_y(V) = 1\Big/\cosh\left(\dfrac{V - \beta_y}{2\gamma_y}\right) \\
\tau_z(V) = 1\Big/\cosh\left(\dfrac{V - \beta_z}{2\gamma_z}\right)
\end{cases}
\tag{6.9}
$$

阈下电流 I_{sub} 既可以流向胞内也可以流向胞外，这主要取决于平衡电势 E_{sub} 的符号。当 $E_{\text{sub}} = E_{\text{Na}} = 50\text{mV}$、$\overline{g}_{\text{sub}} = 3\,\text{mS/cm}^2$、$\varphi_z = 0.5$ 时，I_{sub} 流进胞内，此时神经元呈现 I 类兴奋性；当 $E_{\text{sub}} = E_{\text{K}} = -100\text{mV}$、$\overline{g}_{\text{sub}} = 2\,\text{mS/cm}^2$、$\varphi_z = 0.15$ 时，I_{sub} 流向胞外，此时神经元呈现 II 类兴奋性；当 $E_{\text{sub}} = E_{\text{K}} = -100\text{mV}$、$\overline{g}_{\text{sub}} = 7\,\text{mS/cm}^2$、$\varphi_z = 0.15$ 时，神经元呈现 III 类兴奋性，此时电流 I_{sub} 也是流出胞外。此外，$\beta_z = -21\text{mV}$、$\gamma_z = 15\text{mV}$、$\beta_y = -10\text{mV}$、$\gamma_y = 10\text{mV}$、$\varphi_y = 0.15$、$\overline{g}_{\text{K,dr}} = 20\,\text{mS/cm}^2$，其他参数与二维模型相同。

6.1.2 放电阈值的计算

为了确定放电阈值 V_{th} 与膜电压上升率 $\text{d}V/\text{d}t$ 之间的关系，采用斜坡电流 I_{S} 刺激神经元。I_{S} 的斜率 K 可以控制细胞膜电压 V 的去极化速率，即 $\text{d}V/\text{d}t$。较大的斜率 K 会使膜电压以较快的速度去极化，对应较高的 $\text{d}V/\text{d}t$。对于一个给定的 K，随着刺激时间的延长，I_{S} 会驱动膜电压 V 渐渐地接近放电阈值 V_{th}。当 V 将要达到放电阈值 V_{th} 时，逐渐增加斜坡刺激时间，以便做到每增加一步都会导致膜电压 V 产生大约 0.1mV 的去极化。在这种情况下，如果 I_{S} 足以驱使膜电压 V 超过放电阈值，那么撤去 I_{S} 后神经元会自发地产生一个动作电位；否则，膜电压 V 会快速衰减至阈下静息态，神经元不会放电。

通过控制斜坡刺激时间，寻找这样一个临界电压：当膜电压 V 高于临界电压 0.1mV 时，神经元在 I_{S} 撤去后会自发地产生一个动作电位，而当膜电压 V 低于临界电压 0.1mV 时，神经元在 I_{S} 撤去后不能产生放电。将这个临界电压定义为神经元的放电阈值 V_{th}。这样，高于此阈值 0.1mV 对应的是神经元的阈上行为，而低于此阈值 0.1mV 对应的是神经元的阈下行为。在这种情况下，动作电位的产生完全是由 Na^+电流激活导致，与突触电流 I_S 无关。这种计算阈值的方法最初是由 Wester 和 Contreras (2013) 提出，可以精确地计算神经元的放电阈值 V_{th}，精度低于 0.1mV。采用这种方法，还可以准确地刻画离子电流在阈值电压附近的激活特性，进而研究这些激活特性与神经元阈值动态之间的关系。

6.2　I 类和 II 类神经元的放电阈值特性

6.2.1　放电阈值动态

首先采用二维模型定量地研究 Hodgkin 定义的 I 类和 II 类神经元的放电阈值特性。实验研究已经表明神经元的阈值电压与放电产生前的膜电压上升率 $\mathrm{d}V/\mathrm{d}t$ 密切相关，本节在不同 $\mathrm{d}V/\mathrm{d}t$ 情况下分别计算两类神经元的放电阈值 V_{th}。在刻画阈值时，通过改变 I_S 的斜率产生不同的 $\mathrm{d}V/\mathrm{d}t$。$\mathrm{d}V/\mathrm{d}t$ 的计算公式如下 (Yi et al., 2015d, 2015e)：

$$\mathrm{d}V/\mathrm{d}t = \frac{V_{off} - V_{on}}{\Delta t} \tag{6.10}$$

其中，V_{on} 表示膜电压的初始值，V_{off} 为撤去斜坡电流 I_S 时的膜电压，Δt 为斜坡刺激时间。

图 6.1 (a) 和 (b) 分别给出了两类神经元在斜坡电流刺激下的动作电位波形和相应的阈值电压。对比两幅图可以发现，在相同斜率的 I_S 刺激下，II 类神经元的阈值电压高于 I 类神经元。同时，当 I_S 斜率减小时，II 类的放电阈值会呈现明显的上升趋势，而 I 类的放电阈值只在固定值附近呈现小范围的波动。图 6.1 (c) 详细地刻画了两类神经元的放电阈值与 $\mathrm{d}V/\mathrm{d}t$ 之间的关系，其中 $\mathrm{d}V/\mathrm{d}t$ 的范围是 $0.2\,\mathrm{mV/ms} \leqslant \mathrm{d}V/\mathrm{d}t \leqslant 4.5\,\mathrm{mV/ms}$，该范围与之前的模型 (Wester et al., 2013) 和电生理实验 (Wilent et al., 2005) 分析相同。由图 6.1 (c) 可见，I 类神经元的放电阈值对 $\mathrm{d}V/\mathrm{d}t$ 的变化不敏感。随着 $\mathrm{d}V/\mathrm{d}t$ 的增加，该类神经元的放电阈值只在 [−26.30mV, −25.93mV] 的狭窄范围内呈现小的波动，二者之间不存在明显的反比关系。与 I 类不同，II 类神经元的放电阈值在给定的 $\mathrm{d}V/\mathrm{d}t$ 范围内明显高于 I 类神经元，并且它的放电阈值对 $\mathrm{d}V/\mathrm{d}t$ 变化敏感。由图 6.1 (c) 可见，随着 $\mathrm{d}V/\mathrm{d}t$ 的增加，II 类神经元的放电阈值会在 [−24.18mV, −20.72mV] 范围内呈现明显的下降趋势，二者之间存在明显的反比关系。

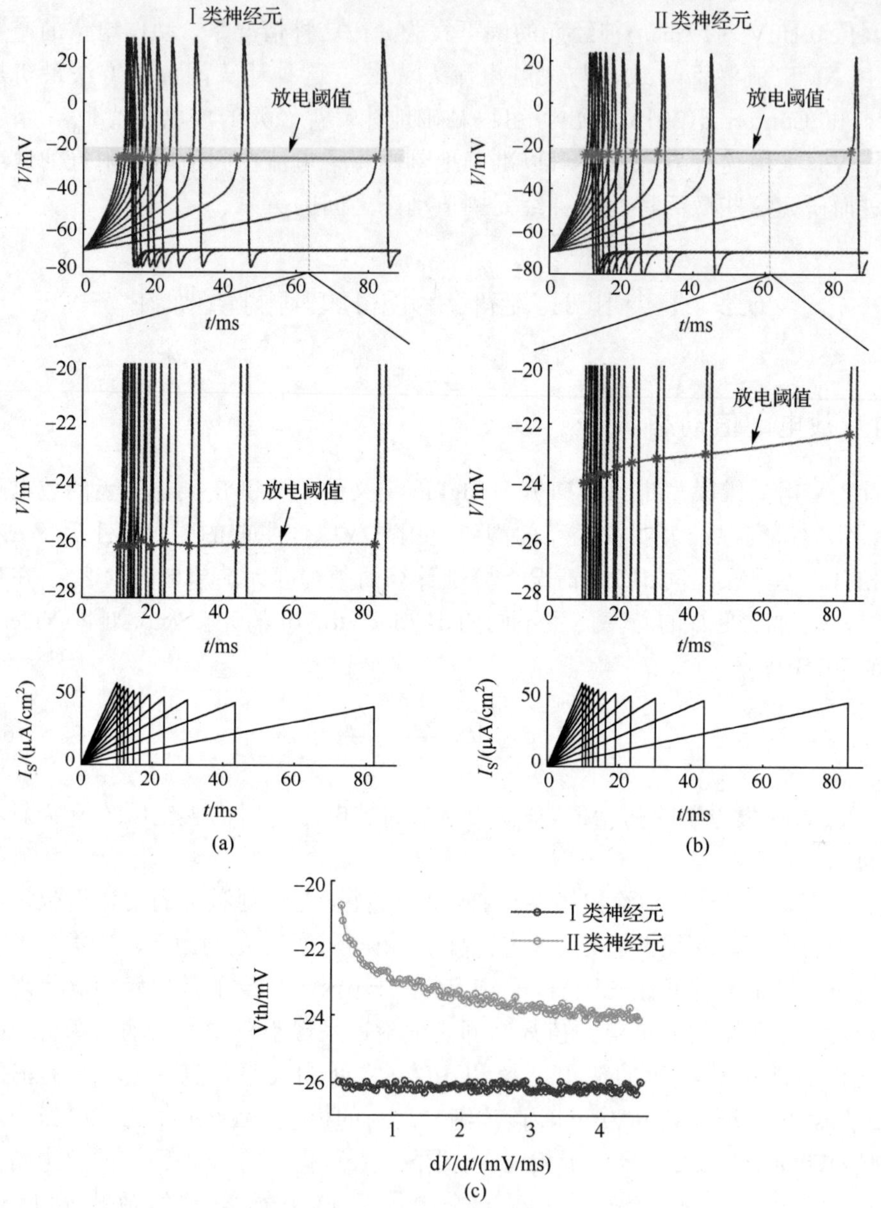

图 6.1　I 类和 II 类神经元放电阈值动态特性

6.2.2　动力学机制

上面刻画了 Hodgkin 两类神经元的放电阈值与膜电压上升率 $\mathrm{d}V/\mathrm{d}t$ 之间的关系。结果表明，I 类神经元的放电阈值对 $\mathrm{d}V/\mathrm{d}t$ 的变化不敏感，而 II 类神经元的放电阈值随 $\mathrm{d}V/\mathrm{d}t$ 增加呈现明显的下降趋势。下面采用二维模型研究这两种阈值动态的产生机制。由于相位图包含了与神经元电活动相关的所有定性信息，所以本小节在 (n,V) 相平面内研究 I 类和 II 类神经元产生不同放电阈值的动力学机制。

图 6.2 分别给出了 I 类和 II 类神经元在无斜坡刺激时的相位图，图中灰色虚线表示激活变量 n 的零线，灰色实线表示膜电压 V 的零线。图 6.2(c)和(d)中蓝线、红线和绿线分别是初始状态不同的膜电压轨迹。由图 6.2(a)可见，此时 I 类神经元的 V 零线和 n 零线交于三个平衡点，分别是稳定的结点 P1、不稳定的鞍点 P2 以及不稳定的焦点 P3，与 I 类神经元的 SNIC 分岔相对应。与 I 类不同，II 类神经元的两条零线此时只交于一个稳定的焦点 P1′，如图 6.2(b)所示，与 II 类的 Hopf 分岔相对应。虽然这些稳定的平衡点可以吸引周围的膜电压轨迹，但是轨迹的不同起始状态会导致它们以不同的路径收敛到平衡点。由 6.2(c)和(d)可见，起始于红线左侧的膜电压轨迹以一条阈下的路径直接收敛到平稳点，对应神经元的阈下响应；但是，起始于红线右侧的膜电压轨迹会作一个阈上的大幅度迂回，然后再收敛到阈下平衡态，这样神经元会产生一个动作电位。也就是说，红线两侧的膜电压轨迹是按照不同的路径收敛到阈下吸引子，而这条红线是两种不同路径的分界线。由于它将系统的相平面分为动力学行为不同的两个区域，所以将其称为系统的准分界线，最早由 Fitzhugh(1960, 1961)提出。

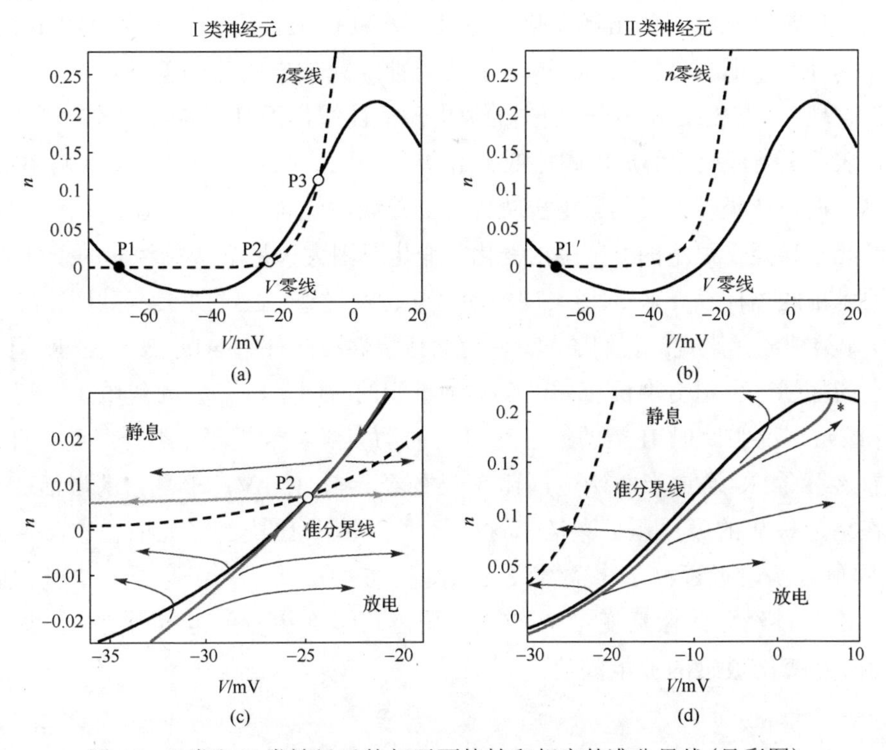

图 6.2　I 类和 II 类神经元的相平面特性和相应的准分界线(见彩图)

通过分析准分界线两侧的膜电压轨迹特性发现，如果膜电压 V 没有超过准分界线，它就是一条阈下轨迹不会产生放电；如果膜电压 V 穿过准分界线，它就是一条阈上轨迹，会产生一个动作电位。因此，Fitzhugh(1960, 1961)称这条准分界线为神经元的放电阈值曲线。对比图 6.2(c)和(d)可以发现，两类神经元的阈值曲线有明显的区别。对 I 类神经元来说，相位图上鞍点 P2 的稳定流形(起始于和终止于 P2 的两条特殊的膜电压轨迹)是它的放电阈值。对于 II 类神经元来说，由于相平面上不存在鞍点，所以它的放电阈值曲线是一条特殊的 canard 轨迹，这条轨迹沿着 V 零线的不稳定分支从下而上穿过其右侧顶点(图 6.2(d)中“*”点处)。正是由于两类神经元在相平面上的阈值曲线不同，所以它们的放电阈值与 $\mathrm{d}V/\mathrm{d}t$ 之间会呈现不同的动态关系。

电流 I_S 的斜率 K 可以控制动作电位产生前的膜电压去极化速率，即 $\mathrm{d}V/\mathrm{d}t$。图 6.3 给出了两类神经元在 I_S 斜率不同时的响应曲线以及它们相应的相位图。图中 I_S 的斜率为 K=0.5、1.5 和 5.0，分别用蓝色、粉红色和亮蓝色表示。由图 6.3(a)和(b)可见，当斜率 K 较大时，两类神经元的膜电压 V 会以较快的速率去极化，对应较高的 $\mathrm{d}V/\mathrm{d}t$。类似地，当斜率 K 较小时，两类神经元的 $\mathrm{d}V/\mathrm{d}t$ 会较低。不同的 $\mathrm{d}V/\mathrm{d}t$ 导致放电阈值出现变化，并且 I 类和 II 类神经元放电阈值随 $\mathrm{d}V/\mathrm{d}t$ 的变化关系不同。图 6.3(c)和(e)展示了两类神经元放电阈值的差异。对比这两幅图可以发现，I 类神经元在相平面中的放电阈值曲线位于 II 类神经元放电阈值曲线左侧，表明 I 类神经元的放电阈值低于 II 类神经元。此外，当电流 I_S 的斜率从 0.5 增加到 5 时，II 类神经元的膜电压轨迹会沿着纵轴方向呈现大范围的变化，然而 I 类神经元却只能在很小的 n 范围内变化，变化范围大约是 II 类神经元的十分之一，这主要是由两类神经元 K^+通道不同的动力学特性导致。通过图 6.4 可以发现，对于 I 类和 II 类神经元来说，它们的 Na^+通道激活特性相同(图 6.4(a))，但是 K^+通道却有明显的区别。由图 6.4(b)可知，II 类神经元的时间常数 τ_n 在阈值电压附近大于 I 类神经元，说明此时 II 类的激活变量 n 的动力学特性慢于 I 类神经元。此外，II 类神经元的 K^+通道半激活电压比 I 类神经元低 13mV，于是它的激活变量 n 可以在更超极化的膜电压处激活。这些区别会导致 II 类神经元的稳态激活函数 n_∞ 在阈值电压附近远高于 I 类神经元，如图 6.4(c)所示。于是，与 I 类神经元相比，II 类神经元的激活变量 n 在阈值附近可以在更宽的范围内变化，进而产生对 $\mathrm{d}V/\mathrm{d}t$ 变化敏感的放电阈值。

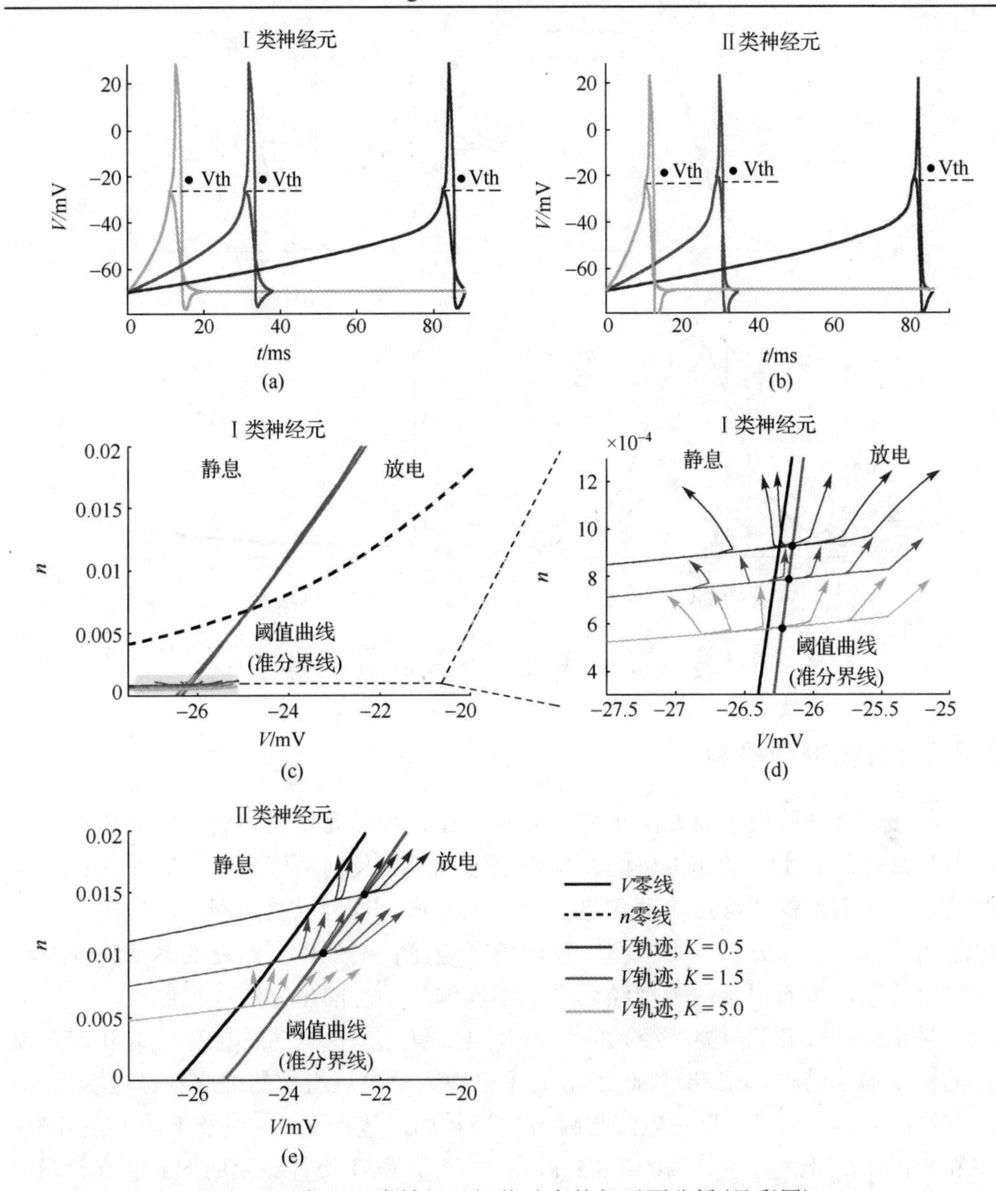

图 6.3　I 类和 II 类神经元阈值动态的相平面分析(见彩图)

通过这些分析可以得到以下结论：首先，II 类神经元的阈值曲线位于 I 类神经元的右侧，对应着更高的放电阈值；其次，与 I 类神经元相比，当刺激电流斜率改变时 II 类神经元的膜电压轨迹会沿着 n 轴方向呈现大范围的变化。所以，当 $\mathrm{d}V/\mathrm{d}t$ 增加时，II 类神经元的放电阈值出现相对明显的下降趋势，而 I 类阈值却观察不到明显的变化。

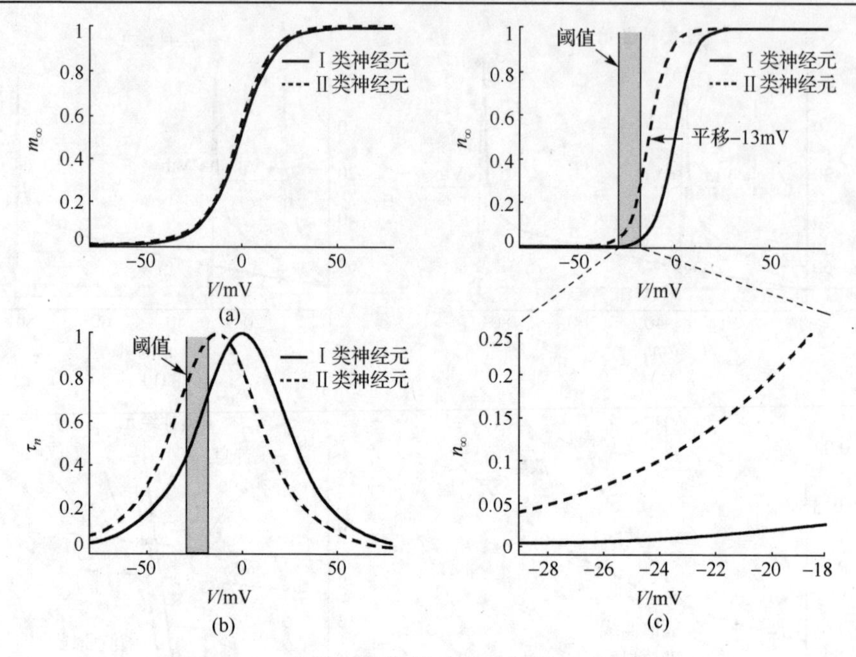

图 6.4　I 类和 II 类神经元离子通道动力学特性

6.2.3　生物物理机制

上一小节采用相平面方法研究了 I 类和 II 类神经元产生不同放电阈值动态的动力学基础。其实，动作电位的产生也是细胞膜上反向离子电流之间非线性作用的结果。它们不仅能够影响动作电位的阈上波形，也可以决定阈值电压附近的放电起始过程。下面分析二维模型中反向离子电流在阈值电压附近的激活特性及相互作用关系，进而揭示两类神经元产生不同阈值动态的生物物理机制。

图 6.5(a)给出了两类神经元的稳态 K^+电流 $I_{K,SS}$、稳态 Na^+电流 $I_{Na,SS}$ 和漏电流 I_L 的阈下激活特性，6.5(b)刻画了由上述三种离子电流组成的细胞膜净电流 I_{SS} 的阈下特性。由于 Na^+的稳态电流与瞬态电流相同，故在图 6.5 以及下面的图 6.7～图 6.9 中用 I_{Na} 代替 $I_{Na,SS}$。由图 6.5(a)可见，I 类和 II 类神经元的 Na^+电流和漏电流具有相同的阈下激活特性，但是它们的 K^+电流在阈下电位却具有不同的激活特性。上一小节已经提到，II 类神经元的 K^+通道半激活电压比 I 类 K^+通道半激活电压低 13mV，导致 II 类神经元的 K^+电流能够在低于放电阈值的膜电压处激活，而 I 类神经元却不可以。K^+电流的这种不同激活特性导致两类神经元的 I_{SS}-V 曲线呈现不同的形状，如图 6.5(b)所示。I 类神经元的 I_{SS}-V 曲线是非单调的，在阈值电压前有一段斜率为负的区域。但是，II 类神经元的 I_{SS}-V 曲线是单调递增的，导致其在阈值电压处的稳态净电流 I_{SS} 远大于 I 类神经元的 I_{SS}，并且是由胞内流向胞

外的。在阈值电压附近存在这种高强度的超极化电流会对 Na^{+}电流的激活产生阻碍作用。此时，流进胞内的 Na^{+}电流必须以超过 K^{+}电流的速度快速激活，才能产生动作电位的上升相。这意味着，Na^{+}电流只能在较高的膜电压处达到自我维持，于是 II 类神经元产生了高于 I 类的放电阈值。然而，由于 I 类神经元的 K^{+}电流在 Na^{+}电流驱使膜电压通过放电阈值时尚未激活，导致在 I 类神经元中不存在 Na^{+}电流和 K^{+}电流的这种阈下非线性竞争，所以两类神经元表现出不同的阈值动态。

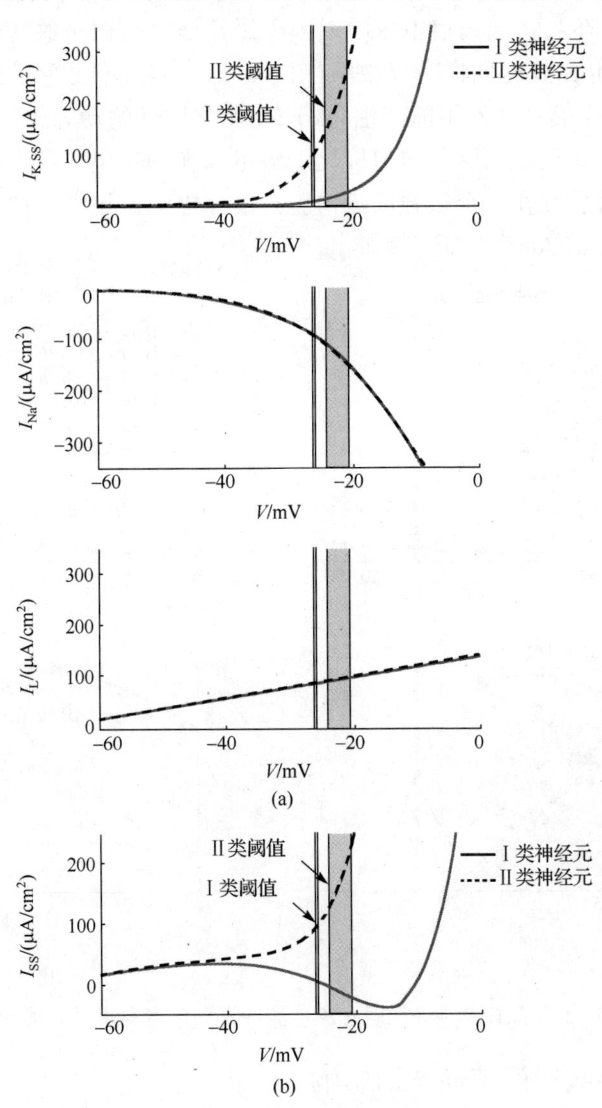

图 6.5 I 类和 II 类神经元稳态膜电流的阈下特性

此外，当斜坡刺激变化很缓时，II 类神经元的瞬时 K^+电流 $I_{K,inst}$ 在阈值电压附近会随着 dV/dt 减小而逐渐增强，如图 6.6(b)所示。这会造成 II 类神经元在放电阈值之前产生更强的瞬时净电流 I_{inst}。上面已经提到，这种高强度的瞬时超极化电流会对 Na^+电流产生抵抗作用，导致其在更高的膜电压处激活，进而产生较高的放电阈值。所以，在 II 类神经元中，放电阈值会随着 dV/dt 的减小而逐渐增大，进而产生一个明显的反比关系。与 II 类神经元不同，当 dV/dt 减小时，I 类神经元的瞬时 K^+电流 $I_{K,inst}$ 在阈值电压附近因未激活而只有微小的变化，导致瞬时净电流 I_{inst} 随 dV/dt 的变化同样十分微小(图 6.6(a))，进而导致它的放电阈值分布十分集中。所以，I 类神经元不能产生对 dV/dt 变化敏感的动态放电阈值。

综上所述，如果流向胞外的超极化电流可以在动作电位产生前激活，那么在阈值电压附近将会存在一个很强的流向胞外的净电流。这样，神经元的放电阈值会很高，并且对 dV/dt 变化十分敏感。

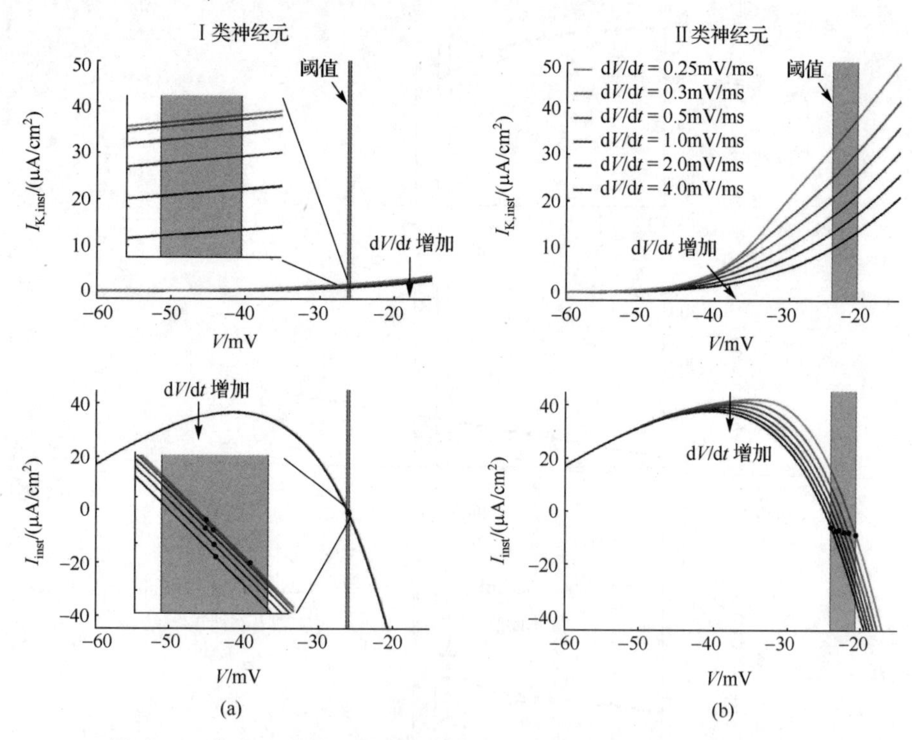

图 6.6　I 类和 II 类神经元瞬态膜电流在不同刺激斜率时的阈下特性

6.2.4　其他参数对阈值动态的影响

由前面的分析可知，I 类和 II 类神经元的放电阈值随 dV/dt 的增加呈现不同的动态变化。通过分析离子电流的阈下激活特性，发现 II 类神经元在放电起始前会产生一个高于 I 类的超极化电流，这使得 II 类神经元能够产生对 $\mathrm{d}V/\mathrm{d}t$ 变化敏感的放电阈值。上述研究的 I 类和 II 类神经元是通过改变二维模型的参数 B_n 产生。实际上，改变模型的其他参数，例如 A_n、$\bar{g}_{\mathrm{K}}$、B_m 或 $\bar{g}_{\mathrm{Na}}$ 等，也可以产生 Hodgkin 所定义的 I 类和 II 类兴奋性(Prescott et al., 2008a)。下面将在改变这些参数情况下分别验证前面所得的阈值动态特性和生物物理解释。

参数 A_n 和 $\bar{g}_{\mathrm{K}}$ 是控制细胞膜上 K^+通道的参数，增加这两个参数会提高 K^+电流在阈下电位的强度，进而使二维模型由 I 类神经元向 II 类神经元转化。图 6.7 总结了参数 A_n 和 $\bar{g}_{\mathrm{K}}$ 改变时，神经元的阈值特性以及相应的生物物理机制。其中，图 6.7(a)和(b)分别给出了改变参数 A_n 和 $\bar{g}_{\mathrm{K}}$ 对离子通道稳态激活函数 m_∞、n_∞ 以及时间常数 τ_n 的影响，图 6.7(c)和(d)分别总结了改变参数 A_n 和 $\bar{g}_{\mathrm{K}}$ 对稳态 K^+电流 $I_{\mathrm{K,SS}}$、Na^+电流 I_{Na}、漏电流 I_{L} 和细胞膜净电流 I_{SS} 的影响，图 6.7(e)和(f)分别给出了改变参数 A_n 和 $\bar{g}_{\mathrm{K}}$ 时，神经元放电阈值与 $\mathrm{d}V/\mathrm{d}t$ 之间的关系。另外，需要特别指出的是图 6.7(a)、(c)和(e)中的两类兴奋性是通过改变参数 A_n 产生。其中，$A_n = 10\mathrm{mV}$、$B_n = 0\mathrm{mV}$ 时，二维模型呈现 I 类兴奋性；$A_n = 20\mathrm{mV}$、$B_n = 0\mathrm{mV}$ 时，二维模型呈现 II 类兴奋性，其他参数取值与 6.1.1 节给出的相同。图 6.7(b)、(d)和(f)中的两类兴奋性是通过改变参数 $\bar{g}_{\mathrm{K}}$ 产生。其中，$\bar{g}_{\mathrm{K}} = 7\,\mathrm{mS/cm^2}$、$A_n = 13\mathrm{mV}$、$B_n = -10\mathrm{mV}$ 时，二维模型呈现 I 类兴奋性；$\bar{g}_{\mathrm{K}} = 20\,\mathrm{mS/cm^2}$、$A_n = 13\mathrm{mV}$、$B_n = -10\mathrm{mV}$ 时，二维模型呈现 II 类兴奋性，其他参数取值与 6.1.1 节给出的相同。通过图 6.7 可以发现，虽然改变参数 A_n 和 $\bar{g}_{\mathrm{K}}$ 均可以产生 I 类和 II 类兴奋性，但二者的生物物理机制不同。增加参数 A_n 会使 K^+通道稳态激活函数 n_∞ 的斜率变小，同时增加该通道的时间常数 τ_n。这些变化最终会使阈值电压附近的 K^+电流增强，但不会影响 Na^+电流和漏电流的阈下特性。与 A_n 不同，增加参数 $\bar{g}_{\mathrm{K}}$ 不会影响 K^+通道的稳态激活函数 n_∞ 和时间常数 τ_n，却可以增加 K^+通道的电导值，进而增加该通道的电流强度。虽然改变参数 A_n 和 $\bar{g}_{\mathrm{K}}$ 所对应的生物物理机制不同，但是二者都可以使神经元在放电阈值附近产生一个很强的流向胞外的净电流 I_{SS}。通过刻画两种情况下 I 类和 II 类神经元的放电阈值特性，发现在这两种情况下 II 类神经元均能产生高于 I 类神经元并且对 $\mathrm{d}V/\mathrm{d}t$ 变化敏感的放电阈值。这与改变参数 B_n 所得结论和生物物理解释一致。

参数 B_m 和 $\bar{g}_{\mathrm{Na}}$ 是控制细胞膜上 Na^+通道的参数，改变这两个参数会影响 Na^+电流在阈下电位的激活特性，进而使二维模型在 I 类和 II 类神经元之间转化。图 6.8 总结了参数 B_m 和 $\bar{g}_{\mathrm{Na}}$ 改变时，神经元的阈值特性以及相应的生物物理机制。其中，图 6.8(a)和(b)分别给出了改变参数 B_m 和 $\bar{g}_{\mathrm{Na}}$ 对离子通道稳态激活函数 m_∞、n_∞ 以及时间常数 τ_n 的影响，图 6.8(c)和(d)分别总结了改变参数 B_m 和 $\bar{g}_{\mathrm{Na}}$ 对稳态 K^+电

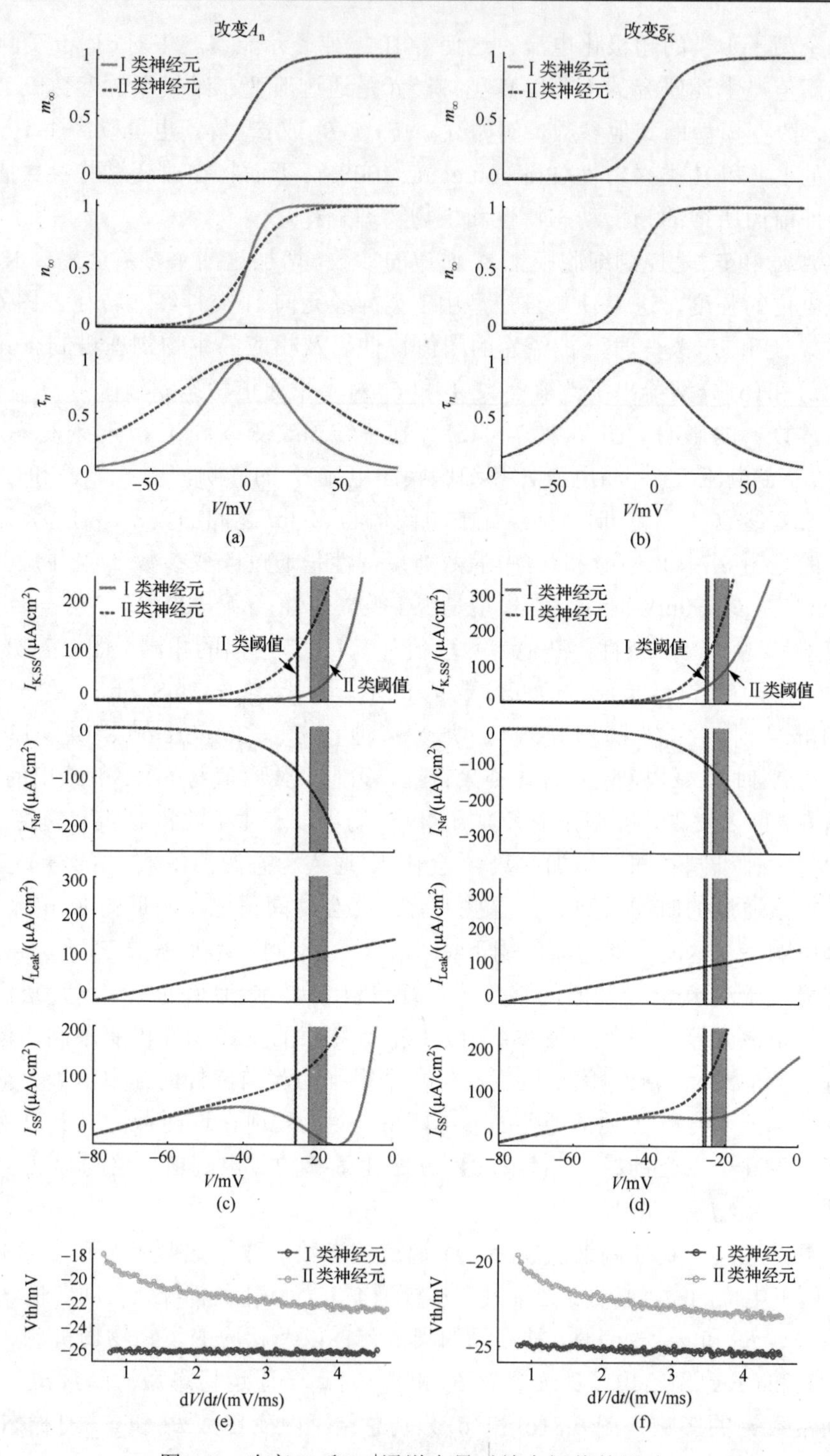

图 6.7　改变 A_n 和 K^+通道电导对放电阈值的影响

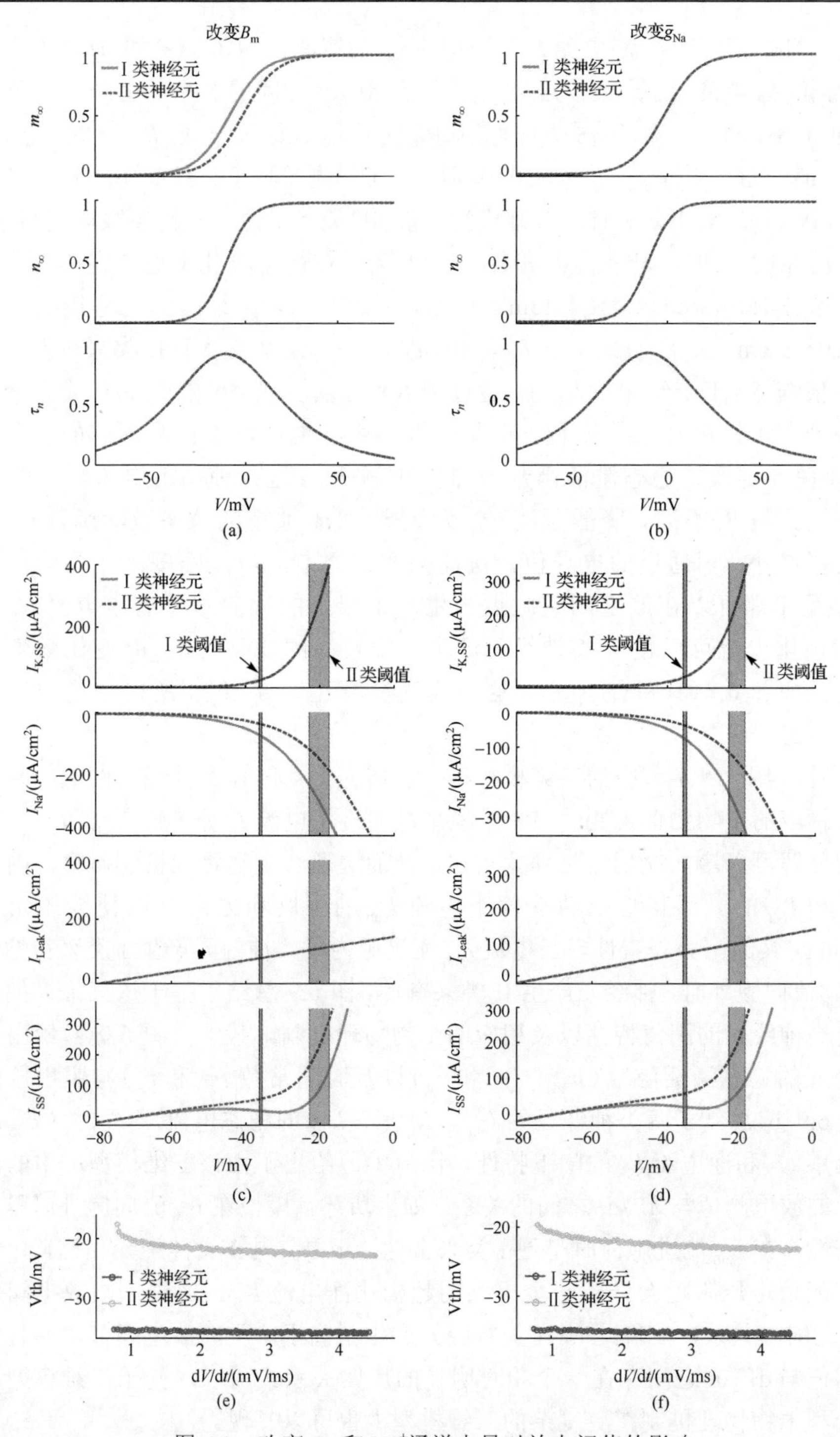

图 6.8　改变 B_m 和 Na^+通道电导对放电阈值的影响

流 $I_{K,SS}$、Na^+电流 I_{Na}、漏电流 I_L 和净电流 I_{SS} 的影响，图 6.8(e)和(f)分别给出了参数 B_m 和 $\overline{g}_{Na}$ 改变时，神经元的放电阈值与 dV/dt 之间的关系。另外，需要指出的是图 6.8(a)、(c)和(e)中的两类兴奋性是通过改变参数 B_m 产生。其中，$B_m=-8mV$、$A_n=13mV$、$B_n=-10mV$ 时，二维模型呈现 I 类兴奋性；$B_m=-1mV$、$A_n=13mV$、$B_n=-10mV$ 时，二维模型呈现 II 类兴奋性，其他参数取值与 6.1.1 节给出的相同。图 6.8(b)、(d)和(f)中的两类兴奋性是通过改变参数 $\overline{g}_{Na}$ 产生的。其中，$\overline{g}_{Na}=40mS/cm^2$、$A_n=13mV$、$B_n=-10mV$ 时，二维模型呈现 I 类兴奋性；$\overline{g}_{Na}=20mS/cm^2$、$A_n=13mV$、$B_n=-10mV$ 时，二维模型呈现 II 类兴奋性，其他参数取值与 6.1.1 节给出的相同。通过图 6.8 可以发现，虽然改变参数 B_m 和 $\overline{g}_{Na}$ 均可以产生 I 类和 II 类兴奋性，但是二者的生物物理机制也是不同的。增加参数 B_m 会使 Na^+通道稳态激活函数 m_∞ 向右侧平移，进而使阈值电压附近的 Na^+电流变弱。与 B_m 不同，降低参数 $\overline{g}_{Na}$ 不会影响 Na^+通道的稳态激活函数 m_∞，但是却可以减小 Na^+通道的电导值，进而减弱该通道的电流强度。在这两种情况下，神经元都可以在放电阈值附近产生一个很强的流向胞外的净电流 I_{SS}。这种的超极化电流可以使 II 类神经元产生一个较高的并且对 dV/dt 变化敏感的放电阈值，如图 6.8(e)和(f)所示。这与改变参数 B_n、A_n 和 $\overline{g}_K$ 所得结论和生物物理解释一致。

最后，利用 6.1.1 节中的三维模型进一步研究 I 类和 II 类神经元的放电阈值特性以及相应的生物物理机制。该三维模型是通过将电流 I_K 分解成 $I_{K,dr}$ 和 I_{sub} 获得。这样的分解可以增加模型的生理真实性，从而更适合生物物理机制研究。固定电流 $I_{K,dr}$ 和 I_{Na} 的激活特性，改变阈下电流 I_{sub} 的强度和方向可以使神经元呈现 Hodgkin 定义的两类兴奋性。当电流 I_{sub} 流进胞内时，神经元产生 I 类兴奋性；当电流 I_{sub} 流向胞外时，神经元产生 II 类兴奋性。图 6.9 总结了基于该三维模型所获得的两类神经元的阈值特性以及相应的生物物理机制。其中，图 6.9(a)给出了两类神经元的稳态激活函数（m_∞、y_∞ 和 z_∞）以及时间常数（τ_y 和 τ_z）与膜电压的关系，图 6.9(b)总结了两类神经元的 I_{Na}、$I_{K,dr,SS}$（$I_{K,dr}$ 的稳态电流）、$I_{sub,SS}$（I_{sub} 的稳态电流）、I_L 和净电流 I_{SS} 的阈下特性，图 6.9(c)给出了由该三维模型产生的两类神经元的放电阈值与 dV/dt 之间的关系。如上所述，模型在 I_{sub} 流向胞外时呈现 II 类兴奋性，在 I_{sub} 流进胞内时呈现 I 类兴奋性。于是，与 I 类神经元相比，II 类神经元在阈值电压附近会产生一个更强的超极化净电流 I_{SS}。通过刻画放电阈值与 dV/dt 之间的关系，发现此时 II 类神经元产生了高于 I 类的放电阈值，并且它的放电阈值与 dV/dt 之间存在一个相对明显的反比关系。所以，基于二维模型所得的结论和生物物理机制在更复杂的三维模型中也可以复现。

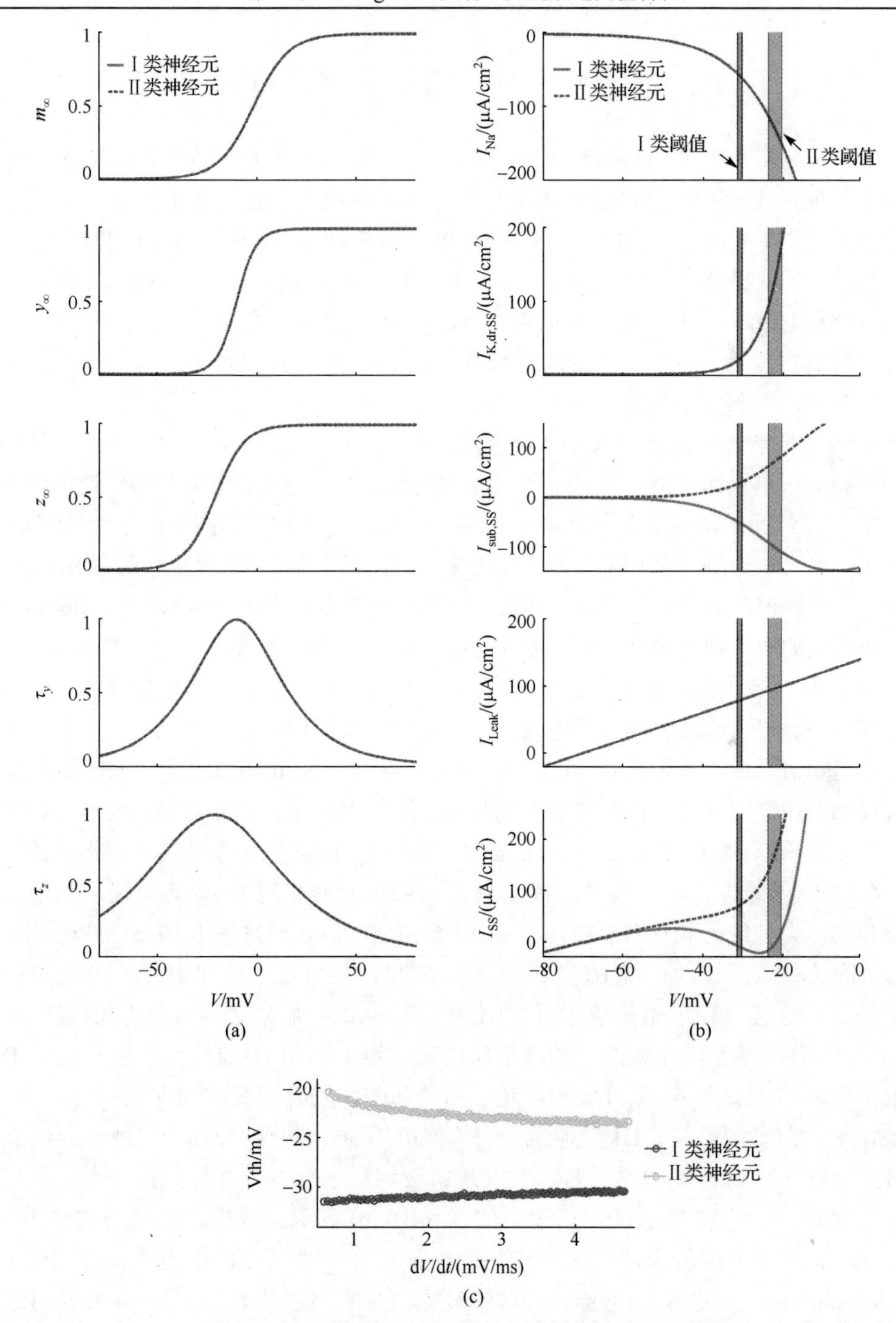

图 6.9　三维模型的放电阈值特性和相应的生物物理机制

6.3　III 类神经元的放电阈值特性

除了 I 类和 II 类兴奋性，Hodgkin 还发现了 III 类兴奋性。这类神经元在脉冲刺激下只能产生单个动作电位，重复放电在极强的电流刺激下才能产生，常见于感觉传导通路。此外，上橄榄核(Smith, 1995)、视网膜(Wang et al., 1997)、杏仁核(Faber et al., 2001)、脊髓(Prescott et al., 2002; Balasubramanyan et al., 2006)、腹前耳蜗核(Agar et al., 1996)和孤束核(Paton et al., 1993)等多处的神经元也能够产生单峰放电行为。6.2 节已经详细地刻画了 I 类和 II 类神经元的阈值动态，这一节分析 III 类神经元的阈值特性。

基于二维神经元模型，Prescott 等人(2008a)发现 III 类神经元中，流向胞外的 K^+电流在阈下电位比 I 类和 II 类神经元都容易激活。根据本章前几节的结论可以预测，III 类神经元的阈值电压应该高于 I 类和 II 类，并且它的放电阈值与 dV/dt 之间的反比关系应该比 II 类更明显。为了验证这一预言，下面采用二维模型研究 III 类神经元的放电阈值与 dV/dt 的关系，结果如图 6.10 所示。其中，图 6.10(a)给出了 Hodgkin 三类神经元的放电阈值与 dV/dt 之间的关系，图 6.10(b)分别给出了 III 类神经元在图 6.10(a)中区域 1 到区域 5 的放电行为，图 6.10(c)分别刻画了三类神经元的 $n_\infty(V)$ 和 $\tau_n(V)$ 与膜电压 V 的关系，其中蓝色方框表示 I 类神经元阈值区域，灰色表示 II 类神经元阈值区域，黄色表示 III 类神经元阈值区域，图 6.10(d)给出了 II 类和 III 类神经元的相位图以及各自的放电阈值曲线，其中“S”表示两条零线的交点是稳定的，图 6.10(e)刻画了三类神经元的稳态 K^+电流 $I_{K,SS}$ 和稳态净电流 I_{SS} 的阈下特性。

6.1.1 节已经提到，二维最小模型在 $B_n = -21mV$ 时呈现 III 类兴奋性，其半激活电压与 I 类神经元相比降低 21mV，如图 6.10(c)所示。通过图 6.10(e)可以看出，变量 n 的这种激活特性使得 III 类神经元的 K^+电流能够在一个比 II 类更低的膜电压处激活。这样，在放电阈值附近，III 类神经元流向胞外的净电流 I_{SS} 的强度要远高于 II 类神经元。在如此强的超极化电流作用下，III 类神经元产生了高于 II 类的放电阈值，如图 6.10(a)所示。这一结论和生物物理解释与前面的研究一致。但是，与之前不同的是，III 类神经元的阈值电压随 dV/dt 的增加会出现十分明显的波动。产生这些波动的原因是，在慢速斜坡刺激下 III 类神经元在动作电位产生前会出现一些小幅值的阈下振荡，如图 6.10(b)所示。这样，在利用式(6.10)计算 dV/dt 时会出现较大的误差。这种现象被称为动力系统的延迟失稳(Delayed loss of stability)，最初由 Shishkova(1973)提出，它是连续系统在 Hopf 分岔附近特有的一种动力学行为。在 III 类兴奋性情况下，二维 Prescott 模型会在强度为 $87.25\mu A/cm^2$ 的电流刺激下产生 Hopf 分岔，与延迟失稳的产生条件吻合。

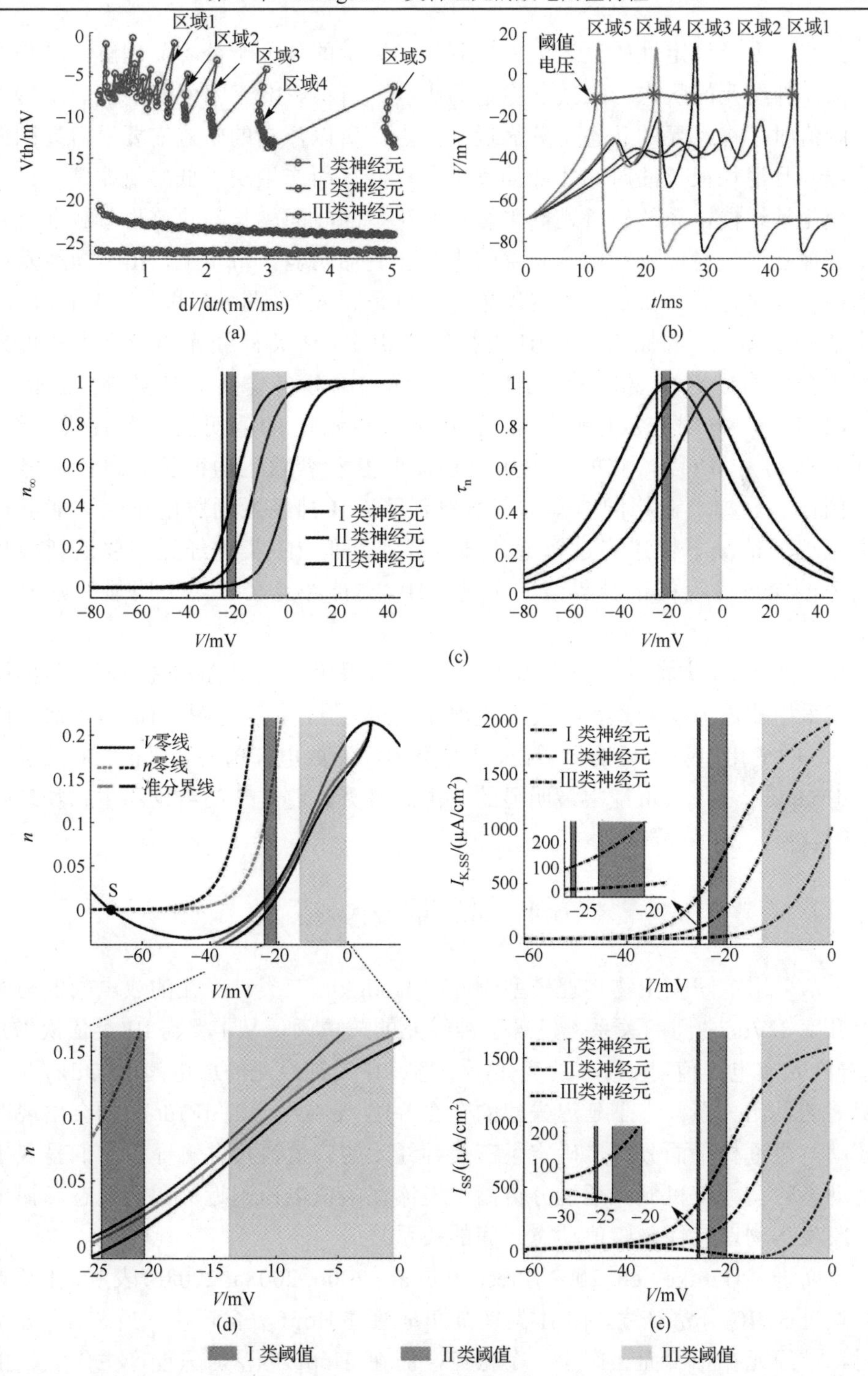

图 6.10 Ⅲ类神经元的放电阈值特性以及产生机制(见彩图)

其实，系统稳定性的延迟失去机制从动力学的角度十分容易理解。动作电位产生前，神经元的状态均收敛到稳定的焦点。当斜坡电流驱使膜电压 V 缓慢通过放电阈值时，神经元的状态十分靠近平衡点。所以，它的轨迹需要沿着迂回曲折的路线并且消耗很长的时间才能偏离平衡点，从而产生阈下低幅值振荡。外界驱动力变化越缓慢，系统轨迹逃离平衡点所花费的时间越长，轨迹也就越曲折。因此，这种延迟失稳现象在电流斜率较小时会更加明显。事实上，II 类神经元在 I_S 斜率特别低时也会产生这种延迟现象。这也是图 6.7、图 6.8 和图 6.9 中 dV/dt 的最小值高于图 6.1 的原因。与 III 类神经元相比，II 类神经元的延迟失稳现象出现得十分短暂。这主要是因为 III 类神经元的准分界线位于 II 类神经元的右侧(图 6.10(d))，同时在放电阈值附近 III 类神经元 n_∞ 的值明显大于 II 类神经元，(图 6.10(c))。所以，它的膜电压轨迹需要沿着纵轴运动很长的路程才能穿过放电阈值。这样，在相同斜率的斜坡刺激下，II 神经元的膜电压轨迹能够在不产生延迟的情况下快速穿过较近的准分界线，但 III 类神经元需要消耗很长的时间才能穿过较远的准分界线。于是，III 类神经元会产生更明显的延迟失稳现象。

为了消除 III 类神经元放电阈值的波动，可采用曲线拟合方法处理所得的阈值电压或采用滤波方法处理神经元的膜电压轨迹。但是，通过图 6.10(a)中放电阈值随 dV/dt 的变化趋势可以明显看出，III 类神经元放电阈值与 dV/dt 之间的反比关系是 Hodgkin 三种兴奋性中最明显的。由此可见，前几节的结论和生物物理解释在 III 类神经元中同样成立。

6.4 本章小结

本章采用单间室生物物理模型研究了 Hodgkin 三类神经元的放电阈值与膜电压上升率 dV/dt 之间的关系，发现了神经元的放电阈值从 I 类到 III 类依次增加。I 类神经元放电阈值对 dV/dt 的变化不敏感，II 类神经元的放电阈值与 dV/dt 之间有明显的反比关系。由于延迟失稳的存在，III 类神经元随 dV/dt 增加会出现明显的波动。通过相平面分析，确定了三类神经元的阈值流形并解释了它们呈现不同阈值动态的动力学机制。通过分析离子电流在阈值电压附近的激活状态，揭示了细胞膜生物物理特性与阈值动态之间的关系。

前期研究(Izhikevich, 2007; Prescott et al., 2006, 2008a, 2008b)表明，I 类兴奋性是通过 SNIC 分岔产生，而 II 类兴奋性是通过 Hopf 分岔产生。当 SNIC 分岔发生时，神经元在相平面上产生一个鞍点，而在 Hopf 分岔时只能产生焦点。正是平衡点类型的不同导致了两类神经元的放电阈值动态不同。对 SNIC 分岔来说，鞍点的稳定流形构成了系统的准分界线，把相平面分成动力行为不同的两个区域。在较小的外部扰动下，膜电压轨迹不能穿过准分界线，所以会快速衰减，而神经元不会产生动作电位。如果外部刺激足以驱动膜电压穿过准分界线，膜电压在刺激撤去后会按指数形式增加，进而产生一个动作电位。于是，根据膜电压相对于准分界线的起始位置，就可以准确地预测神经元是否产生放电，这也是通常所说的“全或无”放电。I 类神经元的准分界线是其放电阈值曲线。此时，神经元有一个定义明确的阈值流形。对于 Hopf 分岔来说，由于其相位图上不会出现鞍点，所以这种情况不存在由鞍点导致的定义明确的阈值流形。Hopf 分岔的阈值曲线是一条沿着 V 零线不稳定分支自下而上穿过其右侧顶点的特殊 canard 轨迹，Fitzhugh(1960)将其称为准阈值。由于 II 类神经元产生一个位于 I 类神经元右侧的阈值曲线，所以它具有更高的放电阈值。

本章中的斜坡刺激相当于改变了神经元在相平面上的初始位置。简而言之，如果刺激足以使膜电压超过阈值曲线，那么在其撤去后神经元将会产生一个动作电位。相反，如果刺激不足以驱使膜电压越过阈值曲线，当其撤走后神经元将不会产生动作电位。如果斜坡电流使神经元停在这样一个特殊位置：高于此位置 0.1mV 是阈上(能够产生动作电位)，低于此位置 0.1mV 是阈下(不能产生动作电位)，那么就得到了对应这个 $\mathrm{d}V/\mathrm{d}t$ 的放电阈值。事实上，这个特殊位置在相平面上应该是十分接近并且刚刚超过阈值曲线。改变电流斜率可以产生不同的 $\mathrm{d}V/\mathrm{d}t$，在它们的作用下神经元膜电压会停在阈值曲线的不同位置，进而产生不同的放电阈值动态。由于 I 类和 II 类神经元的 K^+ 通道动态特性不同，二者膜电压最终所达到的位置会随 $\mathrm{d}V/\mathrm{d}t$ 变化呈现不同的演化特性。在相同斜率的电流刺激下，II 类神经元的膜电压轨迹可沿 n 轴方向在更大的范围内变化，于是它可以产生对 $\mathrm{d}V/\mathrm{d}t$ 变化敏感的放电阈值。与 II 类不同，I 类神经元的膜电压轨迹在 n 轴方向几乎不变化，所以它的放电阈值对 $\mathrm{d}V/\mathrm{d}t$ 变化不敏感。

准分界线的概念最早由 Fitzhugh(1960)提出，随后 Izhikevich(2000)用它解释了 I 类和 II 类兴奋性的阈值流形，但这些研究只关注神经元对单个脉冲或持续阶跃刺激的响应。近期，Prescott 等人(2008a)应用准分界线成功地解释了 III 类神经元产生单个放电的动力学机制。这些研究表明准分界线在分析神经元响应特性方面具有强大的预言能力，但是至今还未将其用在解释放电阈值动态上。本章首次应用准分界线解决了 Hodgkin 三类神经元产生不同阈值动态的动力学机制，并结合相位图直观地刻画了三类神经元放电阈值在 $\mathrm{d}V/\mathrm{d}t$ 变化时呈现不同演化特性的内在机制。这有助于其在未来相关领域的进一步应用。

采用本章计算阈值电压的方法可以确定离子电流在阈值电压附近的激活特

性。研究发现，在 II 类神经元中，流向胞外的 K^+电流可以在低于放电阈值的膜电压处激活。这种激活特性一方面会使神经元在动作电位产生前出现一个高强度的流向胞外的净电流，另一方面还可以阻止流向胞内的 Na^+电流在低电压处激活。最终导致 II 类神经元产生电压值较高的、并且对 dV/dt 变化敏感的放电阈值。相反，I 类神经元的 K^+电流在阈值电压附近尚未激活，所以它不能产生对 dV/dt 敏感的放电阈值。实验研究(Guan et al., 2007; Dodson et al., 2002)表明，阈下激活的 K^+电流(如 Kv1 电流)可以调制神经元的放电阈值。近期又发现，如果在听觉神经元(Ferragamo et al., 2002)或 II/III 层锥体神经元(Higgs et al., 2011)中阻断这种阈下激活的 K^+电流，可以造成神经元放电阈值与 dV/dt 之间反比关系缺失。由此可见，本章的结论与这些实验研究是相符的，并且还可以为这些研究提供动力学方面和生物物理方面的解释。此外，近期 Wester 和 Contreras(2013)采用三室模型发现如果降低 K^+通道半激活电压使其在放电产生前激活，可以使神经元产生对 dV/dt 变化敏感的放电阈值，这与本章所得的结论也是一致的。

本章还分别研究了 Na^+和 K^+电流的电压依赖特性、动力学特性以及通道电导对放电阈值动态的影响。研究发现，改变这些参数所得的 I 类和 II 类神经元的放电阈值都具有一致的动态特性。同时，它们对放电阈值的影响都可以通过刻画改变这些参数对阈值电压附近离子电流激活特性的影响来解释。Wester 和 Contreras(2013)在他们的模型研究中发现，增加 K^+电流的激活速度或增加该通道的电导密度有助于放电阈值与 dV/dt 之间反比关系的产生，这一发现与本章所得结论一致。除此之外，本章还采用更具有生理意义的三维模型对所得结果进行了进一步的验证，发现二维最小模型所得的阈值特性在更复杂的生物物理模型中也可以复现。由此可见，本章对放电阈值动态的生物物理解释并不是仅限于某一类神经元，而是具有普遍适用性。另外，通过分析离子电流的阈下激活特性和相互竞争过程，Prescott 等人(2008a)为 Hodgkin 三类兴奋性的产生机制提供了一个概念化的生物物理解释。但是，他们并未涉及三类神经元的放电阈值特性。本章将离子电流的阈下激活特性进一步与三类神经元的放电阈值动态联系在一起，填补了这项空白。

最后，本章的结果表明神经元的放电阈值与 dV/dt 之间有着紧密的联系。众所周知，当阈下电场作用在神经元上，由其引起的微小调制作用会对动作电位产生前的 dV/dt 产生影响。由本章的结论可知，阈下电场对 dV/dt 的这些影响会进一步改变神经元的放电阈值。由于神经元放电时刻是由放电阈值决定，所以阈下电场会调制神经元的放电时间编码。从这个角度来说，本章对神经元放电阈值动态的生物物理解释和相应的动力学分析，可为未来揭示弱磁刺激的神经调制机制提供理论基础和研究思路。

第 7 章　两间室神经元的放电阈值特性

NBM 在认知神经科学以及神经精神疾病诊断、治疗和研究中的广泛应用表明了电场具有调制神经系统功能的能力。近期的电生理实验发现(Pashut et al., 2014; Chan et al., 1986, 1988; Bikson et al., 2004; Berzhanskaya et al., 2013; Radman et al., 2009)，神经元形态特性和电生理特性在电场的神经调制效应中起着关键性作用。尤其是形态特性，它不仅能够影响电场刺激下神经元的编码过程，还可以定性地决定电场在神经组织上引发的空间极化效应。第 5 章和第 6 章的计算模型研究也发现形态参数可以改变诱发神经元放电的电场刺激阈值，同时还可以定性地决定神经元的放电起始机制。既然放电阈值在神经编码和动作电位产生过程中也起着十分重要的作用，那么神经元形态特性和电生理特性如何影响其放电阈值？相应的生物物理机制是什么？神经元放电起始动态与其阈值动态之间有什么内在联系？这些对于揭示电场的神经调制机制具有重要意义。本章利用第 5 章提出的简化两间室模型解决这些问题。

7.1　两间室神经元模型

两间室模型如下(Yi et al., 2014d, 2014e)：

$$\begin{cases} C\dfrac{\mathrm{d}V_{\mathrm{S}}}{\mathrm{d}t}=\dfrac{I_{\mathrm{S}}}{p}-\dfrac{I_{\mathrm{SD}}}{p}-\overline{g}_{\mathrm{Na}}m_{\infty}(V_{\mathrm{S}})(V_{\mathrm{S}}-E_{\mathrm{Na}})-\overline{g}_{\mathrm{K}}n(V_{\mathrm{S}}-E_{\mathrm{K}})-g_{\mathrm{SL}}(V_{\mathrm{S}}-E_{\mathrm{SL}}) \\ C\dfrac{\mathrm{d}V_{\mathrm{D}}}{\mathrm{d}t}=\dfrac{I_{\mathrm{D}}}{1-p}+\dfrac{I_{\mathrm{SD}}}{1-p}-g_{\mathrm{DL}}(V_{\mathrm{D}}-E_{\mathrm{DL}}) \\ \dfrac{\mathrm{d}n}{\mathrm{d}t}=\varphi\dfrac{n_{\infty}(V_{\mathrm{S}})-n}{\tau_{n}(V_{\mathrm{S}})} \end{cases} \tag{7.1}$$

其中，V_{S}和V_{D}分别表示胞体和树突的细胞膜电压，n为胞体间室中 K^{+}通道的激活变量。$I_{\mathrm{Na}}=\overline{g}_{\mathrm{Na}}m_{\infty}(V_{\mathrm{S}})(V_{\mathrm{S}}-E_{\mathrm{Na}})$、$I_{\mathrm{K}}=\overline{g}_{\mathrm{K}}n(V_{\mathrm{S}}-E_{\mathrm{K}})$和$I_{\mathrm{SL}}=g_{\mathrm{SL}}(V_{\mathrm{S}}-E_{\mathrm{SL}})$分别表示胞体细胞膜上 Na^{+}、K^{+}和漏电流。$I_{\mathrm{SD}}=g_{\mathrm{c}}(V_{\mathrm{S}}-V_{\mathrm{D}})$为胞体流向树突的内部电流，$g_{\mathrm{c}}$是连接两个间室的内连电导，标准值为$g_{\mathrm{c}}=1\mathrm{mS/cm^{2}}$。$I_{\mathrm{S}}$和$I_{\mathrm{D}}$分别表示注入胞体和树突的突触刺激电流。$p$和$1-p$是一组形态参数，分别刻画胞体间室和树突间室在整个神经元中所占的面积比例，标准值为$p=0.5$。式(7.1)中，各离子通道

的平衡电势为：$E_{\text{Na}}=50\text{mV}$、$E_{\text{K}}=-100\text{mV}$、$E_{\text{SL}}=-70\text{mV}$ 和 $E_{\text{DL}}=-70\text{mV}$，相应通道的最大电导为：$\bar{g}_{\text{Na}}=20\,\text{mS/cm}^2$、$\bar{g}_{\text{K}}=20\,\text{mS/cm}^2$、$g_{\text{SL}}=2\,\text{mS/cm}^2$ 和 $g_{\text{DL}}=2\,\text{mS/cm}^2$，膜电容 $C=2\,\mu\text{F/cm}^2$，$\varphi=0.15$。

式(7.1)中离子通道的稳态激活函数 $m_\infty(V_{\text{S}})$、$n_\infty(V_{\text{S}})$ 和时间常数 $\tau_n(V_{\text{S}})$ 的表达式如下：

$$\begin{cases} m_\infty(V_{\text{S}})=0.5\left[1+\tanh\left(\dfrac{V_{\text{S}}-B_m}{A_m}\right)\right] \\ n_\infty(V_{\text{S}})=0.5\left[1+\tanh\left(\dfrac{V_{\text{S}}-B_n}{A_n}\right)\right] \\ \tau_n(V_{\text{S}})=1\Big/\cosh\left(\dfrac{V_{\text{S}}-B_n}{2A_n}\right) \end{cases} \tag{7.2}$$

其中，$A_m=18\text{mV}$，$B_m=-1.2\text{mV}$，$A_n=10\text{mV}$。参数 B_n 为可变参数，取值范围是 $0\text{mV}\sim-25\text{mV}$。

本章利用简化两间室模型研究电生理参数 B_n、形态参数 p 和内连电导 g_{c} 对神经元放电阈值的影响，同时分析离子电流在阈下电位的激活特性与阈值动态之间的关系。由于树突间室只含被动的漏电流，不能产生动作电位，所以下面的研究只关注胞体的阈值动态。

7.2　离子通道特性对放电阈值的影响

考虑形态参数 p 和内连电导 g_{c} 取标准值的情况，本节主要研究改变电生理参数 B_n 对神经元放电阈值的影响。参数 B_n 控制胞体细胞膜上 K^+ 通道的半激活电压，改变这个参数可使模型产生不同的动力学分岔。由图 7.1 可见，当 $B_n=0\text{mV}$ 时，两间室模型在突触电流 I_{S} 刺激下产生 SNIC 分岔；当 $B_n=-13\text{mV}$ 时，两间室模型在突触电流 I_{S} 刺激下产生 Hopf 分岔。

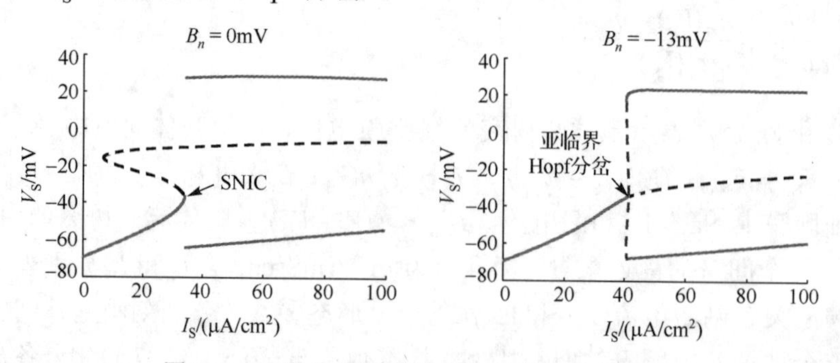

图 7.1　B_n 取值不同时神经元的单参数分岔图

7.2.1　放电阈值动态

为了研究放电起始动态与阈值动态之间的关系，采用第 6 章计算阈值的方法刻画两间室模型在两种分岔情况下的放电阈值特性。具体计算方法如下：采用一系列的斜坡电流 I_S 刺激胞体间室，通过改变斜坡电流的斜率 K 使胞体膜电压 V_S 产生不同的去极化速率，即不同的 dV_S/dt；对于某一固定的斜率，通过逐渐改变斜坡电流的刺激时间，确定相应 dV_S/dt 下的阈值电压。

图 7.2 给出了两间室神经元在 SNIC 分岔和 Hopf 分岔情况下的放电阈值与膜电压去极化速率 dV_S/dt 之间的关系。该图中 dV_S/dt 的范围为 $0.35\,mV/ms \leqslant dV_S/dt \leqslant 5.0\,mV/ms$，是通过改变斜坡电流的斜率 K 得到。由图 7.2(a) 和 (b) 可见，两间室神经元在 SNIC 分岔时的放电阈值低于 Hopf 分岔。此外，在 SNIC 分岔情况下，放电阈值对 dV_S/dt 的变化不敏感。但是，在 Hopf 分岔情况下，放电阈值对 dV_S/dt 的变化十分敏感，随其增加而明显降低，即放电阈值与 dV_S/dt 之间存在反比关系。

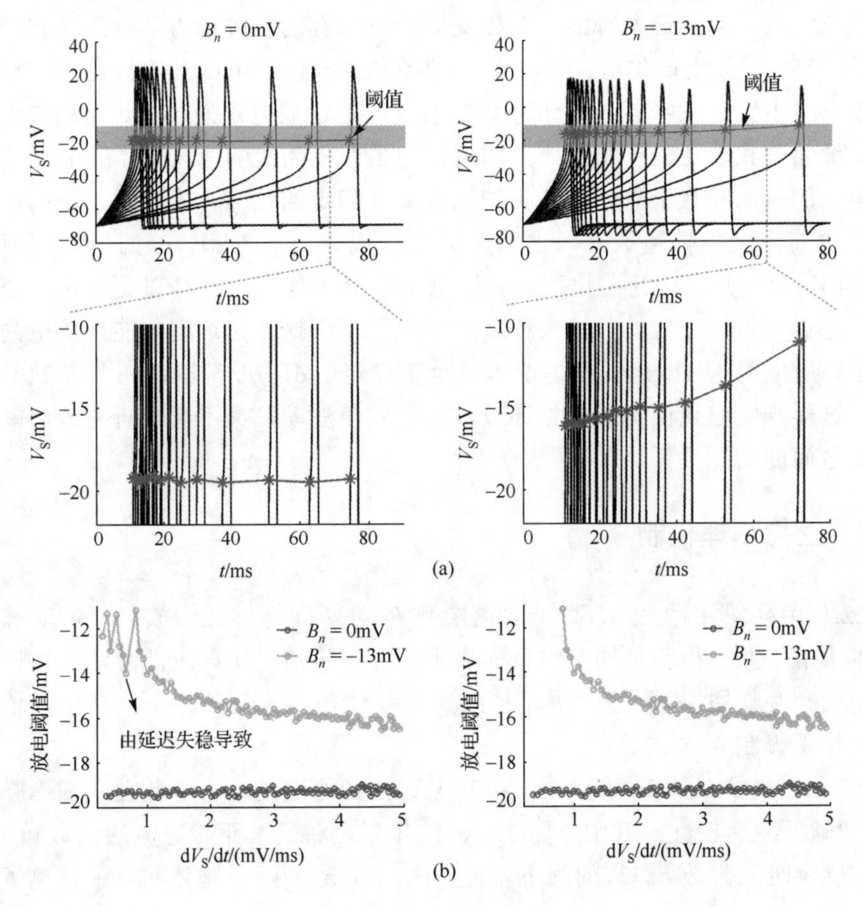

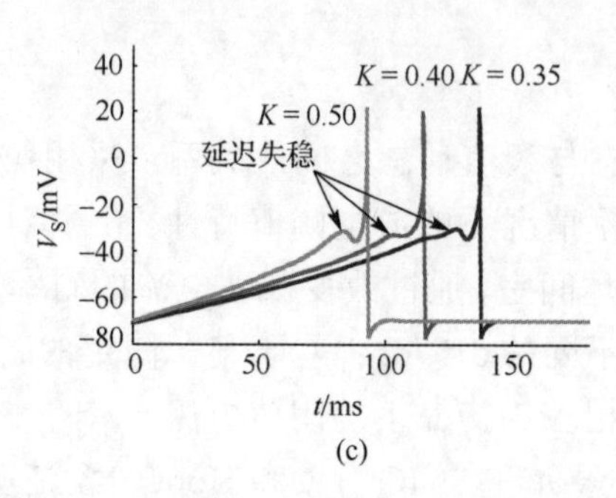

(c)

图 7.2　B_n 取值不同时神经元的放电阈值特性

另外值得注意的是，在 $B_n = -13\text{mV}$ 时，两间室神经元的放电阈值在 $\mathrm{d}V_S/\mathrm{d}t$ 取值较小时会出现比较大的波动，如图 7.2(b)所示。放电阈值产生这些波动的原因是胞体膜电压 V_S 在动作电位产生前出现了一些小幅值的阈下振荡(图 7.2(c))，导致计算 $\mathrm{d}V_S/\mathrm{d}t$ 时出现比较大的偏差。第 6 章已经提到，这是神经动力系统的延迟失稳现象，是 Hopf 分岔神经元在慢变刺激下特有的一种动力学行为。它产生的动力学机制为：放电产生前，Hopf 分岔神经元的胞体膜电压 V_S 收敛到阈下稳定焦点；较小的 $\mathrm{d}V_S/\mathrm{d}t$ 意味着 V_S 以十分缓慢的速度趋近放电阈值，因此当动作电位产生时神经元的状态还处于稳定焦点附近；为了产生阈上响应，胞体膜电压 V_S 需要经过较长的时间并且沿着一条曲折的轨迹离开稳定的焦点，故而膜电压 V_S 在动作电位产生前出现小幅值振荡。这种延迟失稳现象会随着 $\mathrm{d}V_S/\mathrm{d}t$ 的增加而逐渐变弱。当 $\mathrm{d}V_S/\mathrm{d}t$ 增加到一定程度时，斜坡电流 I_S 会驱使膜电压 V_S 以足够快的速度迅速离开稳定焦点，相应的延迟失稳现象消失。由于这一延迟现象能使放电阈值出现波动，所以对于 Hopf 分岔情况本章重新设定了 $\mathrm{d}V_S/\mathrm{d}t$ 范围，如图 7.2(b)右图所示。这样既能避免由延迟失稳导致的放电阈值波动，又不影响研究放电阈值与 $\mathrm{d}V_S/\mathrm{d}t$ 之间的动态关系。

7.2.2　生物物理机制

7.2.1 节研究了改变 K^+ 离子通道参数 B_n 对两间室神经元放电阈值动态的影响。本小节主要分析胞体间室中反向离子电流在阈值电压附近的激活特性以及它们之间的相互作用关系，进而揭示神经元在参数 B_n 改变时产生不同放电阈值动态的生物物理机制。

图 7.3 给出了 $B_n = 0\text{mV}$ 和 $B_n = -13\text{mV}$ 时离子通道的动力学特性和细胞膜净电流 I_{SS} 的阈下激活特性。其中，图 7.3(a)给出了两种情况下稳态激活函数 $m_\infty(V_S)$、$n_\infty(V_S)$ 以及时间常数 $\tau_n(V_S)$ 的阈下特性，图 7.3(b)刻画了胞体间室中各离子电流

(即 I_{Na}、I_K、I_{SL} 和 I_{SD})在 B_n 取值不同时的稳态激活特性，图 7.3(c)给出了参数 B_n 取值不同时净电流 I_{SS} 的阈下特性。由图 7.3(a)可知，改变参数 B_n 不会影响 Na^+ 通道的稳态激活特性，但是却可以影响 K^+ 通道的阈下动力学行为。与 $B_n = 0mV$ 相比，稳态激活函数 $n_\infty(V_S)$ 的半激活电压在 $B_n = -13mV$ 时降低了 13mV，同时时间常数 $\tau_n(V_S)$ 也向左平移了 13mV。降低参数 B_n 对 $n_\infty(V_S)$ 和 $\tau_n(V_S)$ 产生的这些影响会加速 I_K 在阈下电位处的激活过程。于是，当 $B_n = -13mV$ 时，V_S 在阈值附近的去极化能够导致 I_K 出现更强的激活状态。

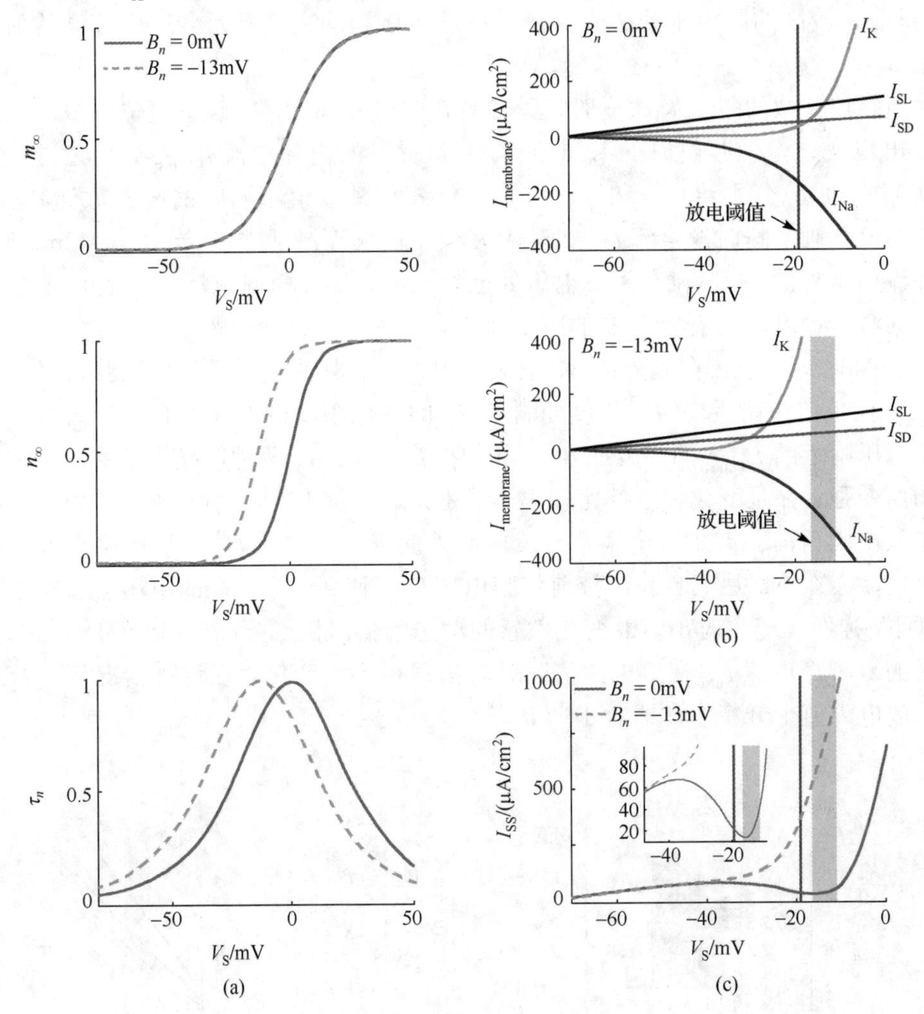

图 7.3　B_n 取值不同时离子通道的动力学特性和稳态电流的阈下特性

当 $B_n = 0mV$ 时，流向胞外的 I_K 在阈下电压处不能激活(图 7.3(b)上图)，从而导致在阈值电压附近不存在超极化电流束缚激活状态的 I_{Na}。于是，去极化的 I_{Na}

能够驱使膜电压V_S缓慢地穿过放电阈值，产生动作电位。此时，两间室神经元产生非单调的I_{SS}-V_S曲线以及SNIC分岔。在$B_n=-13\text{mV}$时，流向胞外的I_K能够在放电阈值之前激活(图7.3(b)下图)，于是在阈值电压附近存在超极化的I_K对去极化的I_{Na}进行束缚。在这种情况下，如果要产生一个动作电位，流向胞内的I_{Na}必须以超过I_K的速度快速激活，对应单调的I_{SS}-V_S曲线以及Hopf分岔。由于此时放电阈值前存在处于激活状态的I_K，所以在阈值电压附近净电流I_{SS}强度明显高于$B_n=0\text{mV}$时的净电流强度，如图7.3(c)所示。在这种高强度的超极化电流作用下，I_{Na}只能在较高的膜电压处达到自我维持，所以两间室神经元会产生较高的放电阈值。

当斜坡刺激的斜率K改变时，瞬时的I_{Na}和瞬时的I_{SL}在阈下电位的激活强度不会出现变化，但是瞬时的K^+电流$I_{K,inst}$和瞬时的内部电流$I_{SD,inst}$会随之改变。图7.4(a)和(b)分别给出了$I_{K,inst}$和$I_{SD,inst}$在斜率K取值不同时的阈下激活特性，图7.4(c)刻画了瞬时净电流I_{inst}在对应K值下的阈下激活水平。当$B_n=-13\text{mV}$时，由于流向胞外的K^+电流在阈下电压处已经激活，所以瞬时电流$I_{K,inst}$在阈值电压附近的激活程度会随着斜率K的减小而逐渐变强，并且变化幅度很大。但是，当$B_n=0\text{mV}$时，由于流向胞外的K^+电流在阈下电压处尚未激活，所以其瞬时电流$I_{K,inst}$在阈值电压附近的激活程度随斜率K的变化幅度极小。与电流$I_{K,inst}$不同，阈值电压附近的$I_{SD,inst}$的强度在$B_n=0\text{mV}$和$B_n=-13\text{mV}$两种情况下都随斜率K的增加而变强，并且变化幅度都比较小。于是，对于较小的$\mathrm{d}V_S/\mathrm{d}t$，Hopf分岔神经元在放电阈值前会产生一个很强的流向胞外的瞬时净电流I_{inst}。这种高强度的超极化电流会在Na^+达到自我维持前将膜电压V_S驱使到一个较高的电压值。在这些条件下，神经元产生对$\mathrm{d}V_S/\mathrm{d}t$变化敏感的动态阈值。相反，当$\mathrm{d}V_S/\mathrm{d}t$改变时，SNIC分岔的瞬时净电流$I_{inst}$在放电阈值附近只出现极小的变化。在这种情况下，神经元的放电阈值十分集中，即对$\mathrm{d}V_S/\mathrm{d}t$变化不敏感。

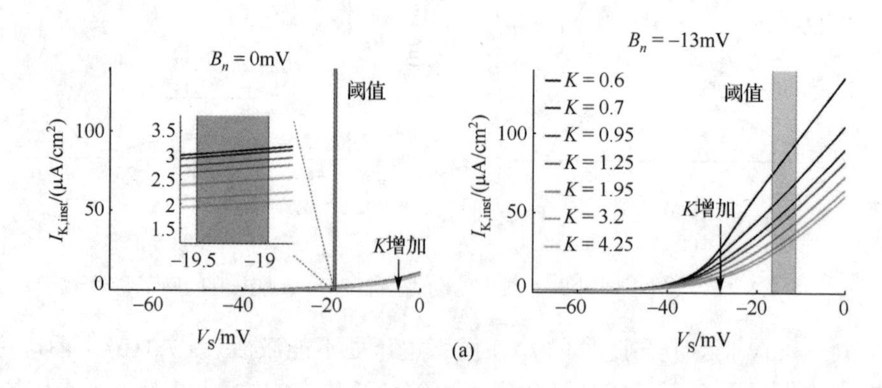

(a)

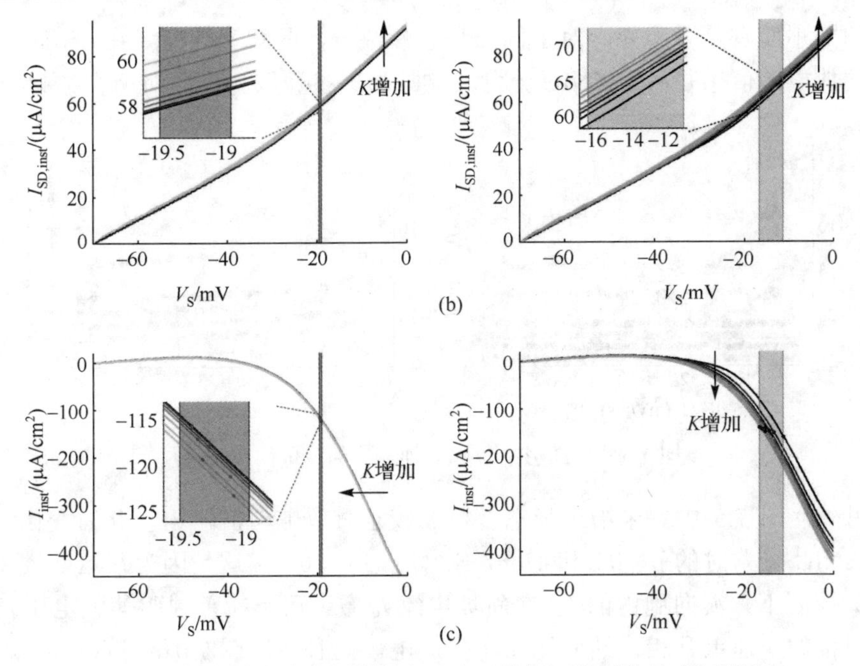

图 7.4　瞬态膜电流在刺激斜率改变时的阈下激活特性(见彩图)

7.3　形态参数对放电阈值的影响

第 4 章和第 5 章的研究结果表明，形态参数 p 在电场作用下两间室神经元的放电起始过程中起着十分关键的作用。例如，可以改变引起神经元产生动作电位的电场刺激阈值或影响神经元的分岔结构。这一节分别在 Hopf 分岔和 SNIC 分岔情况下研究改变形态参数 p 对神经元放电阈值动态的影响。在下面的研究中内连电导取标准值，即 $g_c = 1\text{mS}/\text{cm}^2$ 。

7.3.1　放电阈值动态

由图 7.5 可见，神经元在两种分岔时的放电阈值均随着参数 p 的减小而逐渐增加。具体来说，Hopf 分岔神经元在形态参数 p 取值不同时总是能够产生对 $\mathrm{d}V_S/\mathrm{d}t$ 变化敏感的放电阈值，并且二者之间的反比关系随着参数 p 的减小而变得更明显。同时，减小参数 p 还会导致其放电阈值曲线向右侧移动，这主要是因为参数 p 的减小使产生延迟失稳的 $\mathrm{d}V_S/\mathrm{d}t$ 范围变大。与 Hopf 分岔情况不同，产生 SNIC 分岔的神经元在 $0.1 < p < 1$ 范围内总是不能产生对 $\mathrm{d}V_S/\mathrm{d}t$ 变化敏感的放电阈值。同时，由于 SNIC 分岔不存在延迟失稳现象，所以其放电阈值曲线不会随参

数 p 的减小而右移。此外，对于同一形态参数 p，两间室神经元在 Hopf 分岔情况下的放电阈值总是高于 SNIC 分岔，这与形态参数取标准值时所得结果一致。

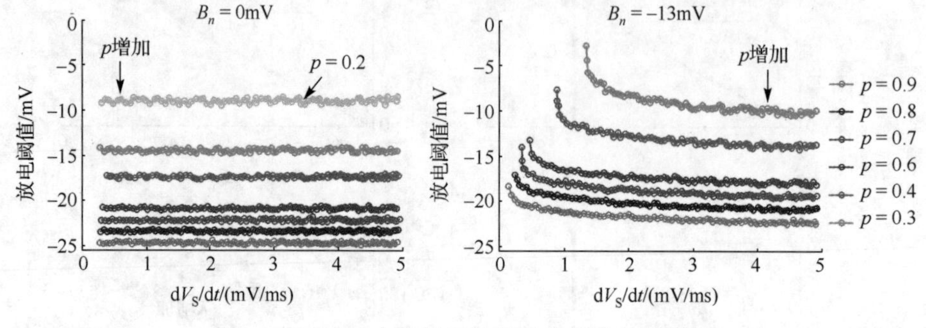

图 7.5　不同形态参数下神经元的放电阈值特性

另外，图 7.5 中并未给出形态参数 p 较小时放电阈值随 dV_S/dt 的变化情况，例如 SNIC 分岔时的 $p < 0.2$ 和 Hopf 分岔时的 $p < 0.3$。这是因为在这些较小的形态参数控制下，流向胞内的 I_{Na} 在斜坡电流 I_S 撤去后不能单独驱使膜电压 V_S 产生动作电位的快速上升相，继而无法产生放电。而且通过图 7.6(a)和(b)可以发现，即使在动作电位峰值处撤去斜坡刺激，胞体膜电压 V_S 仍然会快速地衰减到阈下平衡态。因此当形态参数较小时，一个完整的动作电位只能在持续的斜坡刺激下才能产生，即此时采用 Wester 和 Contreras(2013)提出的方法不能计算出两间室神经元的放电阈值。

产生上述现象的动力学机制在 (n, V_S) 相平面中很容易解释。图 7.6(c)和(d)分别刻画了图 7.6(a)和(b)中不同斜坡刺激下胞体膜电压 V_S 在相平面上的轨迹以及相应的相位图，图中的“倒 N 型”曲线是膜电压 V_S 的零线，“s”表示两条零线的交点是稳定的。可以发现，随着参数 p 的减小，V_S 零线右侧的局部最大值逐渐下移，即神经元的可兴奋区域不断下移。对 Hopf 分岔来说，当形态参数 $p = 0.2$ 时，神经元在斜坡刺激下的 V_S 轨迹不能穿过 V_S 零线(图 7.6(d))，说明此时的膜电压轨迹不能达到神经元的可兴奋区域。于是，斜坡电流 I_S 撤去后，其会沿着指数形式快速衰减至左侧的阈下平衡点。由于一个完整的动作电位波形应包括快速的去极化上升相、慢速的复极化下降相以及相应的后超极化，所以此时神经元不能产生放电。在这种情况下，一个完整的动作电位轨迹只能在持续的斜坡刺激下才会出现。随着参数 p 继续减小，神经元的可兴奋区域会继续降低，如图 7.6(d)中 $p = 0.1$ 所示。于是，在这些极小的形态参数控制下，采用 Wester 和 Contreras(2013)方法不能计算出神经元的阈值电压。对 SNIC 分岔来说，神经元在斜坡刺激下的 V_S 轨迹在 $p = 0.2$ 时可以穿过神经元可兴奋区域，但是 $p = 0.1$ 时则不然，如图 7.6(c)所示。所以，图 7.5 中给出了 SNIC 分岔神经元在 $p=0.2$ 时的阈值动态，却未给出 $p=0.1$ 时的阈值行为。

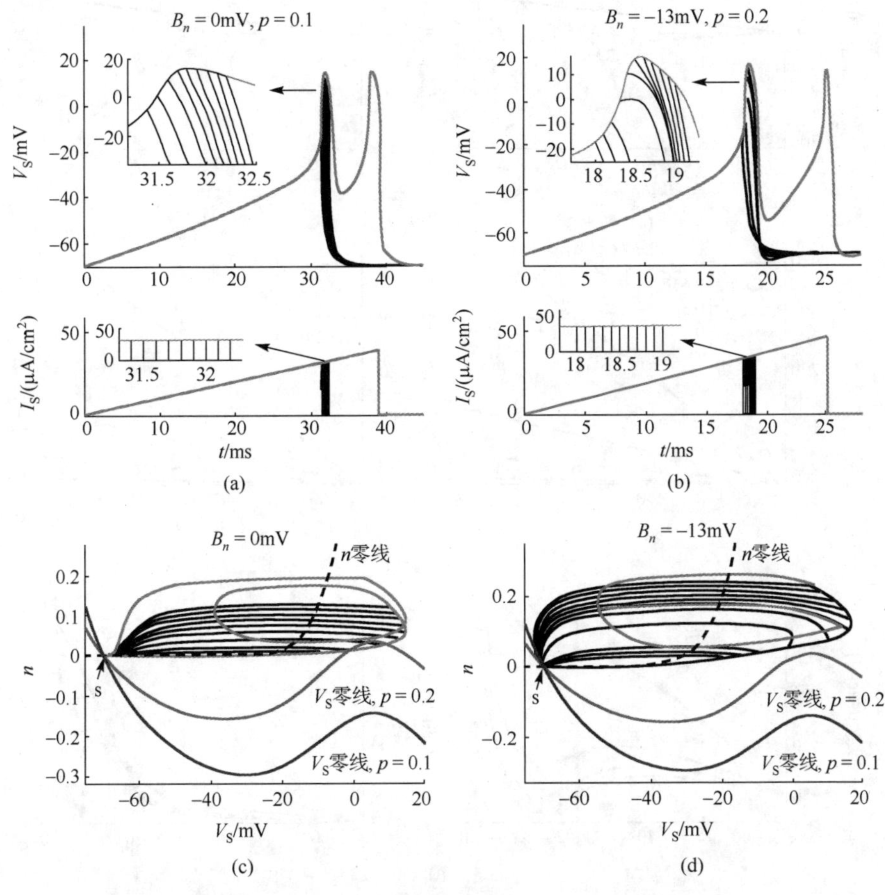

图 7.6　形态参数较小时神经元的膜电压序列以及相平面分析

7.3.2　生物物理机制

7.3.1 节刻画了不同形态参数下神经元的放电阈值随 $\mathrm{d}V_S/\mathrm{d}t$ 的变化特性，下面分别在 SNIC 和 Hopf 分岔情况下研究改变形态参数 p 影响神经元放电阈值动态的生物物理机制。

通过 Na^+ 电流 I_{Na} 、K^+ 电流 I_K 和漏电流 I_{SL} 的表达式可见，改变形态参数 p 对上述三种离子电流的阈下激活特性没有影响，如图 7.7(a)和(b)所示。但是，由式(5.19)可知，内部电流 I_{SD} 的强度与参数 p 有关。当参数 p 减小时，电流 I_{SD} 的阈下强度明显增强，如图 7.7(c)和(d)所示。

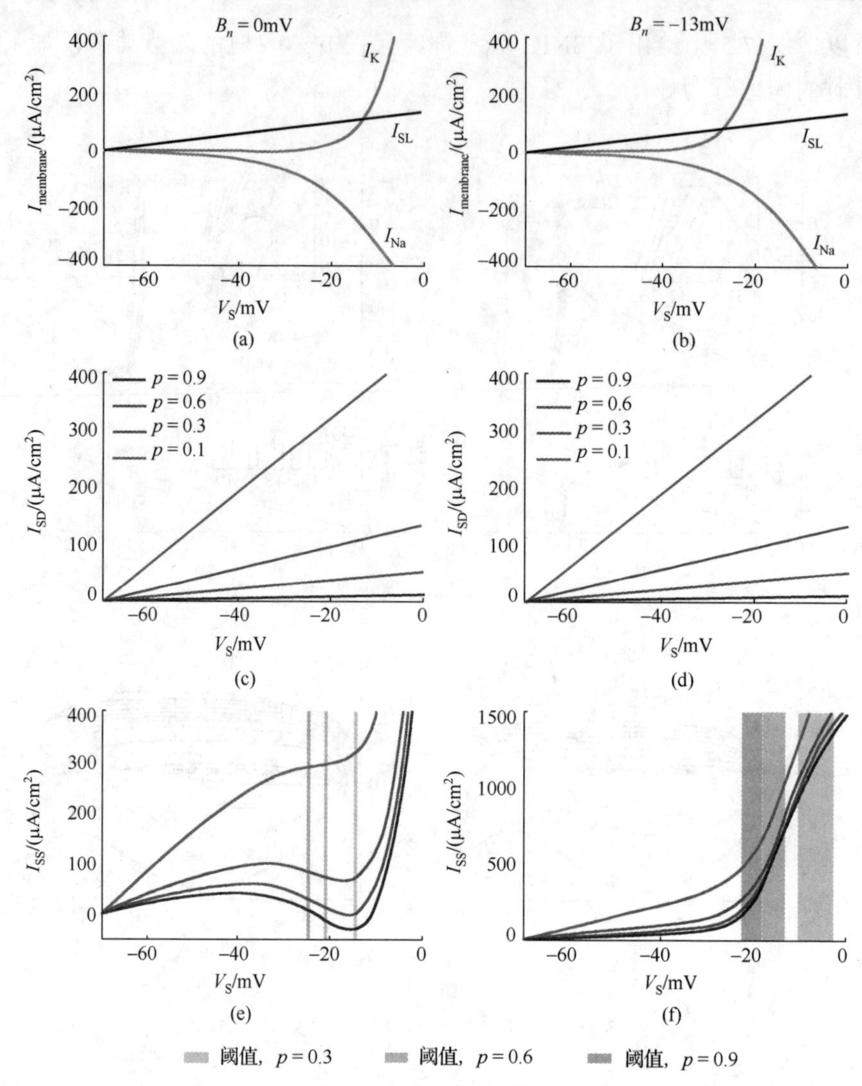

图 7.7　不同形态参数下离子电流的阈下激活特性(见彩图)

在 SNIC 分岔情况下(即 $B_n = 0$mV)，神经元的 I_{SS}-V_S 曲线在形态参数 p 较大时呈现非单调的增长趋势，如图 7.7(e)所示。此时，流向胞体膜外的 I_{SD} 电流强度十分微弱，并且流向胞外的 I_K 在放电阈值处尚未激活。于是，流向胞内的 I_{Na} 能够在没有超极化电流束缚的情况下控制神经元的放电起始过程，进而达到自我维持、产生动作电位。这会导致神经元产生 SNIC 分岔(图 7.8)，对应非单调的 I_{SS}-V_S 曲线。由于此时 I_{SS}-V_S 曲线在阈下存在负斜率区域，导致胞体间室的净电流 I_{SS} 在放电阈值前不会上升到很高的去极化水平，所以神经元不能产生对 dV_S/dt 变化敏感的动态阈值。随着形态参数 p 的减小，内部电流 I_{SD} 的强度会逐渐增强，从而增加阈值电压处净电流 I_{SS} 的强度，如图 7.7(e)中 $p=0.3$ 和 $p=0.6$ 所示。由于流向胞外的 I_{SS} 对胞体间室来说是一个超极化的电流，所以它在放电起始前的增强会对电流 I_{Na} 的激活产生抵抗作用。在这种情况下，去极化的 I_{Na} 只能在更高的膜电压处达到自我维持，继而使神经元产生一个较高的放电阈值。于是，两间室模型的放电阈值曲线会随着参数 p 的减小而逐渐上移。此外，神经元的 I_{SS}-V_S 曲线在这些形态参数下都是非单调的，说明对应的 I_{Na} 在放电阈值处可以平衡流向胞外的超极化电流，进而控制神经元的放电起始过程。于是，两间室模型在这些形态参数控制下不能产生对 dV_S/dt 变化敏感的动态阈值，如图 7.5 所示。当参数 p 进一步减小时，两个间室之间的内部电流 I_{SD} 强度会进一步变大，如图 7.7(e)中 $p=0.1$ 所示。此时，流向胞外的 I_{SD} 变得足够强，以至于使神经元的 I_{SS}-V_S 曲线由非单调变为单调，进而导致细胞膜净电流 I_{SS} 在放电产生前会上升到一个很高的去极化水平。在这种情况下，由于放电阈值前有足够强的超极化电流存在，流向胞内的 I_{Na} 必须以足够快的速度激活才能产生动作电位的快速上升相。这会使神经元产生 Hopf 分岔，如图 7.8 所示。根据第 6 章和上一节的研究结果可以推测，此时神经元应该产生对 dV_S/dt 变化敏感的动态阈值。但是，在这些极小的形态参数控制下，采用斜坡刺激不能计算出神经元放电阈值。为了解决这一问题，将强度为 $I_S=25\mu A/cm^2$ 的阈下偏置电流注入到神经元胞体间室。在该偏置电流刺激下，膜电压 V_S 的零线会被上移。因此当斜坡刺激撤去后，膜电压 V_S 在相平面上的轨迹能穿过神经元的可兴奋区域，如图 7.9(a)所示。于是，对于一个给定斜率的斜坡刺激，通过控制刺激时间可以计算出神经元的阈值电压，如图 7.9(b)所示。由于存在去极化的偏置电流，此时的放电阈值大于无偏置电流时的放电阈值。但是，它不会对放电阈值与 dV_S/dt 之间的动态关系产生影响。由图 7.9(c)可见，神经元在 $p=0.1$ 时确实产生了一个对 dV_S/dt 变化敏感的放电阈值，与之前的研究结论一致。

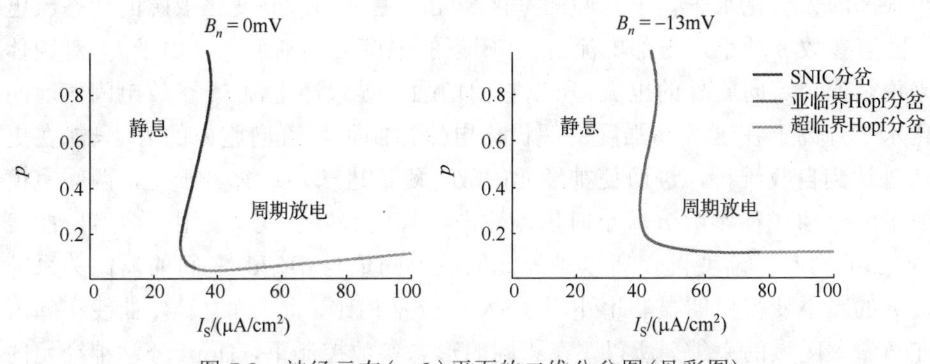

图 7.8　神经元在 (p, I_S) 平面的二维分岔图(见彩图)

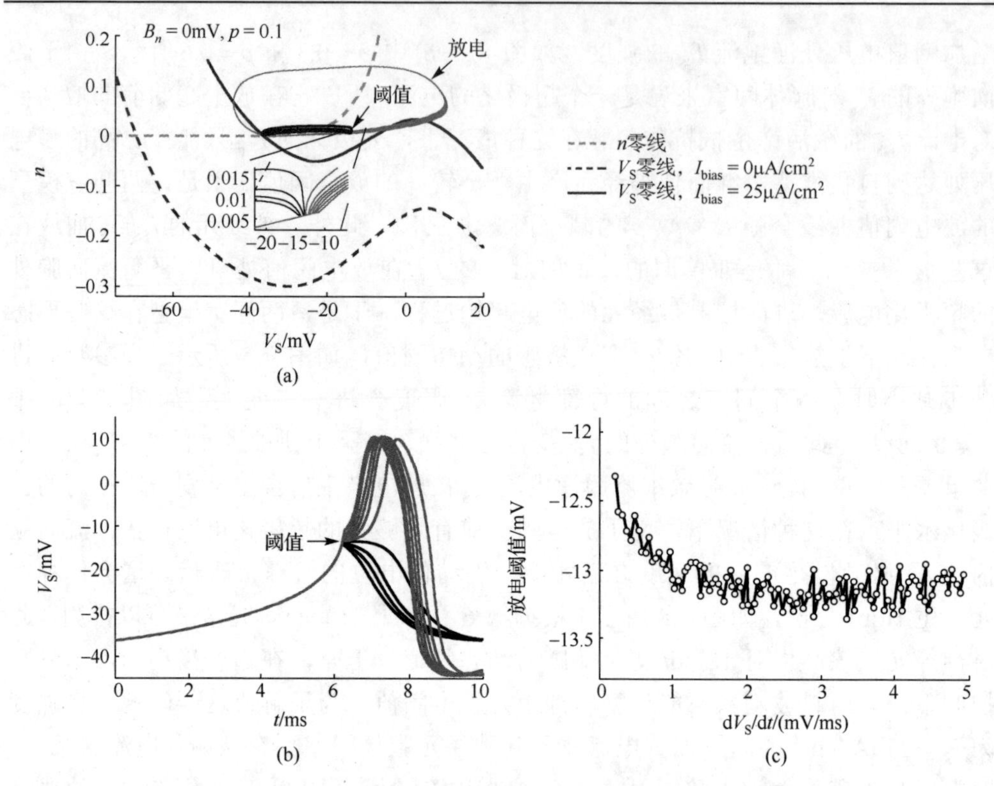

图 7.9　加入偏置电流后神经元的相位图、膜电压序列及阈值动态

在 Hopf 分岔神经元中(即 $B_n = -13$mV)，其内部电流 I_{SD} 的强度在较大的形态参数 p 下十分微弱，如图 7.7(d)中 $p = 0.9$ 所示。与 SNIC 分岔不同，Hopf 分岔的 I_K 在放电产生前已经激活，如图 7.7(b)所示。为了产生一个动作电位，去极化的 I_{Na} 必须以超过 I_K 的速度快速激活，从而导致使神经元产生单调的 I_{SS}-V_S 曲线，如图 7.7(f)所示。在这种情况下，阈下激活的 I_K 导致净电流 I_{SS} 在放电阈值前上升到一个很高的去极化水平，于是两间室神经元产生对 dV_S/dt 变化敏感的动态放电阈值。随着参数 p 减小，内部电流 I_{SD} 在阈下的强度会逐渐变大。由于 I_{SD} 对胞体间室来说是一个流向胞外的电流，所以它的增强会导致净电流 I_{SS} 在放电阈值前的去极化水平升高。在这种高强度的超极化电流控制下，流向胞内的 I_{Na} 只能在更高的 V_S 处达到自我维持，进而使神经元的放电阈值进一步增加。于是，两间室模型的放电阈值曲线在参数 p 减小时出现逐渐上移的趋势。另外，由于 I_{SS}-V_S 曲线在 I_{SD} 增加的同时逐渐变陡，所以神经元的放电阈值与 dV_S/dt 之间的反比关系随着参数 p 的减小变得更明显。此外，与 SNIC 分岔相比，此时的 I_{SS}-V_S 曲线在阈下不存在负斜率区域的束缚。所以，在相同的形态参数控制下，Hopf 分岔神经元的净电流 I_{SS} 在放电产生前可以达到一个高于 SNIC 神经元的去极化水平。于是，对于

同一形态参数 p，两间室神经元在 Hopf 分岔情况下的放电阈值总是高于 SNIC 分岔。

由上述分析可知，在 Hopf 分岔情况下，流向胞外的净电流 I_{SS} 在放电产生前能够达到一个很高的去极化水平，使得神经元产生电压值较高、并且对 dV_S/dt 变化敏感的放电阈值。相反，在 SNIC 分岔情况下，细胞膜的净电流 I_{SS} 不会上升到 Hopf 分岔时的去极化水平，故而神经元的放电阈值较低，并且对 dV_S/dt 变化不敏感。所有的这些仿真结果与 $p=0.5$ 和 $g_c=1\text{mS/cm}^2$ 的情况一致。

7.4　内连电导对放电阈值的影响

除了形态参数 p，第 4 章和第 5 章的研究还发现改变内连电导 g_c 也会影响神经元在电场刺激下的放电起始过程。这一节分别在 Hopf 分岔和 SNIC 分岔情况下研究改变参数 g_c 对两间室模型阈值动态的影响。在下面的研究中形态参数取标准值，即 $p=0.5$。

研究发现，在两种分岔情况下增加内连电导 g_c 均可以使神经元的放电阈值变大，如图 7.10 所示。不同的是，SNIC 分岔时的放电阈值在内连电导改变时总是对 dV_S/dt 变化不敏感，而 Hopf 分岔时的放电阈值总是对 dV_S/dt 变化敏感。对于相同的内连电导，两间室模型在 SNIC 情况下的放电阈值总是低于 Hopf 分岔。此外，随着参数 g_c 的增加，Hopf 分岔时的放电阈值与 dV_S/dt 之间的反比关系会更加明显，而且其放电阈值曲线也会随之右移。这主要是由于 Hopf 分岔神经元在慢速斜坡刺激下出现延迟失稳现象，并且增加内连电导会使导致延迟失稳的 dV_S/dt 范围变宽。

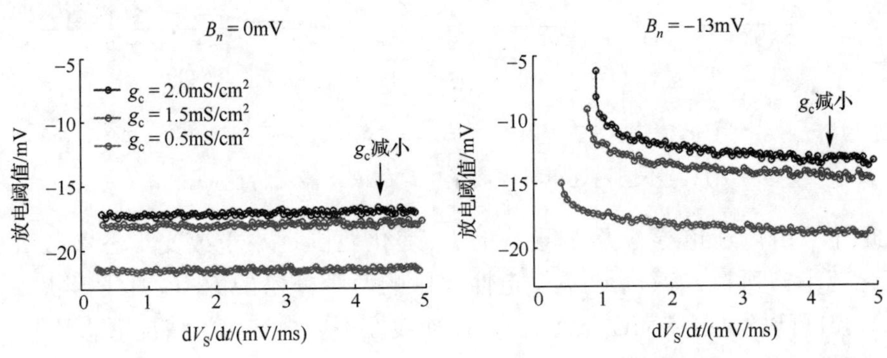

图 7.10　不同内连电导下神经元的放电阈值特性

在 SNIC 分岔和 Hopf 分岔两种情况下，增加内连电导 g_c 对电流 I_{Na}、I_K 和 I_{SL} 的阈下激活特性没有影响(图 7.11(a))，但是却可以增加内部电流 I_{SD} 的阈下强度

(图 7.11(b))。增加 g_c 对离子电流产生的上述影响会提高净电流 I_{SS} 在放电产生前的强度，如图 7.11(c)所示。由于稳态净电流 I_{SS} 是流向胞外的超极化电流，其强度的增加会阻止 Na^+通道在低电压处激活，最终导致神经元产生较高的放电阈值。于是，两种分岔的放电阈值曲线会随参数 g_c 的增加而逐渐上移。

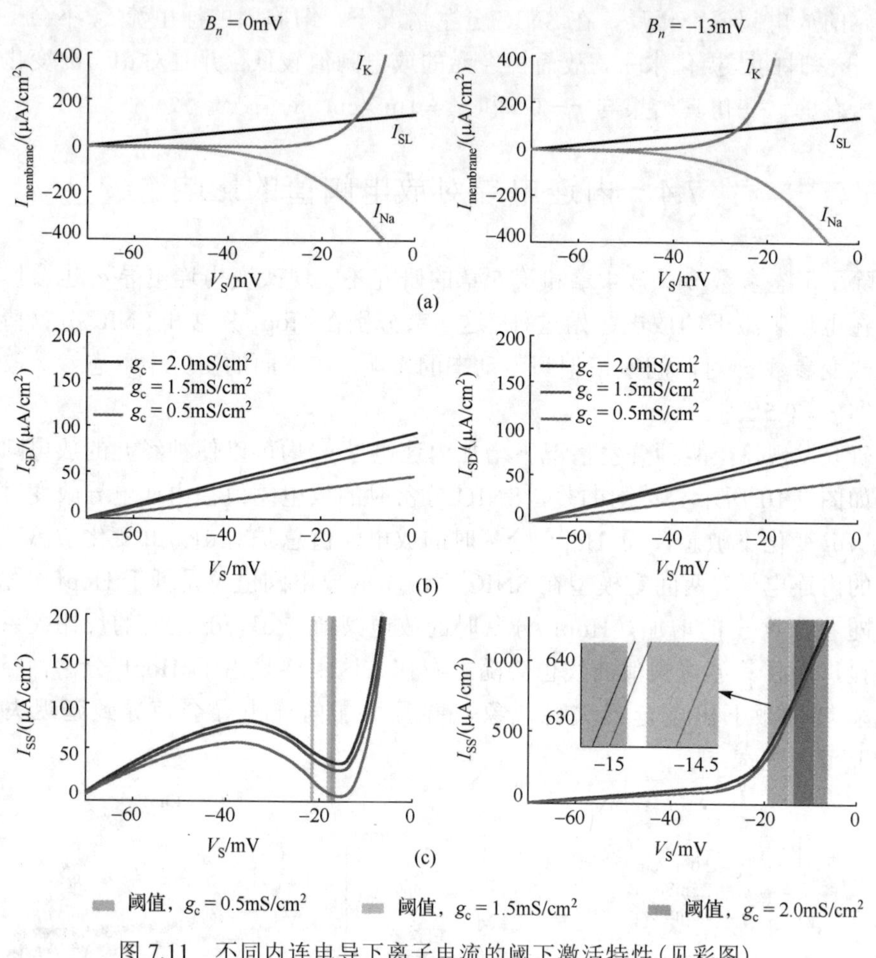

图 7.11　不同内连电导下离子电流的阈下激活特性(见彩图)

此外，由内连电导 g_c 增加导致的 I_{SD} 变化范围远小于改变形态参数 p 引起的变化范围。所以，改变 g_c 不会定性地影响两种分岔的 I_{SS}-V_S 曲线形状。通过图 7.11(c)可以发现，SNIC 分岔的 I_{SS}-V_S 曲线在不同内连电导情况下总是非单调，而 Hopf 分岔的 I_{SS}-V_S 曲线总是单调。这意味着，改变 g_c 不会影响两间室神经元的分岔结构。由图 7.12 可以发现，当 $B_n = 0\text{mV}$ 时，两间室模型在不同 g_c 情况下只会产生 SNIC 分岔；然而当 $B_n = -13\text{mV}$ 时，两间室模型在 g_c 改变时只能产生 Hopf

分岔。由此可见，改变内连电导 g_c 产生的两种分岔的放电阈值特性与 7.2 节和 7.3 节的仿真结论一致。

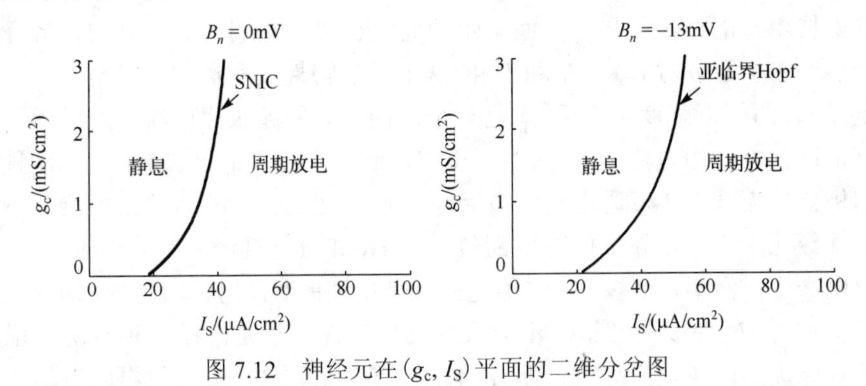

图 7.12　神经元在 (g_c, I_S) 平面的二维分岔图

7.5　本 章 小 结

通过改变 K^+ 通道激活电压，本章首先刻画了两间室神经元在 SNIC 分岔和 Hopf 分岔情况下放电阈值与膜电压上升率 dV_S/dt 之间的关系。然后，详细地研究了改变形态参数 p 和内连电导 g_c 对两种情况下阈值动态的影响。通过分析胞体膜电流在放电阈值处的激活特性，揭示了改变这两个参数影响神经元阈值动态的生物物理机制。

当形态参数 p 和内连电导 g_c 取标准值时，两间室神经元的 K^+ 电流 I_K 在 Hopf 分岔情况下可以在阈下电位处激活。同时，随着刺激电流斜率的减小，I_K 在放电阈值处的激活程度变强。由于 I_K 是一个流向胞外的超极化电流，所以它在阈值前充分激活会对流向胞内的 Na^+ 电流 I_{Na} 产生阻碍作用，并且 I_K 的强度越大，对 I_{Na} 的阻碍作用越强。于是，去极化的 I_{Na} 只能在较高的膜电压处达到自我维持，然后产生动作电位的快速上升相，对应着较大的阈值电压。所以，神经元产生了对 dV_S/dt 变化敏感的放电阈值。与 Hopf 分岔不同，超极化的 I_K 在 SNIC 分岔时不能在阈下电位处激活。此时，I_K 的强度在动作电位产生前非常小，不足以对去极化的 I_{Na} 产生束缚。于是，Na^+ 通道能够在固定的膜电压附近充分激活。所以，神经元产生了对 dV_S/dt 变化不敏感的放电阈值。事实上，电生理实验(Higgs et al., 2011; Ferragamo et al., 2002)和计算模型(Wester et al., 2013)研究也发现了类似的结论。例如，在运动皮层的 II/III 层锥体神经元中存在一种低阈值激活的 K^+ 电流——Kv1 电流，Higgs 和 Spain(2011)发现如果阻断这种 K^+ 电流会使神经元放电阈值与膜电压上升率之间的反比关系消失；此外，Wester 和 Contreras(2013)

通过对一个三间室的模型研究发现，如果降低 K^+通道半激活电压使其在放电阈值前充分激活，可以使神经元产生对 dV_S/dt 变化敏感的放电阈值。这些研究，一方面可以支持本章的结论，另一方面本章的研究也可为它们提供生物物理解释。

减小形态参数 p 对 I_{Na}、I_K 和 I_{SL} 的阈下激活特性没有影响，但是却可以增加内部电流 I_{SD} 的阈下强度。由于 I_{SD} 是一个流向胞外的超极化电流，所以增加其阈下强度可以使稳态净电流 I_{SS} 在阈值电压前达到一个很高的去极化水平。这种高强度的超极化电流会在 Na^+通道充分激活前将 V_S 驱使到一个较高的膜电位。于是，两间室神经元产生一个较大的放电阈值。在 Hopf 分岔神经元中，由于 K^+电流可以在放电产生前激活，所以它的 I_{SS}-V_S 曲线是单调的。此时，增加内部电流 I_{SD} 的强度只会使 I_{SS}-V_S 曲线变陡峭，不会改变其单调性。于是，在这种情况下增加形态参数只能提高阈值电压处流向胞外的净电流强度。这会造成放电阈值与 dV_S/dt 之间的反比关系增强，但不会改变放电阈值对 dV_S/dt 敏感的结论。在 SNIC 分岔神经元中，流向胞外的 K^+电流在阈下电压处不能激活。此时，流向胞内的 I_{Na} 在阈值电压附近能够平衡所有流向胞外的超极化电流，使得神经元产生非单调的 I_{SS}-V_S 曲线，并且净电流 I_{SS} 在放电产生前也不会上升到 Hopf 分岔时的去极化水平。在这种情况下，对于一些较大的形态参数，内部电流 I_{SD} 在阈下的强度比较弱。此时，增加 I_{SD} 将只能提高净电流 I_{SS} 在放电阈值处的强度，不会改变反向离子电流在阈下电位的竞争结果，即 I_{SS}-V_S 曲线总是非单调。于是，在较大的形态参数控制下，神经元的放电阈值总是对 dV_S/dt 变化不敏感。但是，对于一些较小的形态参数(如 $p \leqslant 0.1$)，内部电流 I_{SD} 会变得足够强，进而改变反向离子电流在阈下电位的竞争结果，使神经元的 I_{SS}-V_S 曲线由单调变为非单调。于是，净电流 I_{SS} 在放电产生前会不断上升，进而达到很高的去极化水平。通过向胞体间室注入偏置电流发现，此时的放电阈值已经对 dV_S/dt 变化敏感，二者之间存在明显的反比关系。增加内连电导 g_c 对膜电流的影响与减小参数 p 时类似，但是由其引起的 I_{SD} 变化范围远小于由改变参数 p 引起的变化范围。于是，增加 g_c 将只能提升净电流 I_{SS} 在放电起始处的强度以及增加放电阈值，不会改变 I_{SS}-V_S 曲线形状和放电起始机制，同时也不会影响阈值对 dV_S/dt 变化敏感的结论。

综上所述，通过分析电生理参数和形态参数对两间室神经元放电阈值的影响，本章建立了放电阈值动态与放电起始机制之间的关系，如图 7.13 所示。通过分析模型参数影响放电阈值的生物物理机制，成功地将神经元放电阈值动态概念化为细胞膜净电流在放电起始处的去极化水平。于是，改变 K^+通道半激活电压、形态参数以及内连电导对放电阈值动态的影响，都可以通过分析它们对放电起始处净电流强度的影响来解释。这些结果有助于理解神经元形态特性和电生理特性在电磁场调制神经电活动过程中的重要性，同时也为探索弱磁场的神经调制机制提供理论指导。此外，本章的研究也有利于进一步揭示神经元生物物理特性在放电起始和神经编码中的功能性作用。

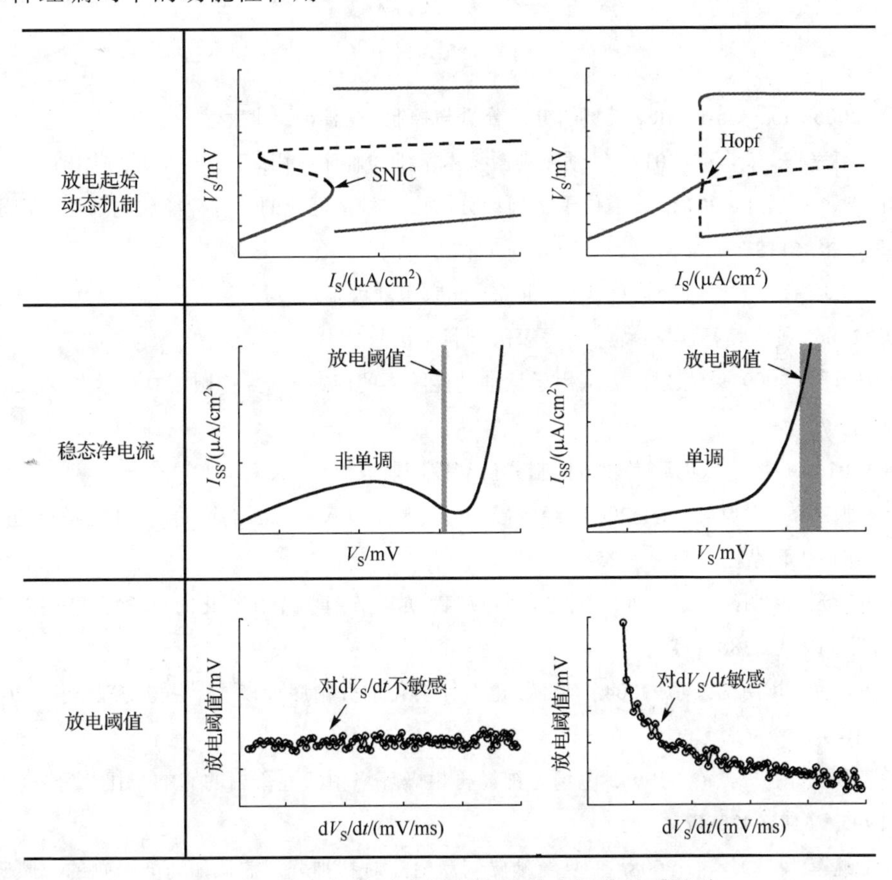

图 7.13　放电起始动态机制与其放电阈值关系总结

参考文献

陈良泉. 2006. Hodgkin-Huxley 模型的分岔分析与控制. 天津: 天津大学.

窦祖林, 廖家华, 宋为群. 2012. 经颅磁刺激技术基础与临床应用. 北京: 人民卫生出版.

古华光, 惠磊, 贾冰. 2012. 一类位于加周期分岔中的貌似混沌的随机神经放电节律的识别.物理学报, 61(8): 080504.

顾凡及, 梁培基. 2007. 神经信息处理. 北京: 北京工业大学出版社.

韩春美. 2006. 神经精神病学. 北京: 军事医学科学出版社.

胡洁, 宋为群. 2009. 经颅磁刺激应用于运动功能障碍的研究进展. 中国康复医学杂志, 24(6): 570-572.

金淇涛. 2013. 神经元放电起始动态机制分析与控制研究. 天津: 天津大学.

康君芳, 张宝荣, 尹厚民, 等. 2009. 经颅磁刺激对帕金森氏病患者的运动诱发电位的研究. 中国病理生理杂志, 25(4): 725-728.

李莉, 古华光, 杨明浩, 等. 2003. 神经起步点自发放电节律及节律转化的分岔规律. 生物物理学报, 19(4): 388-394.

李莉, 古华光, 杨明浩, 等. 2004. 神经放电节律转化的分岔序列模式. 生物物理学报, 20(6): 471-476.

李青峰, 顾玉东, 郭景春. 1995. 电场对神经再生微环境中活性蛋白的影响. 中华医学杂志, 1995, 75(8): 470-472.

刘锐, 王继军, 柳颢, 等. 2008. 重复经颅磁刺激治疗对精神分裂症认知功能影响的对照研究. 上海精神医学, 20(5): 257-307.

陆启韶, 刘深泉, 刘峰, 等. 2008. 生物神经网络系统的动力学与功能研究. 力学进展, 38(6): 766-793.

彭丹涛, 朱瑞, 袁欣瑞, 等. 2012. 深部脑磁刺激技术治疗阿尔茨海默病的临床研究. 中华老年医学杂志, 31(11): 929-931.

沈宁江, 王书成, 郑树森. 1999. 直流电场促进脊髓再生的实验研究. 中华骨科杂志, 19(2): 73-76.

王付霞, 谢勇. 2013. “Hopf/homoclinic”簇放电和“SubHopf/homoclinic”簇放电之间的同步. 物理学报, 62(2): 020509.

王海侠, 陆启韶, 郑艳红. 2009. 神经元模型的复杂动力学: 分岔与编码. 动力学与控制学报,

7(4): 293-296.

王恒通. 2014. 神经元响应特性及其动力学行为. 甘肃: 兰州大学.

王青云, 石霞, 陆启韶. 2008. 神经元耦合系统的同步动力学. 北京: 科学出版社.

谢勇, 徐健学, 康艳梅, 等. 2004. 混沌放电的可兴奋性细胞对外界刺激反应敏感的动力学机制. 生物物理学报, 20(3): 209-216.

杨远滨, 肖娜, 李梦瑶, 等. 2011. 经颅磁刺激与经颅直流电刺激的比较. 中国康复理论与实践, 17(12): 1131-1135.

杨卓琴, 陆启韶. 2007. 神经元 Chay 模型中不同类型的簇放电模式. 中国科学(G 辑: 物理学 力学 天文学), 37(4): 440-450.

伊国胜, 王江, 魏熙乐, 等. 2016. 无创式脑调制的神经效应研究进展. 科学通报, (8): 819-834.

张五芳, 谭云龙, 周东丰. 2008. 重复经颅磁刺激治疗运动相关障碍及可能机制. 国际精神病学杂志, 28(4): 243-245.

张晓雪, 周然. 2011. 神经精神疾病. 北京: 科学出版社.

Agar E, Green G G, Sanders D J. 1996. Membrane properties of mouse anteroventral cochlear nucleus neurons in vitro. Journal of Basic & Clinical Physiology & Pharmacology, 7(3): 179-198.

Allen E A, Pasley B N, Duong T, et al. 2007. Transcranial magnetic stimulation elicits coupled neural and hemodynamic consequences. Science, 317(5846): 1918-1921.

Azouz R, Gray C M. 2000. Dynamic spike threshold reveals a mechanism for synaptic coincidence detection in cortical neurons in vivo. Proceedings of the National Academy of Sciences of the United States of America, 97(14): 8110-8115.

Azouz R, Gray C M. 2003. Adaptive coincidence detection and dynamic gain control in visual cortical neurons in vivo. Neuron, 37(3): 513-523.

Balasubramanyan S, Stemkowski P L, Stebbing M J, et al. 2006. Sciatic chronic constriction injury produces cell-type-specific changes in the electrophysiological properties of rat substantia gelatinosa neurons. Journal of Neurophysiology, 96(2): 579-590.

Bauer P R, Kalitzin S, Zijlmans M, et al. 2014. Cortical excitability as a potential clinical marker of epilepsy: a review of the clinical application of transcranial magnetic stimulation. International Journal of Neural Systems, 24(2): 1430001.

Bawin S M, Sheppard A R, Mahoney M D, et al. 1984. Influences of sinusoidal electric fields on excitability in the rat hippocampal slice. Brain Research Reviews, 323(2): 227-237.

Bawin S M, Sheppard A R, Mahoney M D, et al. 1986. Comparison between the effects of extracellular direct and sinusoidal currents on excitability in hippocampal slices. Brain

Research Reviews, 362 (2) : 350-354.

Bedard C, Kroger H, Destexhe A. 2006. Model of low-pass filtering of local field potentials in brain tissue. Physical Review E, 73 (5 Pt 1) : 051911.

Bekkers J M, Delaney A J. 2001. Modulation of excitability by alpha-dendrotoxin-sensitive potassium channels in neocortical pyramidal neurons. Journal of Neuroscience, 21 (17) : 6553-6560.

Benda J, Longtin A, Maler L. 2005. Spike-frequency adaptation separates transient communication signals from background oscillations. Journal of Neuroscience, 25 (9) : 2312-2321.

Benda J, Maler L, Longtin A. 2010. Linear versus nonlinear signal transmission in neuron models with adaptation currents or dynamic thresholds. Journal of Neurophysiology, 104 (5) : 2806-2820.

Beraneck M, Pfanzelt S, Vassias I, et al. 2007. Differential intrinsic response dynamics determine synaptic signal processing in frog vestibular neurons. Journal of Neuroscience, 27 (16) : 4283-4296.

Berzhanskaya J, Chernyy N, Gluckman B J, et al. 2013. Modulation of hippocampal rhythms by subthreshold electric fields and network topology. Journal of Computational Neuroscience, 34 (3) : 369-389.

Bestmann S, de Berker A O, Bonaiuto J. 2015. Understanding the behavioural consequences of noninvasive brain stimulation. Trends in Cognitive Sciences, 19 (1) : 13-20.

Bikson M, Bestmann S, Edwards D. 2013. Neuroscience: transcranial devices are not playthings. Nature, 501 (7466) : 167.

Bikson M, Inoue M, Akiyama H, et al. 2004. Effects of uniform extracellular DC electric fields on excitability in rat hippocampal slices in vitro. Journal of Physiology, 557 (1) : 175-190.

Bikson M, Lian J, Hahn P J, et al. 2001. Suppression of epileptiform activity by high frequency sinusoidal fields in rat hippocampal slices. Journal of Physiology, 531 (Pt 1) : 181-191.

Borckardt J J, Bikson M, Frohman H, et al. 2012. A pilot study of the tolerability and effects of high-definition transcranial direct current stimulation (HD-tDCS) on pain perception. Journal of Pain, 13 (2) : 112-120.

Bortoletto M, Veniero D, Thut G, et al. 2015. The contribution of TMS-EEG coregistration in the exploration of the human cortical connectome. Neuroscience & Biobehavioral Reviews, 49: 114-124.

Bunse T, Wobrock T, Strube W, et al. 2014. Motor cortical excitability assessed by transcranial magnetic stimulation in psychiatric disorders: a systematic review. Brain Stimulation, 7 (2) :

158-169.

Cardin J A, Kumbhani R D, Contreras D, et al. 2010. Cellular mechanisms of temporal sensitivity in visual cortex neurons. Journal of Neuroscience, 30(10): 3652-3662.

Carnevale N T, Hines M L. 2006. The Neuron Book. Cambridge: Cambridge University Press.

Chan C Y, Hounsgaard J, Nicholson C. 1988. Effects of electric fields on transmembrane potential and excitability of turtle cerebellar Purkinje cells in vitro. Journal of Physiology, 402(4): 751-771.

Chan C Y, Nicholson C. 1986. Modulation by applied electric fields of Purkinje and stellate cell activity in the isolated turtle cerebellum. Journal of Physiology, 371(2): 89-114.

Che Y Q, Wang J, Deng B, et al. 2012. Bifurcations in the Hodgkin-Huxley model exposed to DC electric fields. Neurocomputing, 81(81): 41-48.

Che Y Q, Wang J, Si W J, et al. 2009a. Phase-locking and chaos in a silent Hodgkin-Huxley neuron exposed to sinusoidal electric field. Chaos, Solitons & Fractals, 39(1): 454-462.

Che Y Q, Wang J, Zhou S S, et al. 2009b. Synchronization control of Hodgkin-Huxley neurons exposed to ELF electric field. Chaos, Solitons & Fractals, 40(4): 1588-1598.

Chen R, Cros D, Curra A, et al. 2008. The clinical diagnostic utility of transcranial magnetic stimulation: report of an IFCN committee. Clinical Neurophysiology, 119(3): 504-532.

Chen J X, Peng L, Ma J, et al. 2014a. Liberation of a pinned spiral wave by a rotating electric pulse. Europhysics Letters, 107(3): 38001.

Chen J X, Peng L, Zhao Y H, et al. 2014b. Dynamics of spiral waves driven by a rotating electric field. Communications in Nonlinear Science and Numerical Simulation, 19(1): 60-66.

Cook C M, Thomas A W, Prato F S. 2004. Resting EEG is affected by exposure to a pulsed ELF magnetic field. Bioelectromagnetics, 25(3): 196-203.

Cudmore R H, Molinieres L F, Giraud P, et al. 2010. Spike-time precision and network synchrony are controlled by the homeostatic regulation of the D-type potassium current. Journal of Neuroscience, 30(38): 12885-12895.

Dayan P, Abbott L F. 2005. Theoretical Neuroscience: Computational and Mathematical Modeling of Neural Systems. London: The MIT Press.

de Lucia M, Parker G J, Embleton K, et al. 2007. Diffusion tensor MRI-based estimation of the influence of brain tissue anisotropy on the effects of TMS. Neuroimage, 36(4): 1159-1170.

Denney D, Brookhar J M. 1962. The effects of applied polarization on evoked electro-cortical waves in the cat. Electroencephalography and Clinical Neurophysiology, 14(6): 885-897.

Desroches M, Guckenheimer J, Krauskop B, et al. 2012. Mixed-mode oscillations with multiple time scales. SIAM Review, 54(2): 211-288.

di Lazzaro V, Capone F, Apollonio F, et al. 2013. A consensus panel review of central nervous system effects of the exposure to low-intensity extremely low-frequency magnetic fields. Brain Stimulation, 6(4): 469-476.

Dodson P D, Barker M C, Forsythe I D. 2002. Two heteromeric Kv1 potassium channels differentially regulate action potential firing. Journal of Neuroscience, 22(16): 6953-6961.

Drion G, Franci A, Seutin V, et al. 2012. A novel phase portrait for neuronal excitability. PLoS ONE, 7(8): e41806.

Durand D M, Bikson M. 2001. Suppression and control of epileptiform activity by electrical stimulation: a review. Institute of Electrical and Electronics Engineers, 89(7): 1065-1082.

Ermentrout B. 1998. Linearization of F-I curves by adaptation. Neural Computation, 10(7): 1721-1729.

Escabí M A, Nassiri R, Miller L M, et al. 2005. The contribution of spike threshold to acoustic feature selectivity, spike information content, and information throughput. Journal of Neuroscience, 25(41): 9524-9534.

Faber E S, Callister R J, Sah P. 2001. Morphological and electrophysiological properties of principal neurons in the rat lateral amygdala in vitro. Journal of Neurophysiology, 85(2): 714-723.

Farries M A, Kita H, Wilson C J. 2010. Dynamic spike threshold and zero membrane slope conductance shape the response of subthalamic neurons to cortical input. Journal of Neuroscience, 30(39): 13180-13191.

Feeser M, Prehn K, Kazzer P. 2014. Transcranial direct current stimulation enhances cognitive control during emotion regulation. Brain Stimulation, 7(1): 105-112.

Ferragamo M J, Oertel D. 2002. Octopus cells of the mammalian ventral cochlear nucleus sense the rate of depolarization. Journal of Neurophysiology, 87(5): 2262-2270.

FitzHugh R. 1960. Thresholds and plateaus in the Hodgkin-Huxley nerve equations. Journal of General Physiology, 43(5): 867-896.

FitzHugh R. 1961. Impulses and physiological states in theoretical models of nerve membrane. Biophysical Journal, 1(6): 445-466.

Fontaine B, Peña J L, Brette R. 2014. Spike-threshold adaptation predicted by membrane potential dynamics in vivo. PLoS Computational Biology, 10(4): e1003560.

Fröhlich F, McCormick D A. 2010. Endogenous electric fields may guide neocortical network activity. Neuron, 67(1): 129-143.

Ghai R S, Bikson M, Durand D M. 2000. Effects of applied electric fields on low-calcium epileptiform activity in the CA1 region of rat hippocampal slices. Journal of Neurophysiology, 84(1): 274-280.

Giannì M, Liberti M, Apollonio F, et al. 2006. Modeling electromagnetic fields detectability in a HH-like neuronal system: stochastic resonance and window behavior. Biological Cybernetics, 94(2): 118-127.

Gluckman B J, Neel E J, Netoff T I, et al. 1996. Electric field suppression of epileptiform activity in hippocampal slices. Journal of Neurophysiology, 76(6): 4202-4205.

Gluckman B J, Nguyen H, Weinstein S L, et al. 2001. Adaptive electric field control of epileptic seizures. Journal of Neuroscience, 21(2): 590-600.

Goldberg E M, Clark B D, Zagha E, et al. 2008. K+ channels at the axon initial segment dampen near-threshold excitability of neocortical fast-spiking GABAergic interneurons. Neuron, 58(3): 387-400.

Goldman D E. 1943. Potential, impedance and rectification in membranes. Journal of General Physiology, 27(1): 37-60.

Guan D, Lee J C, Higgs M H, et al. 2007. Functional roles of Kv1 channels in neocortical pyramidal neurons. Journal of Neurophysiology, 97(3): 1931-1940.

Han C X, Wang J, Deng B. 2009. Fire patterns of modified HH neuron under external sinusoidal ELF stimulus. Chaos, Solitons & Fractals, 41(4): 2045-2054.

Henze D A, Buzsaki G. 2001. Action potential threshold of hippocampal pyramidal cells in vivo is increased by recent spiking activity. Neuroscience, 105(1): 121-130.

Hernandez-Pavon J C, Sarvas J, Ilmoniemi R J. 2014.TMS-EEG: from basic research to clinical applications. AIP Conference Proceedings, 1626(1): 15-21.

Higgs M H, Spain W J. 2011. Kv1 channels control spike threshold dynamics and spike timing in cortical pyramidal neurones. Journal of Physiology, 589(Pt 21): 5125-5142.

Hodgkin A L, Huxley A F. 1952. A quantitative description of membrane current and its application to conduction and excitation in nerve. Journal of Physiology, 117(4): 500-544.

Hodgkin A L, Katz B. 1949. The effects of sodium ions on the electrical activity of the giant axon of the squid. Journal of Physiology, 108(1): 37-77.

Hodgkin A L, Rushton W A H. 1946. The electrical constants of a crustacean nerve fibre. Proceedings of the Royal Society of London, Series B-Biological Sciences, 133(873): 444-479.

Hu W, Tian C, Li T, et al. 2009. Distinct contributions of Na(v)1.6 and Na(v)1.2 in action potential initiation and backpropagation. Nature Neuroscience, 12(8): 996-1002.

Izhikevich E M. 2000. Neural excitability, spiking and bursting. International Journal of Bifurcation and Chaos, 10(6): 1171-1266.

Izhikevich E M. 2004. Which model to use for cortical spiking neurons?. IEEE Transactions on Neural Networks, 15(5): 1063-1070.

Izhikevich E M, Hoppensteadt F. 2004.Classification of bursting mappings. International Journal of Bifurcation and Chaos, 14(11): 3847-3854.

Izhikevich E M. 2007. Dynamical Systems in Neuroscience: The Geometry of Excitability and Bursting. Cambridge: The MIT Press.

Izhikevich E M. 2010. Hybrid spiking models. Philosophical Transactions of the Royal Society A, 368(1930): 5061-5070.

Javadi A H, Cheng P. 2013. Transcranial direct current stimulation (tDCS) enhances reconsolidation of long-term memory. Brain Stimulation, 6(4): 668-674.

Jefferys J G R. 1981. Influence of electric fields on the excitability of granule cells in guinea-pig hippocampal slices. Journal of Physiology, 319(10): 143-152.

Kamitani Y, Bhalodia V M, Kubota Y, et al. 2001. A model of magnetic stimulation of neocortical neurons. Neurocomputing, 38(1): 697-703.

Kim D H, Choi N S, Won C. 2010. Distortion of the electric field distribution induced in the brain during transcranial magnetic stimulation. IET Science, Measurement and Technology, 4(1): 12-20.

King R W P. 2002. The low-frequency electric fields induced in a spherical cell including its nucleus. Progress in Electromagnetics Research, 16(7): 907-909.

Koch C. 1999. Biophysics of Computation: Information Processing in Single Neurons. New York: Oxford University Press.

Kotnik T, Miklavcic D. 2000. Second-order model of membrane electric field induced by alternating external electric fields. IEEE Transactions on Biomedical Engineering, 47(8): 1074-1081.

Kozyrev V, Eysel U T, Jancke D. 2014. Voltage-sensitive dye imaging of transcranial magnetic stimulation-induced intracortical dynamics. Proceedings of the National Academy of Sciences of the United States of America, 111(37): 13553-13558.

Kuba H, Ishii T M, Ohmor H. 2006. Axonal site of spike initiation enhances auditory coincidence detection. Nature, 444(7122): 1069-1072.

Kuba H, Ohmori H. 2009. Roles of axonal sodium channels in precise auditory time coding at nucleus magnocellularis of the chick. Journal of Physiology, 587(Pt 1): 87-100.

Lazutkin D, Husar P. 2010. Modeling of electromagnetic stimulation of the human brain. The 32nd Annual International Conference of the IEEE EMBS, 2010(10): 581-584.

Lefaucheur J P, André-Obadia N, Antal A, et al. 2014. Evidence-based guidelines on the therapeutic use of repetitive transcranial magnetic stimulation (rTMS). Clinical Neurophysiology, 125(11): 2150-2206.

Leung A Y T, Guo Z. 2012. Resonance response of a simply supported rotor-magnetic bearing system by harmonic balance. International Journal of Bifurcation and Chaos, 22(6): 1250136.

Lian J, Bikson M, Sciortino C, et al. 2003. Local suppression of epileptiform activity by electrical stimulation in rat hippocampus in vitro. Journal of Physiology, 547(Pt 2): 427-434.

Liu Y H, Wang X J. 2001. Spike-frequency adaptation of a generalized leaky integrate-and-fire model neuron. Journal of Computational Neuroscience, 10(1): 25-45.

Ljubisavljevic M R, Ismail F Y, Filipovic S. 2013. Transcranial magnetic stimulation of degenerating brain: a comparison of normal aging, Alzheimer's, Parkinson's and Huntington's disease. Current Alzheimer Research, 10(6): 578-596.

Lu M, Ueno S, Thorlin T, et al. 2008. Calculating the activating function in the human brain by transcranial magnetic stimulation. IEEE Transactions on Magnetics, 44: 1438-1441.

Lundstrom B N, Famulare M, Sorensen L B, et al. 2009. Sensitivity of firing rate to input fluctuations depends on time scale separation between fast and slow variables in single neurons. Journal of Computational Neuroscience, 27(2): 277-290.

Lyskov E B, Juutilainen J, Jousmaki V, et al. 1993. Effects of 45-Hz magnetic fields on the functional state of the human brain. Bioelectromagnetics, 14(2): 87-95.

Maccabee P, Amassian V, Eberle L, et al. 1993. Magnetic coil stimulation of straight and bent amphibian and mammalian peripheral nerve in vitro: locus of excitation. Journal of Physiology, 460(1): 201-219.

Maeda F, Keenan J P, Tormos J M, et al. 2000. Modulation of corticospinal excitability by repetitive transcranial magnetic stimulation. Clinical Neurophysiology, 111(5): 800-805.

Marino F, Marin F, Balle S, et al. 2007. Chaotically spiking canards in an excitable system with 2D inertial fast manifolds. Physical Review Letters, 98(7): 074104.

Miranda P C, Hallett M, Basser P J. 2003. The electric field induced in the brain by magnetic stimulation: a 3-D finite-element analysis of the effect of tissue heterogeneity and anisotropy. IEEE Transactions on Biomedical Engineering, 50(9): 1074-1085.

Miyawaki Y, Shinozaki T, Okada M. 2012. Spike suppression in a local cortical circuit induced by transcranial magnetic stimulation. Journal of Computational Neuroscience, 33(2): 405-419.

Modolo J, Thomas A W, Stodilka R Z, et al. 2010. Modulation of neuronal activity with extremely low-frequency magnetic fields: insights from biophysical modeling. Proceedings of the 5th International Conference on Bio-Inspired Computing: Theories and Applications (BIC-TA 2010): 1356-1364.

Morris C, Lecar H. 1981. Voltage oscillations in the barnacle giant muscle fiber. Biophysical Journal, 35(1): 193-213.

Moehlis J. 2006. Canards for a reduction of the Hodgkin-Huxley equation. Journal of Mathematical Biology, 52(2): 141-153.

Muellbacher W, Ziemann U, Boroojerdi B, et al. 2000. Effects of low-frequency transcranial magnetic stimulation on motor excitability and basic motor behavior. Clinical Neurophysiology, 111(6): 1002-1007.

Mueller J K, Grigsby E M, Prevosto V, et al. 2014. Simultaneous transcranial magnetic stimulation and single-neuron recording in alert non-human primates. Nature Neuroscience, 17(8): 1130-1136.

Muñoz F, Fuentealba P. 2012. Dynamics of action potential initiation in the GABAergic thalamic reticular nucleus in vivo. PLoS ONE, 7(1): e30154.

Nagarajan S S, Durand D M, Warman E N. 1993. Effects of induced electric fields on finite neuronal structures: a simulation study. IEEE Transactions on Biomedical Engineering, 40(11): 1175-1188.

Rall W. 1962. Electrophysiology of a dendritic neuron model. Biophysical Journal, 2(2Pt2): 145-167.

Rall W. 1969. Time constants and electrotonic length of membrane cylinders and neurons. Biophysical Journal, 9(12): 1483-1508.

Park E H, Barreto E, Gluckman B J, et al. 2005. A model of the effects of applied electric fields on neuronal synchronization. Journal of Computational Neuroscience, 19(1): 53-70.

Park E H, So P, Barreto E, et al. 2003. Electric field modulation of synchronization in neuronal networks. Neurocomputing, 52(3): 169-175.

Pashut T, Magidov D, Ben-Porat H, et al. 2014. Patch-clamp recordings of rat neurons from acute brain slices of the somatosensory cortex during magnetic stimulation. Frontiers in Cellular Neuroscience, 8(6):145.

Pashut T, Wolfus S, Friedman A, et al. 2011. Mechanisms of magnetic stimulation of central nervous system neurons. PLoS Computational Biology, 7(3): e1002022.

Paton J F, Foster W R, Schwaber J S. 1993. Characteristic firing behavior of cell types in the cardiorespiratory region of the nucleus tractus solitarii of the rat. Brain Research, 604(1-2): 112-125.

Pell G S, Roth Y, Zangen A. 2011. Modulation of cortical excitability induced by repetitive transcranial magnetic stimulation: influence of timing and geometrical parameters and underlying mechanisms. Progress in Neurobiology, 93(1): 59-98.

Perlmutter J S, Mink J W. 2006. Deep brain stimulation. Annual Review of Neuroscience, 29(29): 229-257.

Peron S, Gabbiani F. 2009. Spike frequency adaptation mediates looming stimulus selectivity in a collision-detecting neuron. Nature Neuroscience, 12(3): 318-326.

Peterchev A V, Rosa M A, Deng Z, et al. 2010. ECT stimulus parameters: rethinking dosage. Journal of ECT, 26(3): 159-174.

Peterchev A V, Wagner T A, Miranda P C, et al. 2012. Fundamentals of transcranial electric and magnetic stimulation dose: definition, selection, and reporting practices. Brain Stimulation, 5(4): 435-453.

Philpott A L, Fitzgerald P B, Cummins T D, et al. 2013. Transcranial magnetic stimulation as a tool for understanding neurophysiology in Huntington's disease: a review. Neuroscience & Biobehavioral Reviews, 37(8): 1420-1433.

Pineda J C, Galarraga E, Foehring R C. 1999. Different Ca^{2+} source for slow AHP in completely adapting and repetitive firing pyramidal neurons. Neuroreport, 10(9): 1951-1956.

Pinsky P F, Rinzel J. 1994. Intrinsic and network rhythmogenesis in a reduced Traub model for CA3 neurons. Journal of Computational Neuroscience, 1(1-2): 39-60.

Platkiewicz J, Brette R. 2010. A threshold equation for action potential initiation. PLoS Computational Biology, 6(7): e1000850.

Platkiewicz J, Brette R. 2011. Impact of fast sodium channel inactivation on spike threshold dynamics and synaptic integration. PLoS Computational Biology, 7(5): e1001129.

Prescott S A, de Koninck Y. 2002. Four cell types with distinctive membrane properties and morphologies in lamina I of the spinal dorsal horn of the adult rat. Journal of Physiology, 539(3): 817-836

Prescott S A, de Koninck Y, Sejnowski T. 2008a. Biophysical basis for three distinct dynamical mechanisms of action potential initiation. PLoS Computational Biology, 4(10): e1000198.

Prescott S A, Ratté S, de Koninck Y, et al. 2008b. Pyramidal neurons switch from integrators in vitro to resonators under in vivo-like conditions. Journal of Neurophysiology, 100(6): 3030-3042.

Prescott S A, Ratté S, de Koninck Y, et al. 2006. Nonlinear interaction between shunting and adaptation controls a switch between integration and coincidence detection in pyramidal neurons. Journal of Neuroscience, 26(36): 9084-9097.

Prescott S A, Sejnowski T J. 2008c. Spike-rate coding and spike-time coding are affected oppositely by different adaptation mechanisms. Journal of Neuroscience, 28(50): 13649-13661.

Priebe N J, Ferster D. 2008. Inhibition, spike threshold, and stimulus selectivity in primary visual cortex. Neuron, 57(4): 482-497.

Purpura D P, Malliani A. 1966. Spike generation and propagation initiated in dendrites by transhippocampal polarization. Brain Research, 1(4): 403-406.

Radman T, Ramos R L, Brumberg J C, et al. 2009. Role of cortical cell type and morphology in sub- and suprathreshold uniform electric field stimulation. Brain Stimulation, 2(4): 215-228.

Radman T, Su Y, An J H, et al. 2007. Spike timing amplifies the effect of electric fields on neurons: implications for endogenous field effects. Journal of Neuroscience, 27(11): 3030-3036.

Reato D, Rahman A, Bikson M, et al. 2010. Low-intensity electrical stimulation affects network dynamics by modulating population rate and spike timing. Journal of Neuroscience, 30(45): 15067-15079.

Reznik R I, Barreto E, Sander E, et al. 2015. Effects of polarization induced by non-weak electric fields on the excitability of elongated neurons with active dendrites. Journal of Computational Neuroscience, doi: 10.1007/s10827-015-0582-4.

Repacholi M H, Greenebaum B. 1999. Interaction of static and extremely low frequency electric and magnetic fields with living systems: health effects and research needs. Bioelectromagnetics, 20(3): 133-160.

Rinzel J. 1978. On repetitive activity in nerve. Federation Proceedings, 37(14): 2793-2802.

Rossini P M, Burke D, Chen R, et al. 2015. Non-invasive electrical and magnetic stimulation of the brain, spinal cord, roots and peripheral nerves: basic principles and procedures for routine clinical and research application. Clinical Neurophysiology, 126(6): 1071-1107.

Rossini P M, Rosinni L, Ferreri F. 2010. Brain-behavior relations: transcranial magnetic stimulation: a review. IEEE Engineering in Medicine and Biology Magazine, 29(1): 84-96.

Rotem A, Moses E. 2006. Magnetic stimulation of curved nerves. IEEE Transactions on Biomedical Engineering, 53(3): 414-420.

Rotem A, Moses E. 2008. Magnetic stimulation of one-dimensional neuronal cultures. Biophysical Journal, 94(12): 5065-5078.

Roth B J, Saypol J M, Hallett M, et al. 1991. A theoretical calculation of the electric field induced in the cortex during magnetic stimulation. Electroencephalography and Clinical Neurophysiology, 81(1): 47-56.

Rubin J, Wechselberger M. 2007. Giant squid-hidden canard: the 3D geometry of the Hodgkin-Huxley model. Biological Cybernetics, 97(1): 5-32.

Schiff S. 2012. Neural Control Engineering. Cambridge: The MIT Press.

Schlue W R, Richter D W, Mauritz K H, et al. 1974. Responses of cat spinal motoneuron somata and axons to linearly rising currents. Journal of Neurophysiology, 37(2): 303-309.

Schwan H P. 1957. Electrical properties of tissue and cell suspensions. Physics in Medicine and Biology, 5: 147-209.

Shen N J, Wang Y T, Fan H C. 2004. Combination treatment of direct current stimulation and tetrandrine for protection of acute spinal injury and its mechanism. Chinese Journal of Clinical Rehabilitation, 8(35): 8109-8111.

Shishkova M A. 1973. Investigation of a system of differential equations with a small parameter in the highest derivatives. Dokl Akad Nauk SSSR, 209(3): 576-579.

Shupak N M, Prato F S, Thomas A W. 2004. Human exposure to a specific pulsed magnetic field: effects on thermal sensory and pain thresholds. Neuroscience Letter, 363(2): 157-162.

Smith P H. 1995. Structural and functional differences distinguish principal from nonprincipal cells in the guinea pig MSO slice. Journal of Neurophysiology, 73(4): 1653-1667.

Sparing R, Dafotakis M, Meister I G. 2008a. Enhancing language performance with non-invasive brain stimulation: a transcranial direct current stimulation study in healthy humans. Neuropsychologia, 46(1): 261-268.

Sparing R, Mottaghy F M. 2008b. Noninvasive brain stimulation with transcranial magnetic or direct current stimulation (TMS/tDCS): from insights into human memory to therapy of its dysfunction. Methods, 44(4): 329-337.

Sterratt D, Graham B, Gillies A, et al. 2011. Principles of Computational Modelling in Neuroscience. Cambridge: Cambridge University Press.

Storm J F. 1988. Temporal integration by a slowly inactivating K+ current in hippocampal neurons. Nature, 336(6197): 379-381.

Svirskis G, Baginskas A, Hounsgaard J, et al. 1997. Electrotonic measurements by electric field-induced polarization in neurons: theory and experimental estimation. Biophysical Journal, 73(6): 3004-3015.

Thomas A W, Graham K, Prato F S, et al. 2007. A randomized, double-blind, placebo-controlled clinical trial using a low-frequency magnetic field in the treatment of musculoskeletal chronic pain. Pain Research & Management, 12 (4) : 249-258.

Toschi N, Welt T, Guerrisi M, et al. 2009. Transcranial magnetic stimulation in heterogeneous brain tissue: clinical impact on focality, reproducibility and true sham stimulation. Journal of Psychiatric Research, 43 (3) : 255-264.

Tranchina D, Nicholson C. 1986. A model for the polarization of neurons by extrinsically applied electric fields. Biophysical Journal, 50 (6) : 1139-1156.

Wagner T, Rushmore J, Eden U, et al. 2009. Biophysical foundations underlying TMS: setting the stage for an effective use of neurostimulation in the cognitive neurosciences. Cortex, 45 (9) : 1025-1034.

Wagner T, Valero-Cabre A, Pascual-Leone A. 2007. Noninvasive human brain stimulation. Annual Review of Biomedical Engineering, 9 (9) : 527-565.

Wagner T A, Zahn M, Grodzinsky A J, et al. 2004. Three-dimensional head model simulation of transcranial magnetic stimulation. IEEE Transactions on Biomedical Engineering, 51 (9) : 1586-1598.

Walsh V, Cowey A. 2000. Transcranial magnetic stimulation and cognitive neuroscience. Nature Reviews Neuroscience, 1 (1) : 73-79.

Wang G Y, Ratto G, Bisti S, Chalupa L M. 1997. Functional development of intrinsic properties in ganglion cells of the mammalian retina. Journal of Neurophysiology, 78 (6) : 2895-2903.

Wang H T, Sun Y J, Li Y C, et al. 2014. Influence of autapse on mode-locking structure of a Hodgkin-Huxley neuron under sinusoidal stimulus. Journal of Theoretical Biology, 358 (23) : 25-30.

Wang H T, Wang L F, Yu L C, et al. 2011a. Response of Morris-Lecar neurons to various stimuli. Physical Review E, 83 (2 Pt 1) : 021915.

Wang H X, Wang Q Y, Lu Q S. 2011b. Bursting oscillations, bifurcation and synchronization in neuronal systems. Chaos, Solitons & Fractals, 44 (8) : 667-675.

Wang J, Che Y Q, Zhou S S, et al. 2009. Unidirectional synchronization of Hodgkin-Huxley neurons exposed to ELF electric field. Chaos, Solitons & Fractals, 39 (3) : 1335-1345.

Wang X J. 1998. Calcium coding and adaptive temporal computation in cortical pyramidal neurons. Journal of Neurophysiology, 79 (3) : 1549-1566.

Wester J C, Contreras D. 2013. Biophysical mechanism of spike threshold dependence on the rate of rise of the membrane potential by sodium channel inactivation or subthreshold axonal potassium current. Journal of Computational Neuroscience, 35 (1) : 1-17.

Wilent W B, Contreras D. 2005. Stimulus-dependent changes in spike threshold enhance feature selectivity in rat barrel cortex neurons. Journal of Neuroscience, 25(11): 2983-2991.

Xie Y, Chen L, Kang Y M, et al. 2008. Controlling the onset of Hopf bifurcation in the Hodgkin-Huxley model. Physical Review E, 77(6 Pt 1): 061921.

Yener G G, Başar E. 2013. Biomarkers in Alzheimer's disease with a special emphasis on event-related oscillatory responses. Electroencephalography and Clinical Neurophysiology Supplement, 62: 237-273.

Yi G S, Wang J, Han C X, et al. 2012. Spiking patterns of a minimal neuron to ELF sinusoidal electric field. Applied Mathematical Modelling, 36(8): 3673-3684.

Yi G S, Wang J, Han C X, et al. 2014a. Exploring action potential initiation in neurons exposed to DC electric fields through dynamical analysis of conductance-based model. Communications in Nonlinear Science and Numerical Simulation, 19(5): 1474-1485.

Yi G S, Wang J, Wei X L, et al. 2014b. Dynamic analysis of Hodgkin's three classes of neurons exposed to extremely low-frequency sinusoidal induced electric field. Applied Mathematics and Computation, 231: 100-110.

Yi G S, Wang J, Wei X L, et al. 2014c. Effects of extremely low-frequency magnetic fields on the response of a conductance-based neuron model. International Journal of Neural Systems, 24(1): 1450007.

Yi G S, Wang J, Wei X L, et al. 2014d. Exploring how extracellular electric field modulates neuron activity through dynamical analysis of a two-compartment neuron model. Journal of Computational Neuroscience, 36(3): 383-399.

Yi G S, Wang J, Wei X L, et al. 2014e. Neuronal spike initiation modulated by extracellular electric fields. PLoS ONE, 9(5): e97481.

Yi G S, Wang J, Deng B, et al. 2015a. Spike initiating dynamics of the neuron with different adaptation mechanisms to extracellular electric fields. Communications in Nonlinear Science and Numerical Simulation, 22(1-3): 574-586.

Yi G S, Wang J, Deng B, et al. 2015b. Action potential threshold of wide dynamic range neurons in rat spinal dorsal horn evoked by manual acupuncture at ST36. Neurocomputing, 166: 201-209.

Yi G S, Wang J, Tsang K M, et al. 2015c. Spike-frequency adaptation of a two-compartment neuron modulated by extracellular electric fields. Biological Cybernetics, 109(3): 287-306.

Yi G S, Wang J, Tsang K M, et al. 2015d. Biophysical insights into how spike threshold depends on the rate of membrane potential depolarization in Type I and Type II neurons. PLoS ONE, 10(6): e0130250.

Yi G S, Wang J, Tsang K M, et al. 2015e. Input-output relation and energy efficiency in the neuron with different spike threshold dynamics. Frontiers in Computational Neuroscience, 9: 62.

Zaehle T, Sandmann P, Thorne J D, et al. 2011. Transcranial direct current stimulation of the prefrontal cortex modulates working memory performance: combined behavioural and electrophysiological evidence. BMC Neuroscience, 12(2): 250-254.

Zeberg H, Blomberg C, Århem P. 2010. Ion channel density regulates switches between regular and fast spiking in soma but not in axons. PLoS Computational Biology, 6(4): e1000753.

Zhao Y H, Lou Q, Chen J X, et al. 2013. Emitting waves from heterogeneity by a rotating electric field. Chaos, 23(3): 539-552.

Zhang Y, Mao R, Chen Z, et al. 2014. Deep-brain magnetic stimulation promotes adult hippocampal neurogenesis and alleviates stress-related behaviors in mouse models for neuropsychiatric disorders. Molecular Brain, 7(7): 2754-2763.

Ziemann U. 2010. TMS in cognitive neuroscience: virtual lesion and beyond. Cortex, 46(1): 124-127.

彩 图

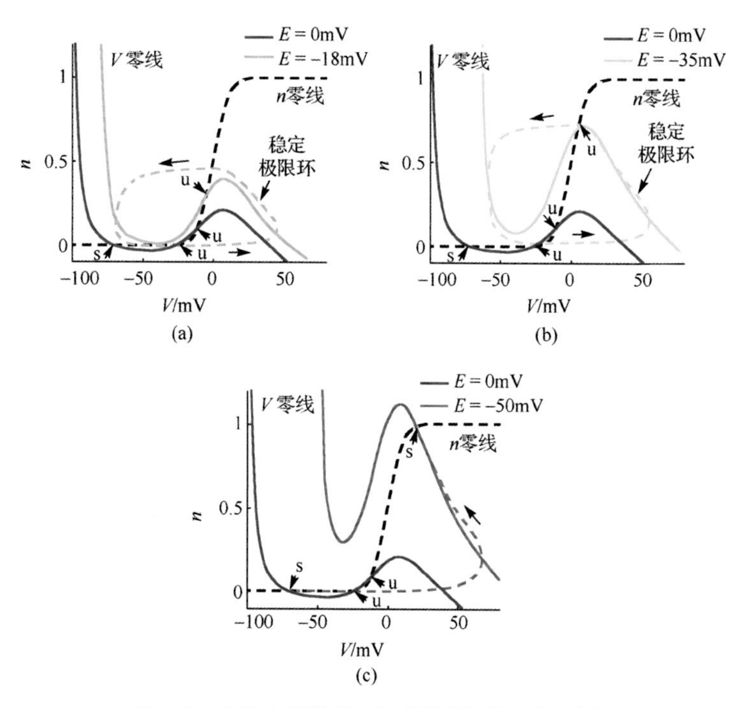

图 3.5 直流电场作用下 I 类神经元相平面分析

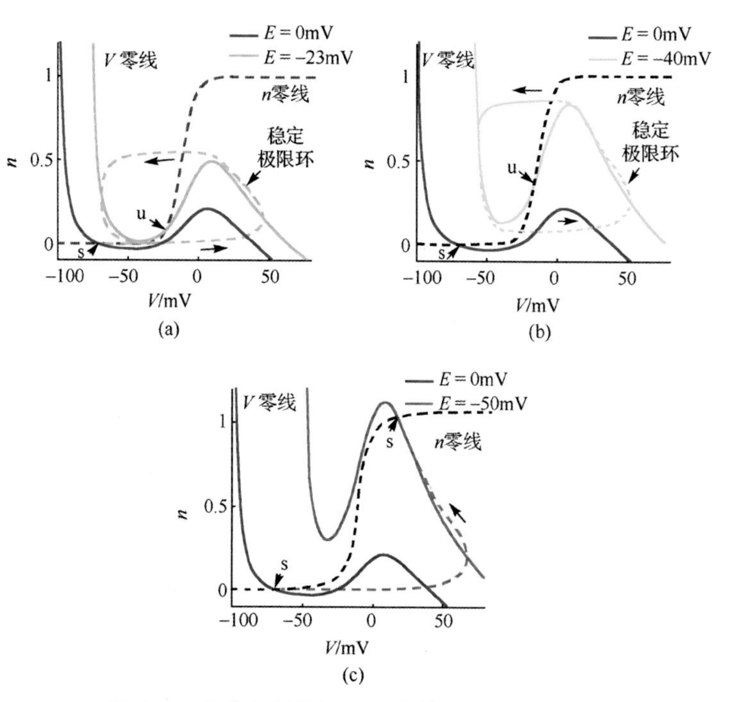

图 3.7 直流电场作用下 II 类神经元相平面分析

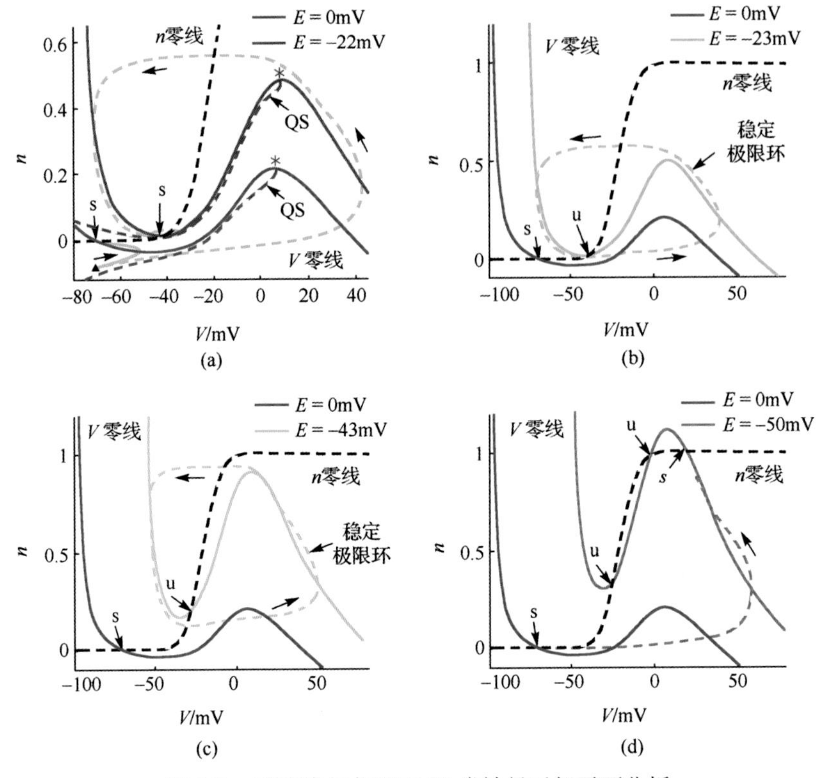

图 3.9　直流电场作用下 III 类神经元相平面分析

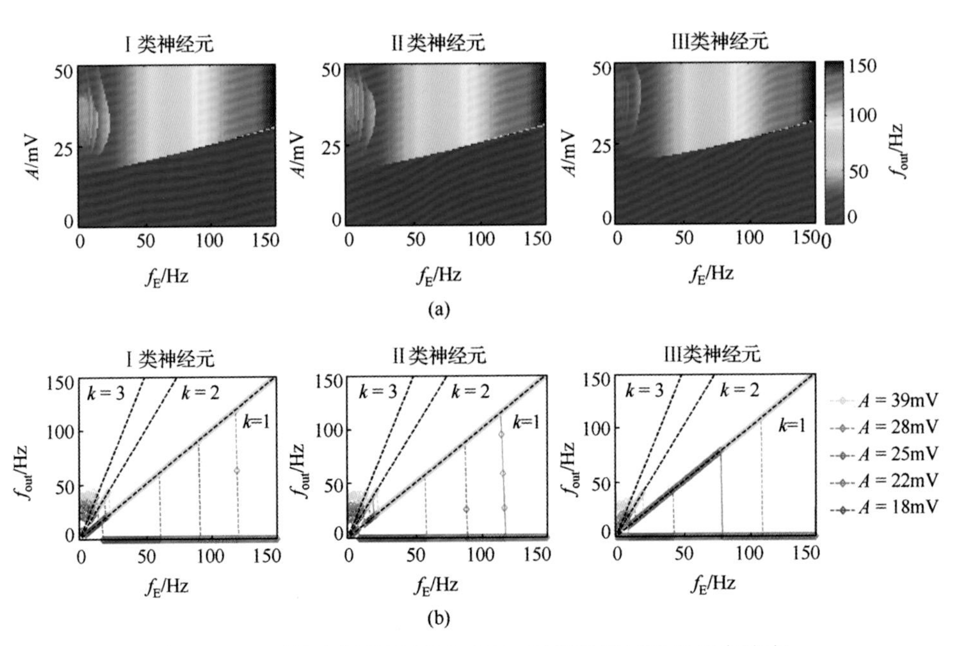

图 3.12　正弦电场作用下 Hodgkin 三类神经元平均放电速率

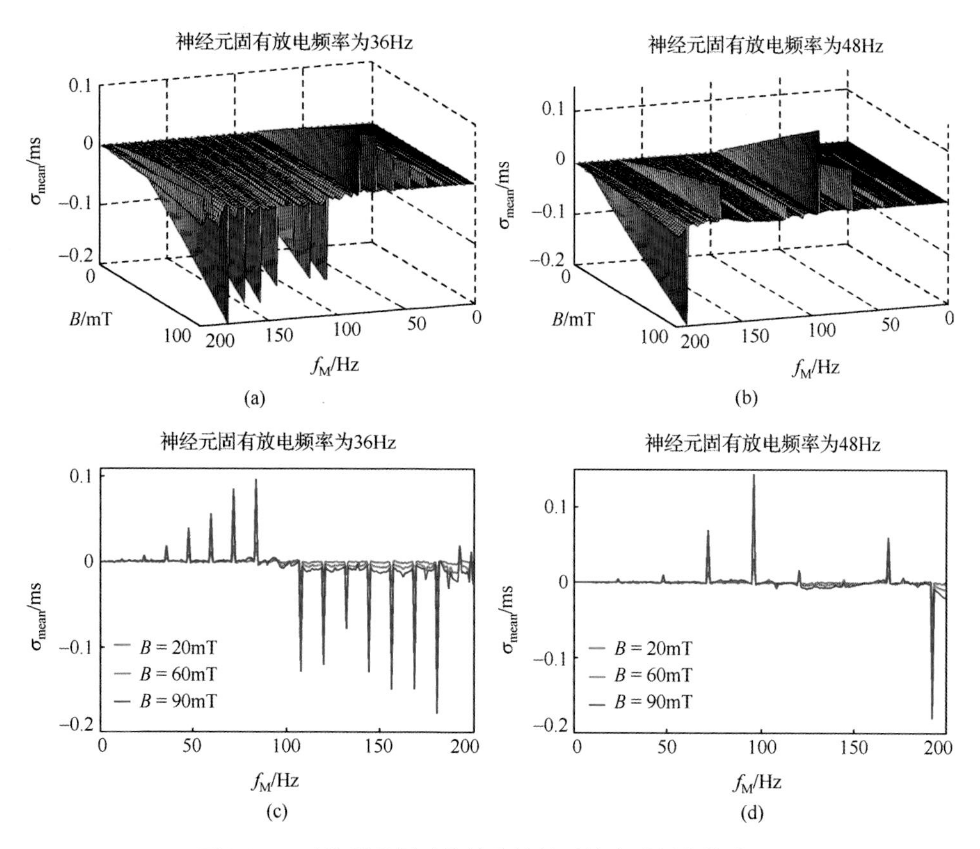

图 3.22　正弦弱磁场对簇放电神经元放电时刻的扰动

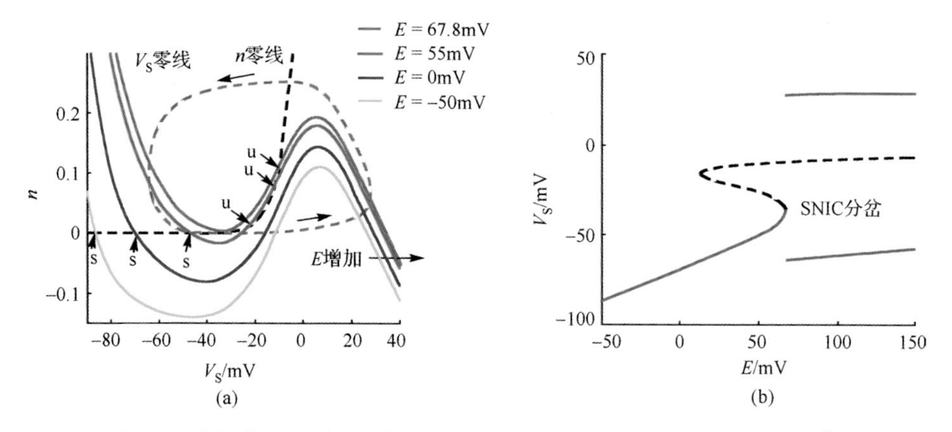

图 4.3　电场作用下神经元的相平面和单参数分岔 (p=0.5，g_c=1mS/cm^2)

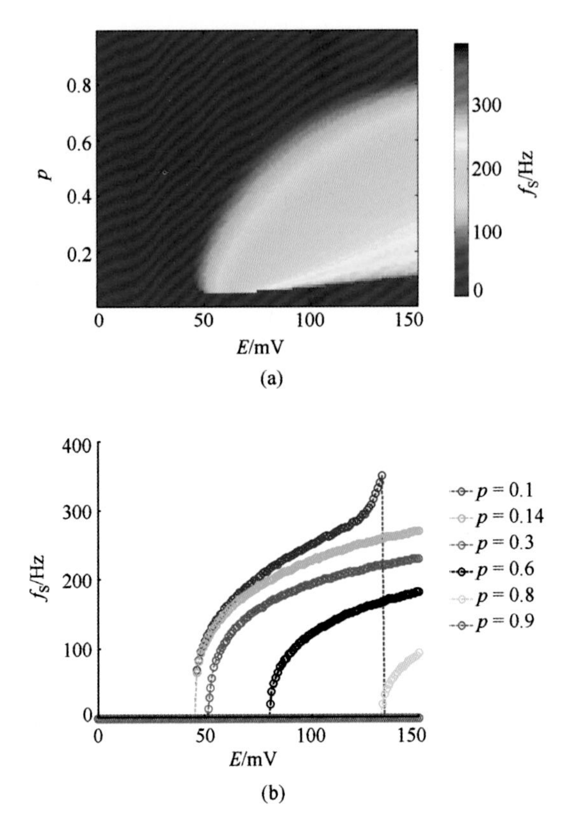

图 4.4　形态参数对电场作用下神经元放电特性的影响

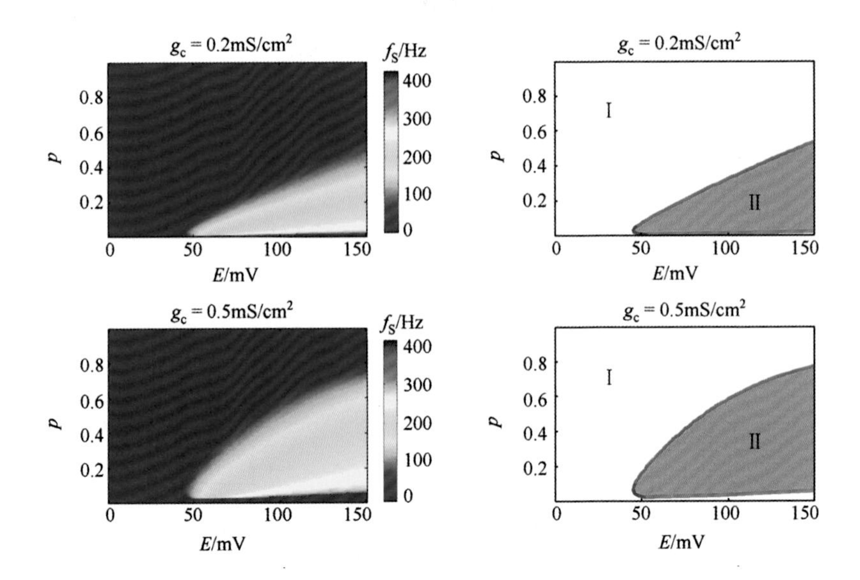

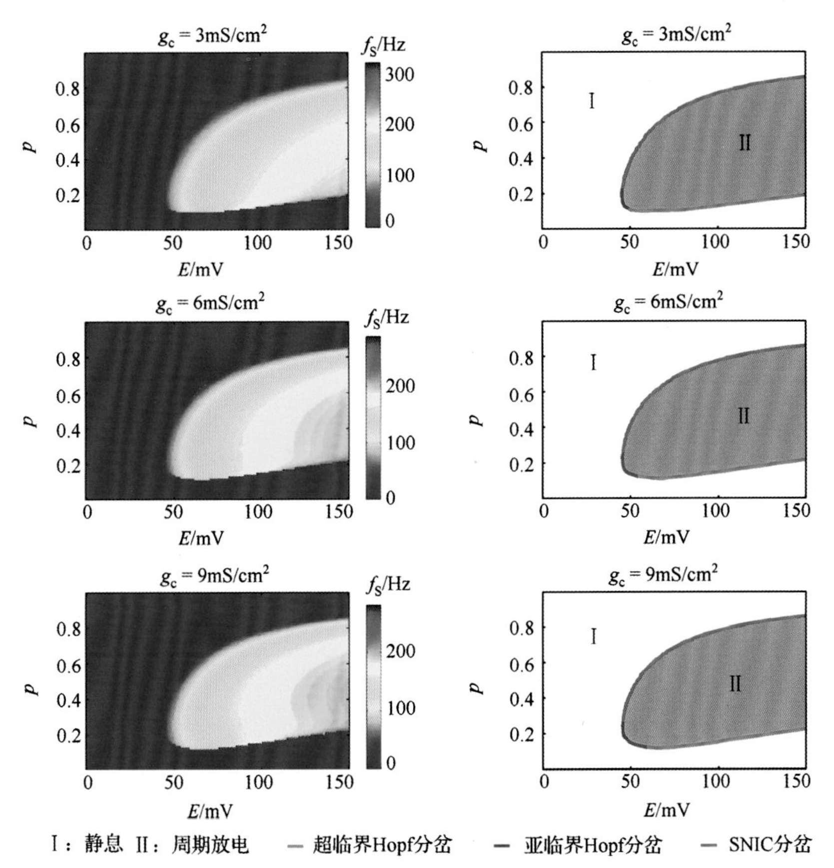

图 4.8　不同内连电导下神经元在 (p, E) 平面的放电特性和两参数分岔

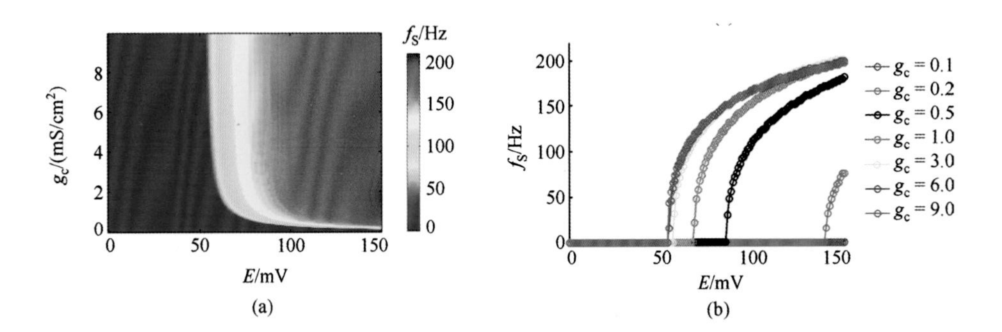

图 4.9　内连电导对电场作用下神经元放电特性的影响

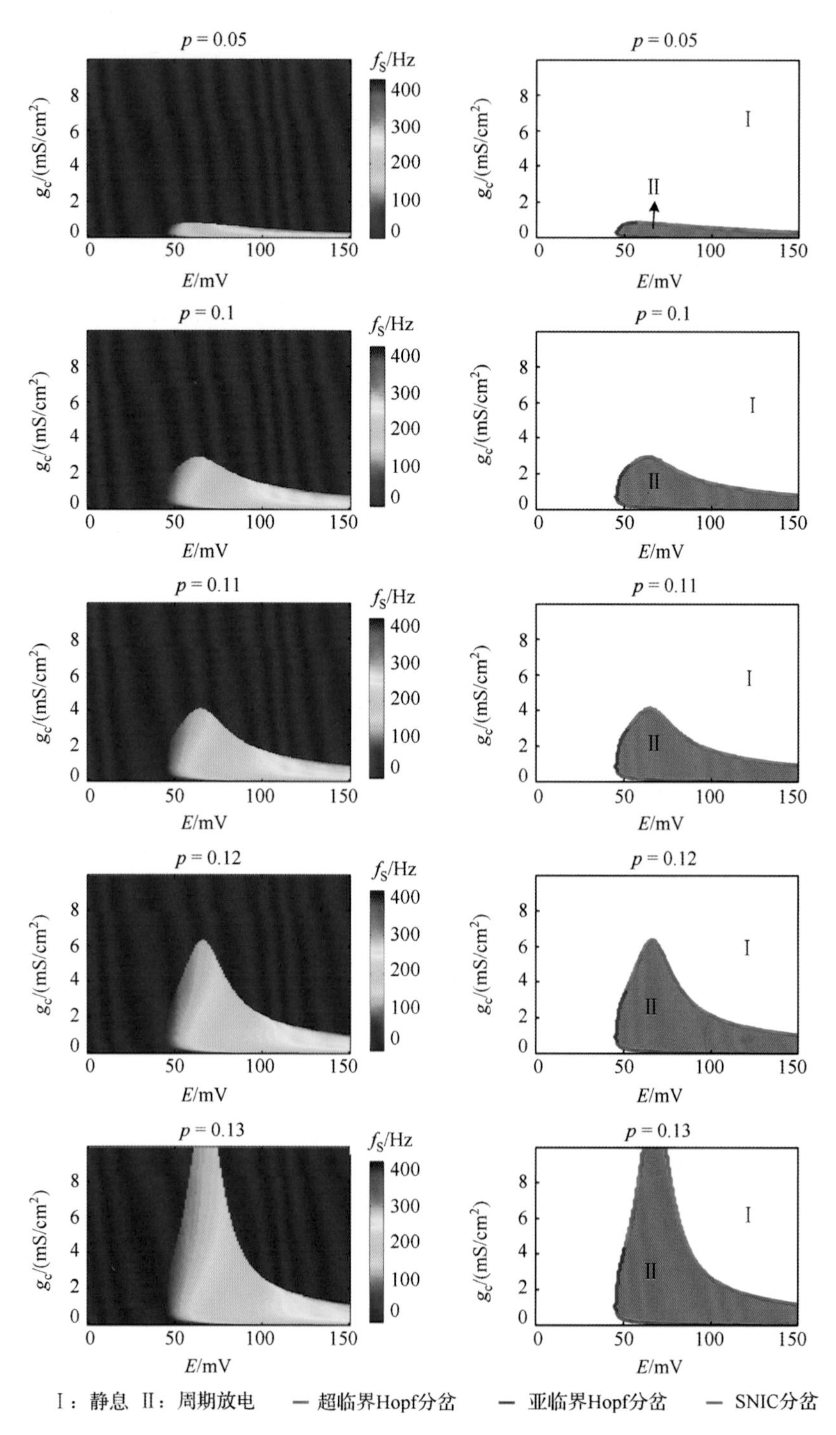

图 4.12　不同形态参数下神经元在 (g_c, E) 平面的放电特性和两参数分岔 (I)

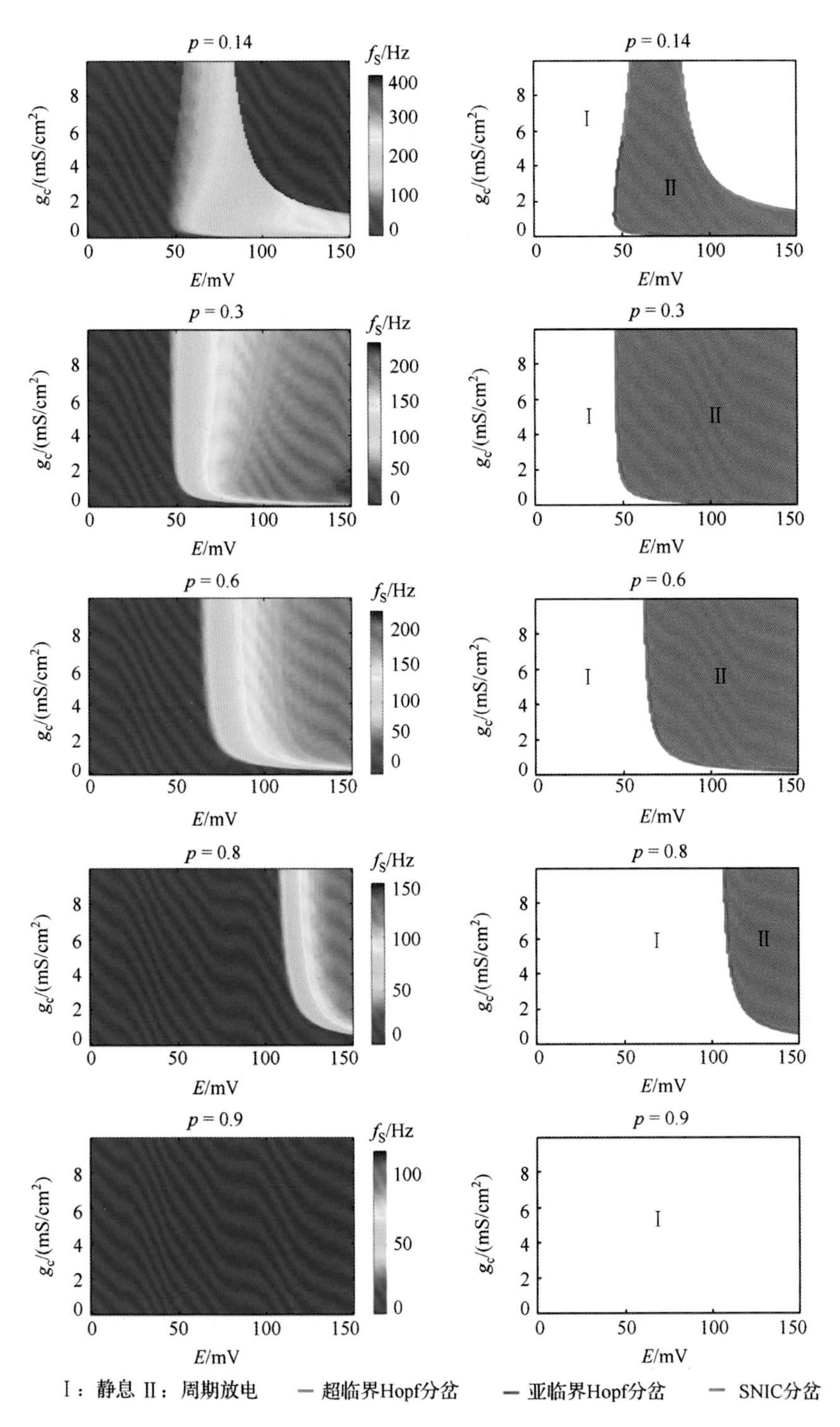

图 4.13　不同形态参数下神经元在 (g_c, E) 平面的放电特性和两参数分岔 (II)

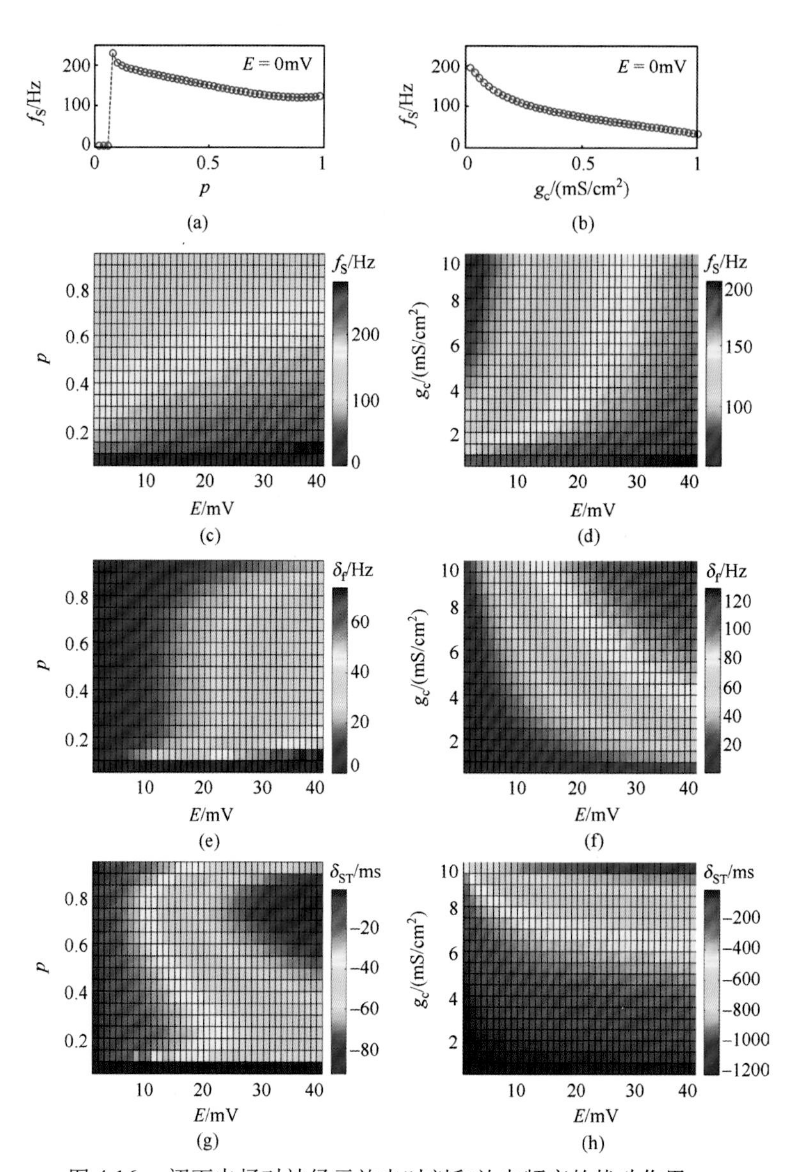

图 4.16　阈下电场对神经元放电时刻和放电频率的扰动作用

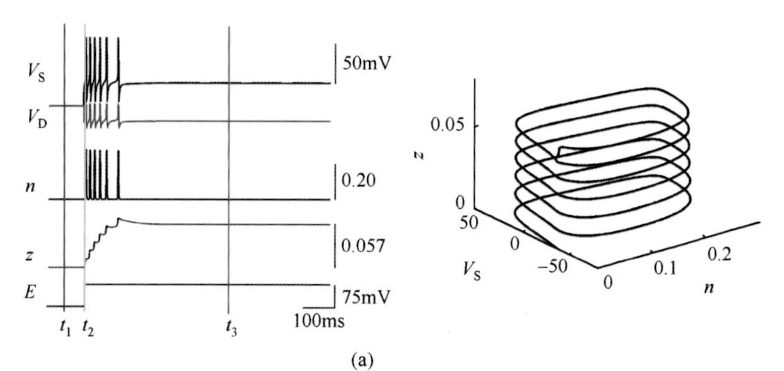

(a)

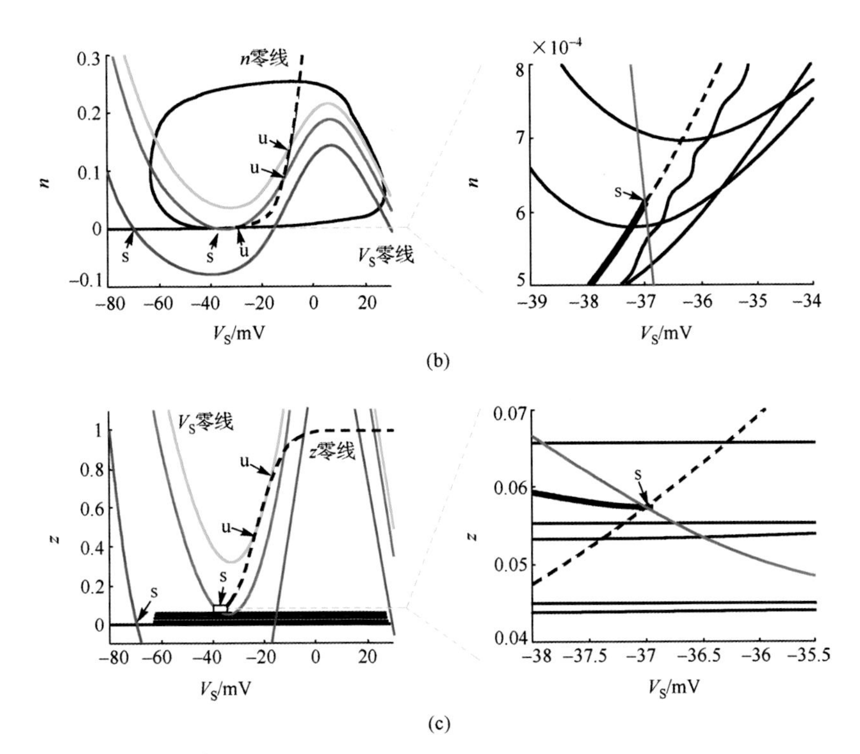

图 5.3 I_M 电流终止神经元放电的相平面分析

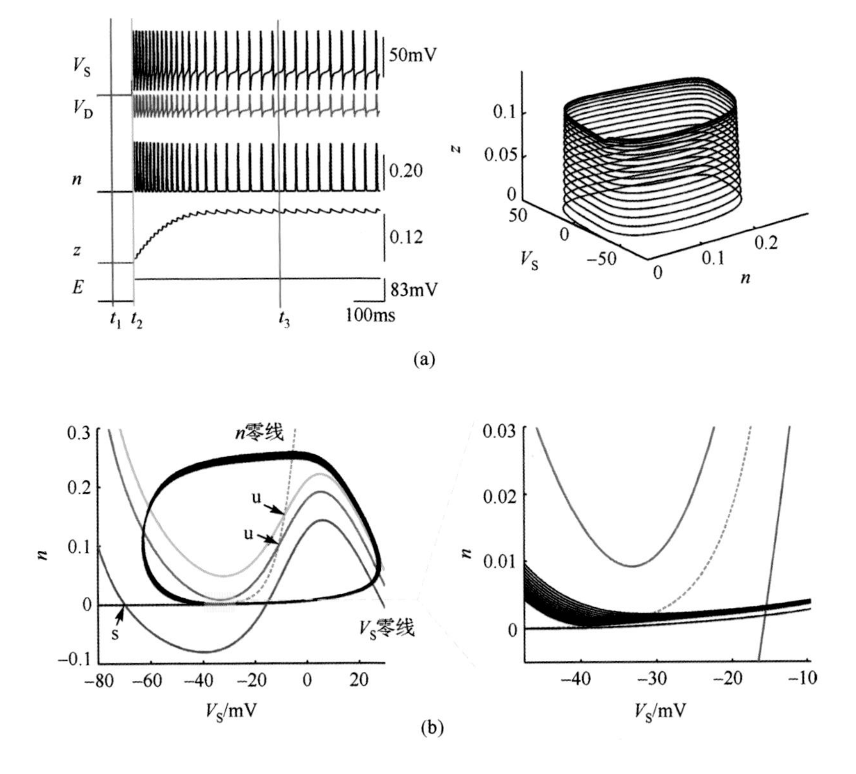

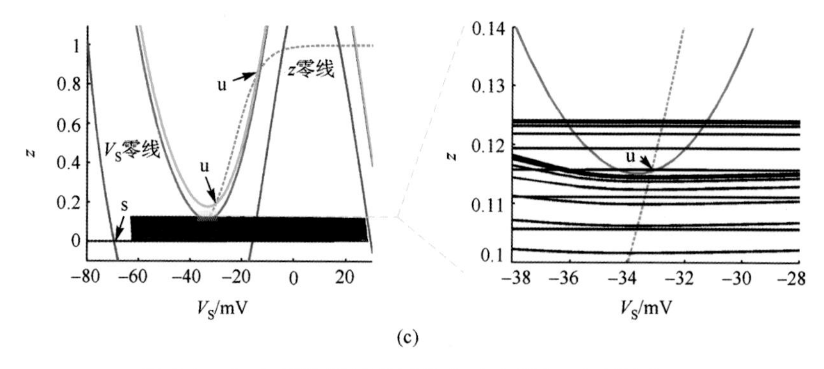

(c)

图 5.4　I_{M} 电流降低神经元放电速率的相平面分析

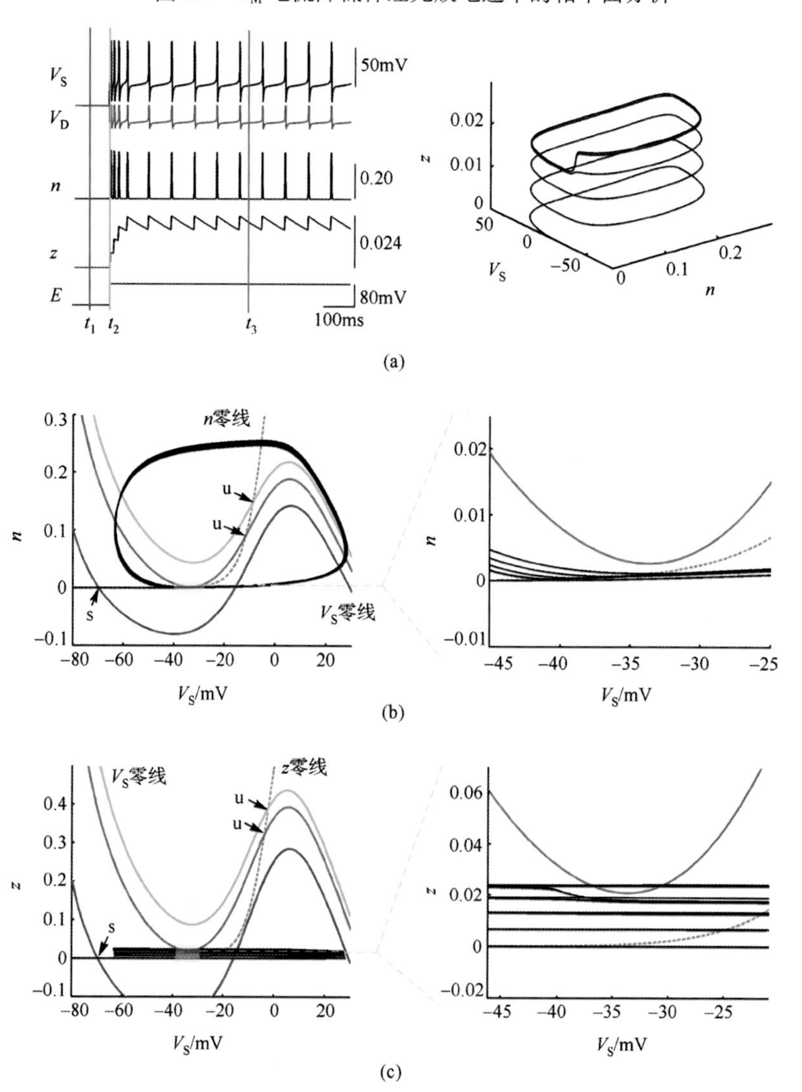

(c)

图 5.5　I_{AHP} 电流降低神经元放电速率的相平面分析

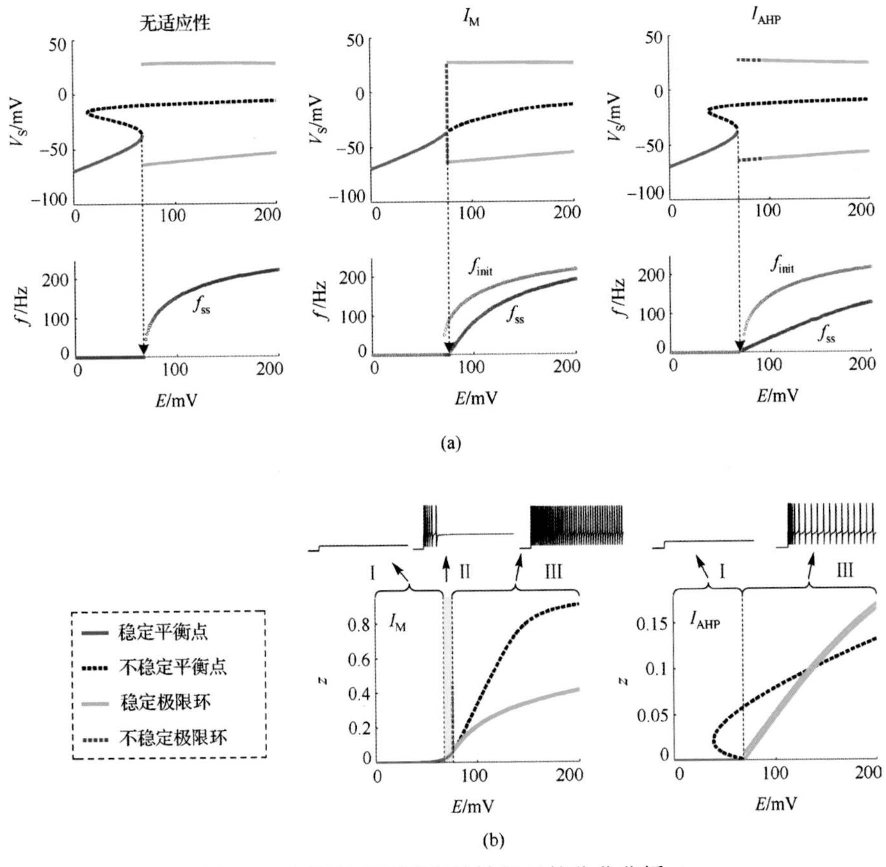

图 5.6　电场作用下适应性神经元的分岔分析

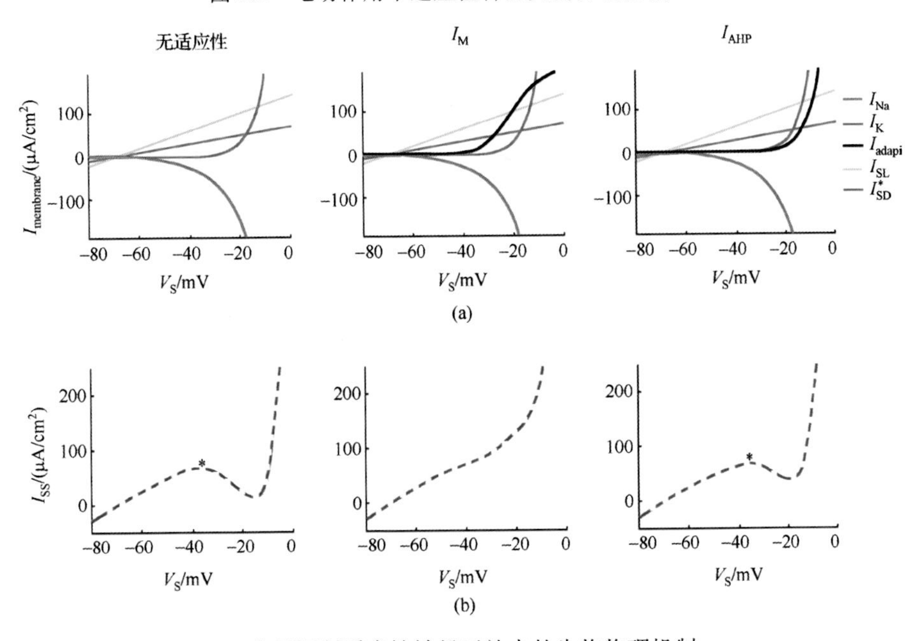

图 5.7　电场调制适应性神经元放电的生物物理机制

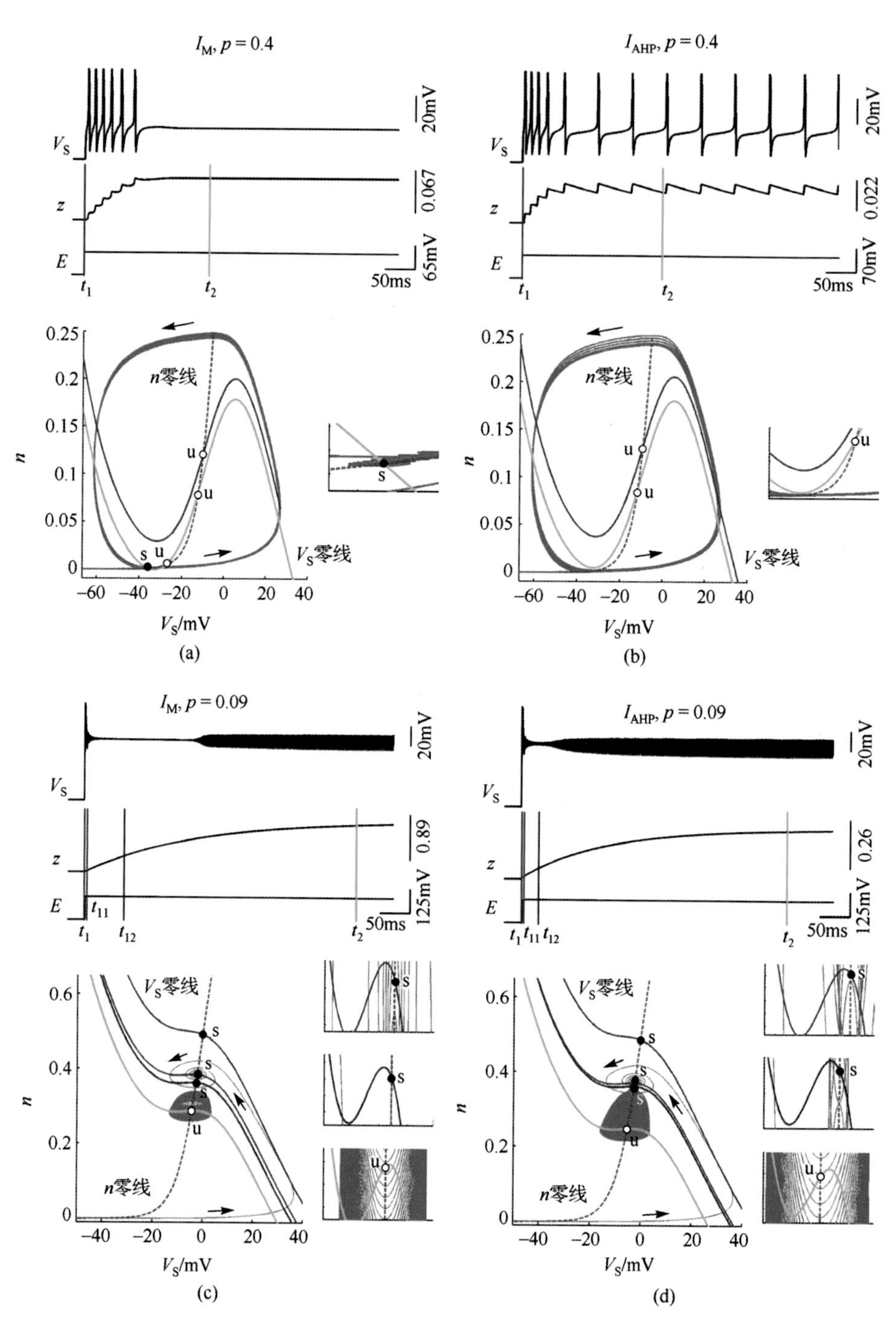

图 5.10　形态参数影响神经元适应性的相平面分析

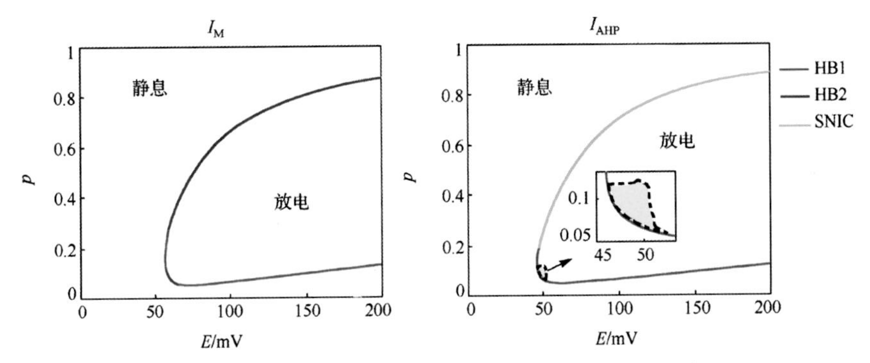

图 5.11　两种适应性神经元在 (p, E) 平面内的二维分岔图

I_M		I_{AHP}	
$0<p<0.056$	无分岔	$0<p<0.052$	无分岔
$0.056 \leqslant p<0.058$	HB1 HB1	$0.052 \leqslant p<0.061$	HB1 HB1 无不稳定极限环
$0.058 \leqslant p<0.113$	HB2 HB1	$0.061 \leqslant p<0.124$	HB1 HB1
$0.113 \leqslant p<0.138$	HB1 HB1	$0.124 \leqslant p<0.193$	HB1
$0.138 \leqslant p<0.338$	HB1	$0.193 \leqslant p<0.883$	SNIC
$0.338 \leqslant p<0.873$	HB2	$0.883 \leqslant p<1$	无分岔
$0.873 \leqslant p<1$	无分岔	稳定 不稳定 平衡点 极限环 HB1：超临界Hopf分岔 HB2：亚临界Hopf分岔 SNIC：极限环上鞍点—结点分岔	

图 5.12　形态参数改变时适应性神经元在电场刺激下的单参数分岔

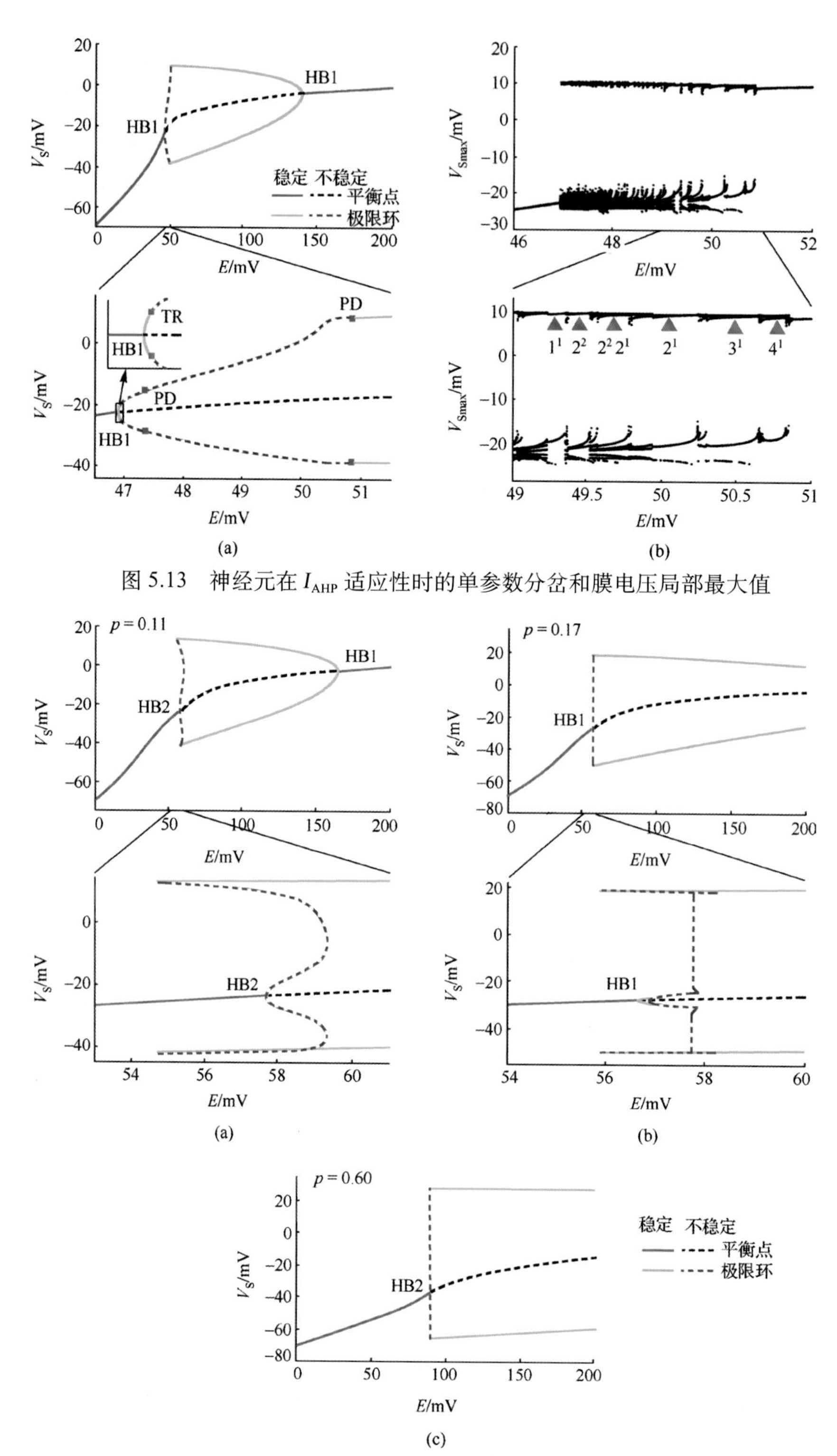

图 5.13　神经元在 I_{AHP} 适应性时的单参数分岔和膜电压局部最大值

图 5.16　I_M 适应性在电场刺激下产生的三种单参数分岔

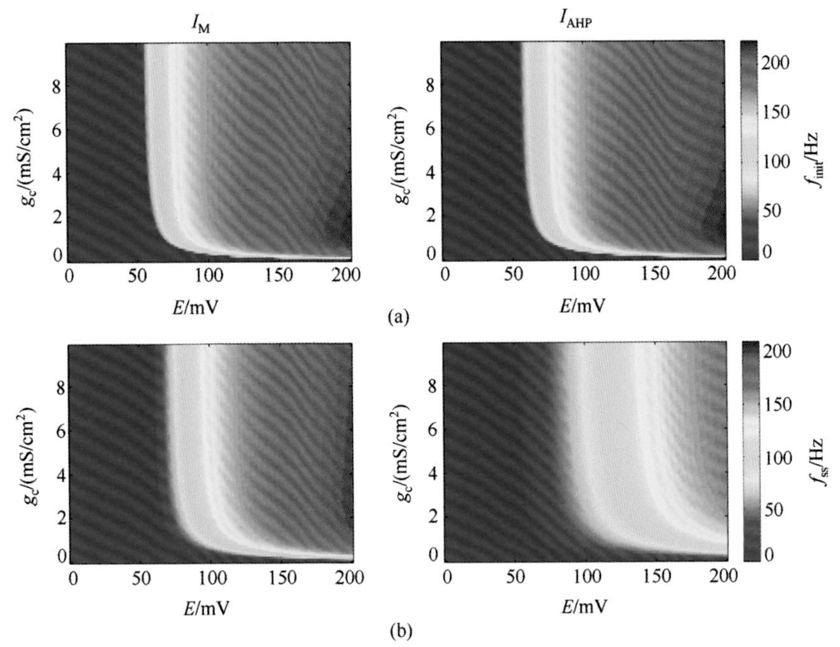

图 5.17　适应性神经元在 (g_{c}, E) 平面内的初始放电率和稳态放电率

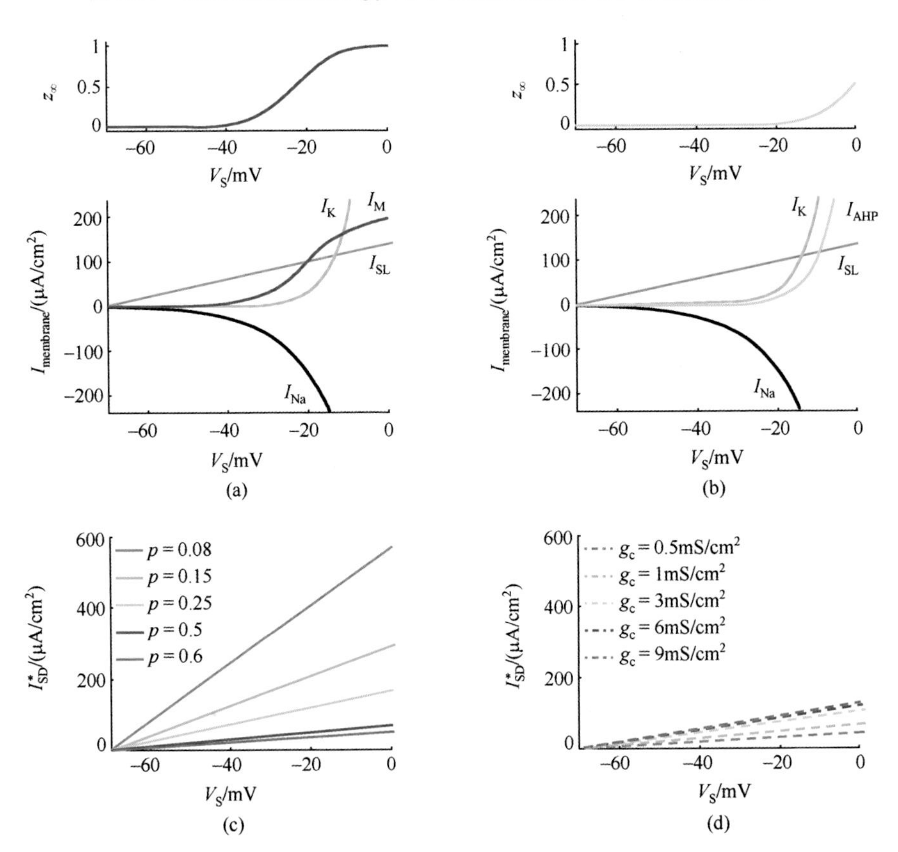

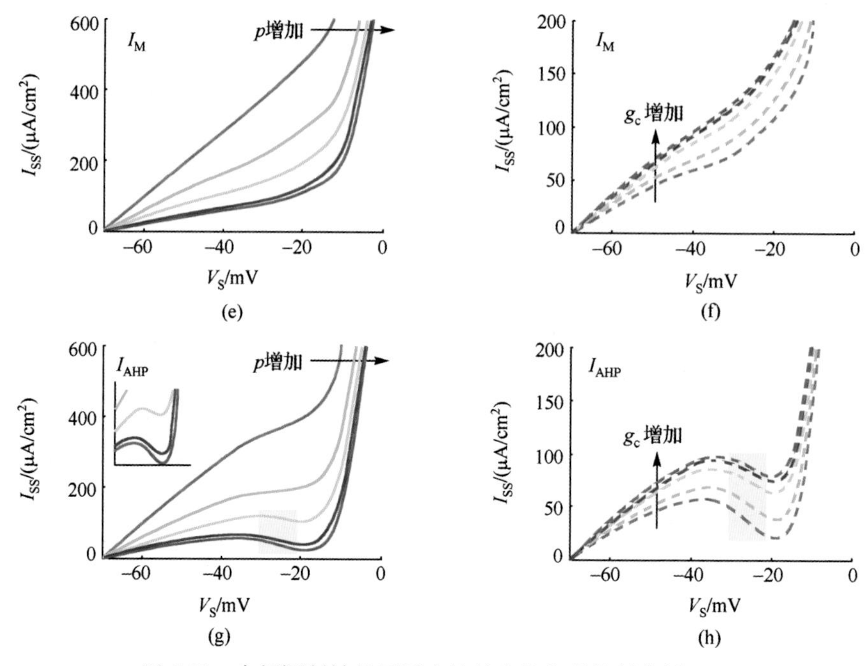

图 5.20 电场调制神经元适应性的生物物理机制分析

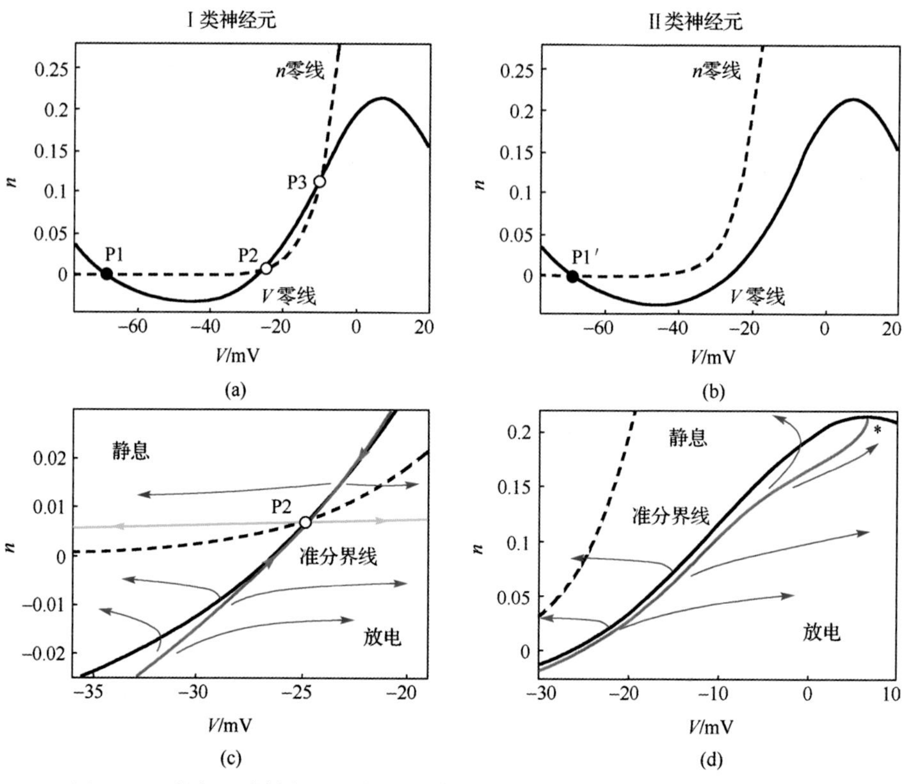

图 6.2 I 类和 II 类神经元的相平面特性和相应的准分界线

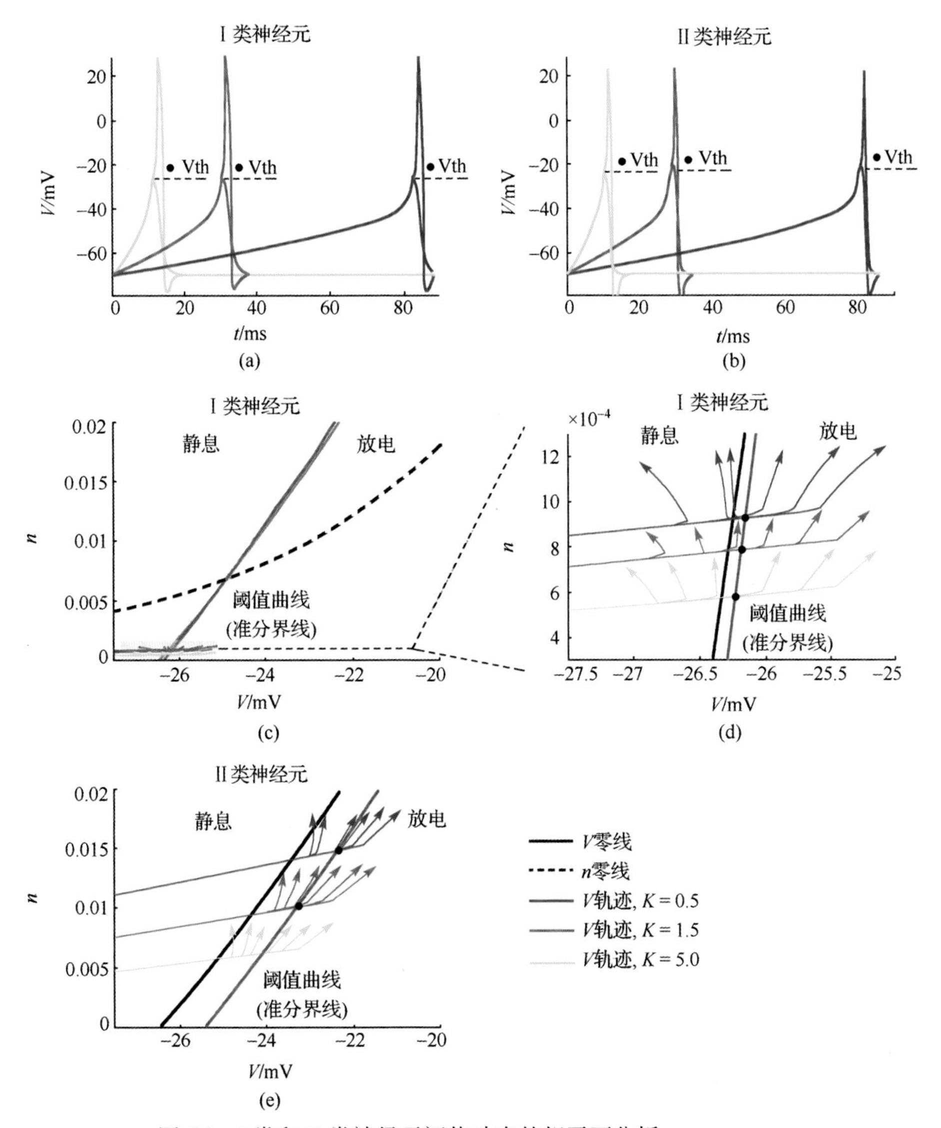

图 6.3 I 类和 II 类神经元阈值动态的相平面分析

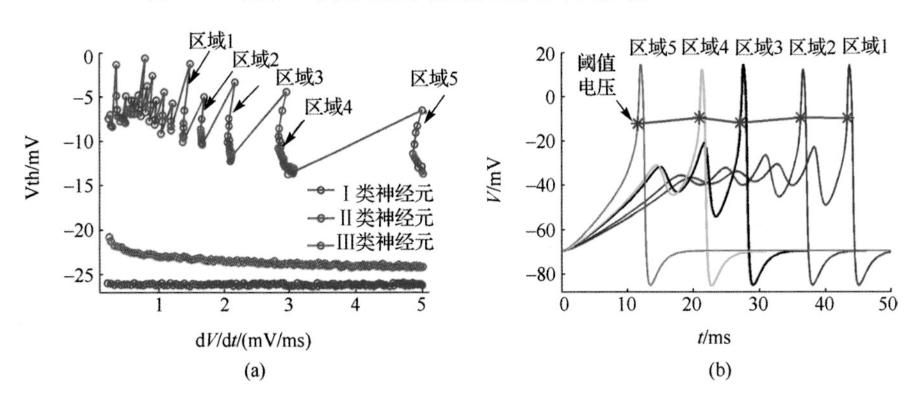

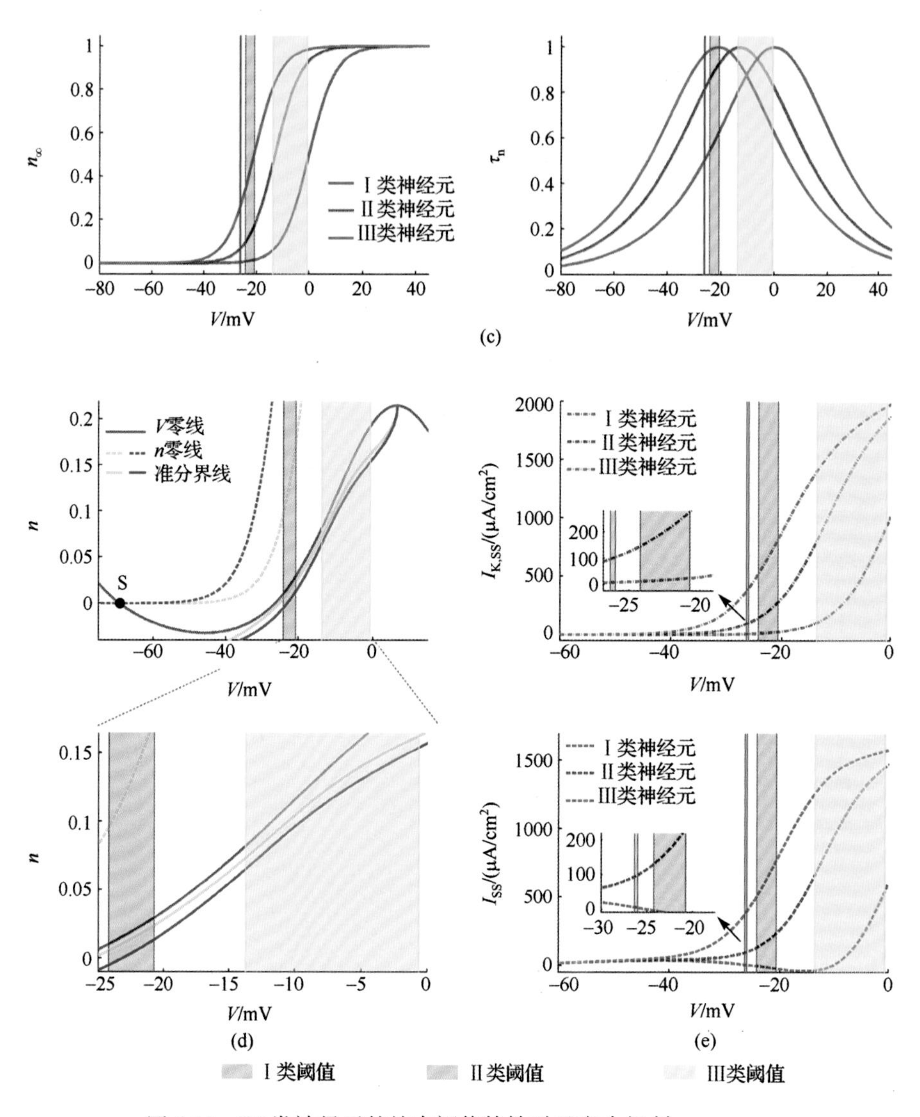

图 6.10　III 类神经元的放电阈值特性以及产生机制

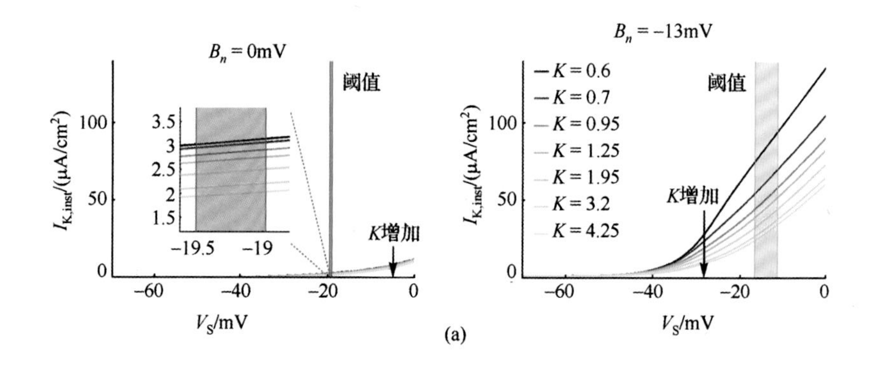

(a)

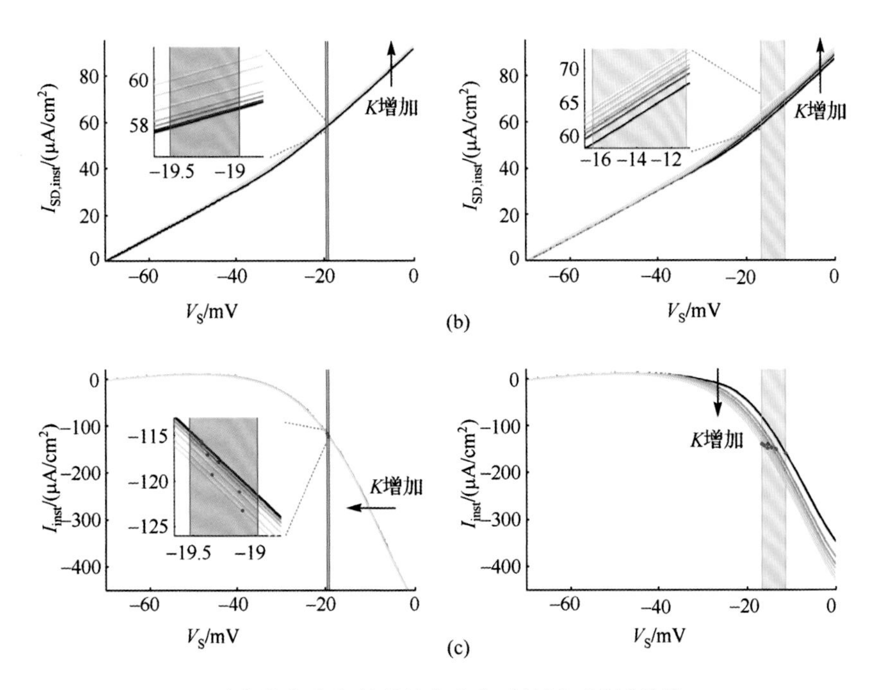

图 7.4 瞬态膜电流在刺激斜率改变时的阈下激活特性

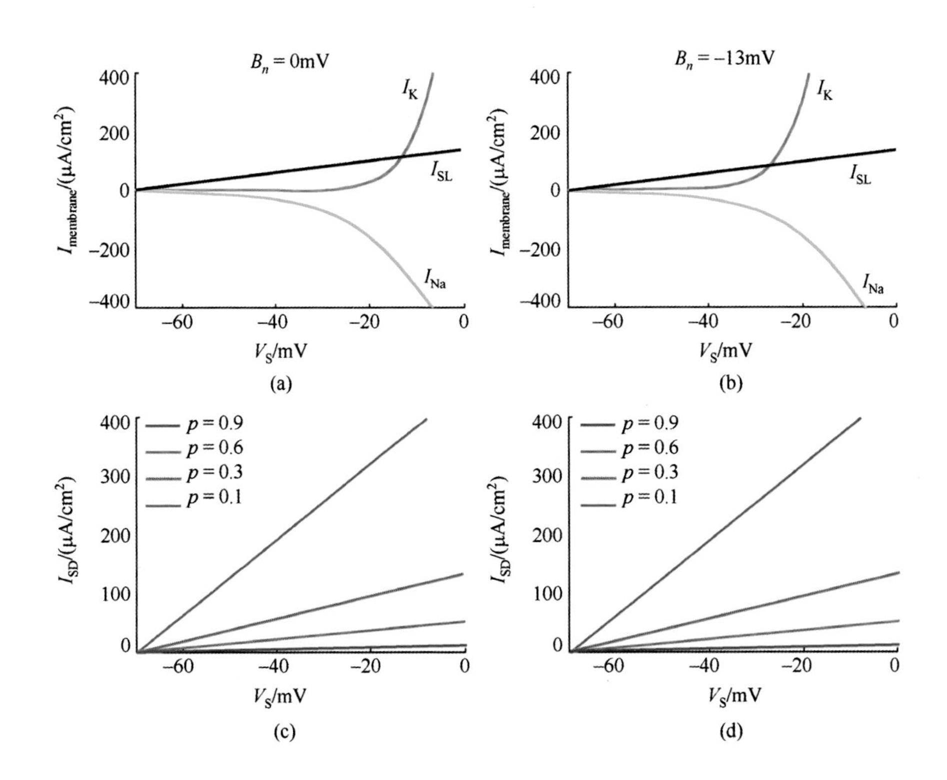

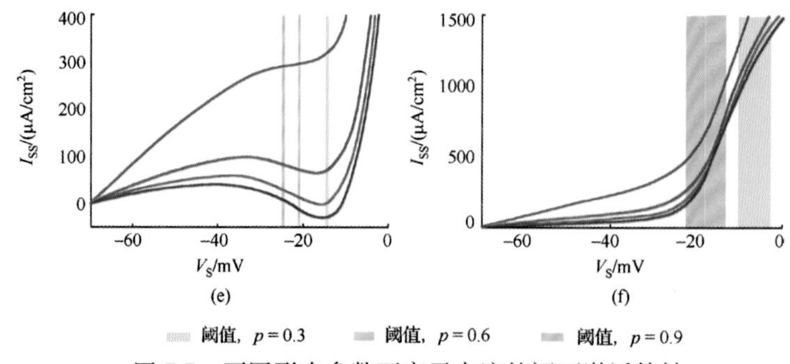

图 7.7　不同形态参数下离子电流的阈下激活特性

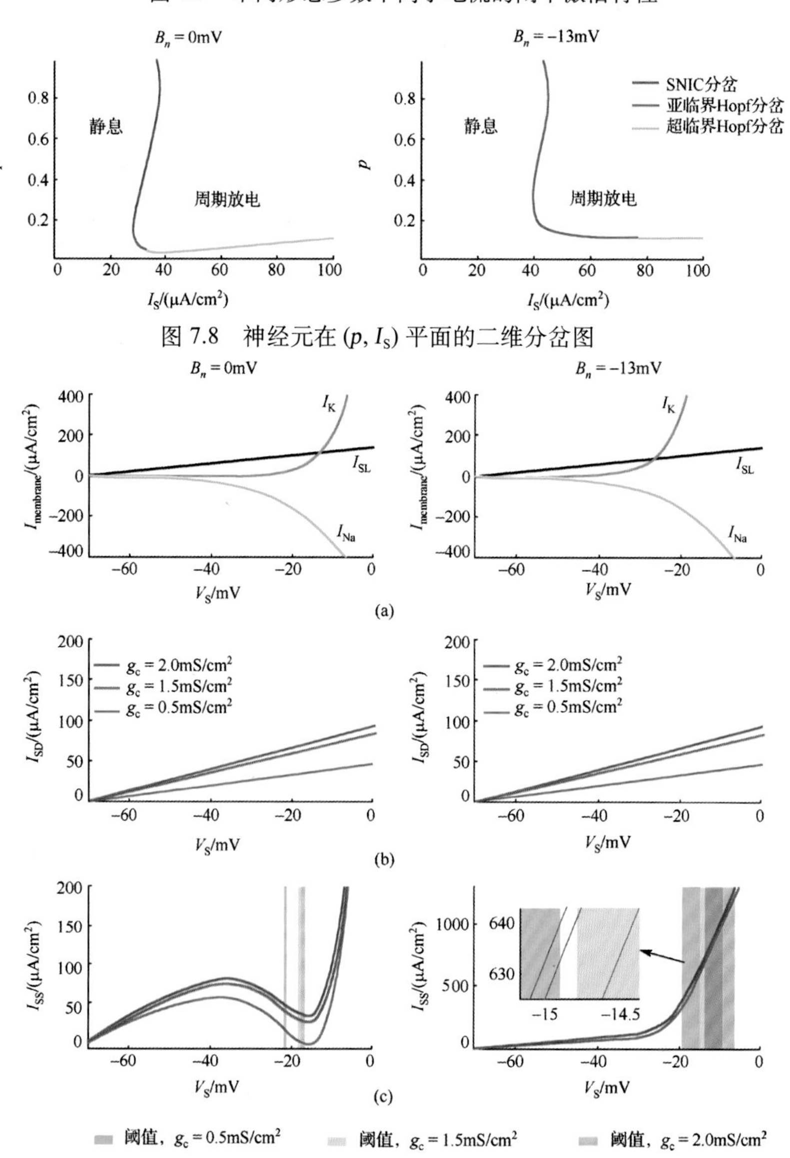

图 7.8　神经元在 (p, I_S) 平面的二维分岔图

图 7.11　不同内连电导下离子电流的阈下激活特性